中亚热带地区

典型风景游憩林景观构建技术研究

廖菊阳 陈 婵 刘 艳 黄雅奇 等 著

中国林业出版社
China Forestry Publishing House

审图号：GS 京（2025）1061 号

图书在版编目（CIP）数据

中亚热带地区典型风景游憩林景观构建技术研究 / 廖菊阳等著 . -- 北京 : 中国林业出版社 , 2025. 7.

ISBN 978-7-5219-3109-9

Ⅰ . S718.5

中国国家版本馆 CIP 数据核字第 2025DM6923 号

策划编辑：康红梅

责任编辑：李春艳

装帧设计：睿思视界视觉设计

出版发行：中国林业出版社

（100009，北京市西城区刘海胡同 7 号，电话 83143579）

电子邮箱：30348863@qq.com

网址：www.cfph.net

印刷：河北鑫汇壹印刷有限公司

版次：2025 年 7 月第 1 版

印次：2025 年 7 月第 1 次

开本：710mm × 1000mm　1/16

印张：15.5

字数：340 千字

定价：88.00 元

《中亚热带地区典型风景游憩林景观构建技术研究》

著者名单

完成单位：

湖南省植物园

中南林业科技大学

主要著者：

廖菊阳　湖南省植物园 园主任 研究员

陈　婵　湖南省植物园 副研究员

刘　艳　湖南省植物园 高级工程师

黄雅奇　湖南省植物园 助理研究员

著组成员（按姓氏拼音排序）：

李巧云　湖南省植物园 高级工程师

廖凌璐　湖南省植物园 工程师

吴林世　湖南省植物园 高级工程师

王　玲　湖南省植物园 高级工程师

王光军　中南林业科技大学 教授

易心钰　湖南省植物园 副研究员

张　娟　湖南省植物园 工程师

前言

随着社会经济的快速发展和居民生活水平的不断提高，人们对于森林游憩活动的需求不断增长，赏花、观叶和品果等风景游憩林体验已迅速成为公众日常休闲中的重要活动。中亚热带地区水热条件良好，自然环境优越，植物资源丰富，远观满目皆绿是该区域森林景观的写照，但近期生态质量堪忧，美景度不高也是森林生态环境保护与建设面临的诸多问题之一。本书以长株潭地区为主要研究地点，以湖南省植物园森林景观建设实践为基础，系统开展了典型风景游憩林景观构建技术研究，旨在为区域内森林公园、林场和风景名胜区的森林景观质量精准提升提供参考。森林景观是森林生态系统的重要功能，也是建设森林公园、发展生态旅游和森林康养等产业的重要基础，提升森林景观质量，有助于推进生态文明建设，构建“美丽森林”，对建设“美丽城镇”乃至“美丽中国”、指导森林资源管理及实践等方面具有不可或缺的重要作用。因此，研究中亚热带地区风景游憩林景观质量评价模型及其调控机制至关重要。

风景游憩林是指具有较高美学价值并以满足人们审美和综合游憩需求为目标的森林总称。湖南省内城镇风景游憩林大多以纯林为主，其林内树种单一，林分结构相对简单，季相景观及色彩不丰富，生态质量还有较大的提升空间。因此，要充分实现可持续经营，关键在于构建结构稳定、功能完善和景观优美的植物群落，合理地调控风景游憩林群落生态因子和景观质量（如美景度）的关系。风景游憩林的群落生态学和森林景观质量研究相对独立，各尺度森林景观要素与质量之间缺乏量化的指标，这在一定程度上限制了森林生态旅游业的可持续发展，同时区域内相关研究力量相对薄弱，实践应用科学系统性不够强。因此，本书评价了中亚热带地区城镇典型风景游憩林的景观质量，系统建立景观质量评价模型，分析了关键景观特征对景观质量提升的调控作用，对有效制定风景游憩林提质改造措施、提升其生态系统服务功能、揭示区位效应影响下区域资源整体的景观可持续性维持机制具有重要作用。

本书的研究内容是以湖南长株潭城市群森林生态系统国家定位观测研究站和国家林业草原杜鹃工程技术研究中心等科研平台长期观测研究的数据为支撑，是在中央财政林业科技推广示范资金项目（〔2022〕XT28号、〔2023〕XT20号）、湖南省自然科学基金项目（2023JJ40396、2024JJ5235、2024JJ6283）、湖南省林业科技创新项目（XLKY202319、XLKY202313、XLKJ202203、XLKY202212、XLKT202303）、长沙市自然科学基金项目（kq2402146）的共同资助下完成的。

本书系湖南省植物园生态研究所多年以来从事相关研究和应用团队的集体成果，在研究和撰写过程中，承蒙北京林业大学徐程扬教授、中南林业科技大学王光军教授给予指导和帮助，在此深表感谢。由于风景游憩林受到林木自然生长及人类活动影响，其景观质量评价涉及的指标体系具有高度复杂性，在明确关键特征对不同区域风景游憩林景观的调控机制方面仍有一些内容亟待改进和加强。本书仅是阶段性的研究成果，由于著者水平有限，书中不足之处在所难免，敬请读者批评指正。

廖菊阳

2024年8月13日于长沙

目录

第1章

风景游憩林景观美学特征

1.1 风景游憩林景观美学特征的概念

景观的含义与“风景”“景色”和“景致”等一致，相当于英文中的“scenery”，它是视觉美学意义上的一个概念（杨彦锋，2004）。美学是研究大众审美规律的一门学科，属于哲学的范畴（陈勇，2013）。森林生态美学理论的应用不仅能拓展风景游憩林的概念内涵，还能促进风景游憩林经营美学指导思想的转变，进一步完善风景游憩林美学的评价体系（包战雄，2008）。森林美学的起源可以追溯到18世纪的德国，随后，一些森林学家和森林美学家提出了美化森林的建议。德国森林美学家、林学家V. Salisch于1885年创立了“森林美学”，标志着森林美学的诞生。相关理论于19世纪末20世纪初进入下一个新阶段（陈勇，2013）。从20世纪80年代起，森林美学理论研究取得了一系列新的进展，森林美学不只是一个森林管理、森林景观或林业问题，更是一个集环境、生态、文化于一体的综合性问题。国内一批学者如陈鑫峰等（2003; 2008）、孙冰（1997; 2004）、董建文等（2010）、宋军卫（2020）、张昶（2020）等对城市森林的森林美学进行了研究，并取得了一些阶段性成果。

1.1.1 单木景观特征

单木景观是森林景观的基本单元。从美学和森林经营的角度出发，对风景林单株景观质量的研究不仅有利于风景林单株定向培育技术的集成，还能促进森林抚育中树木的科学分级。目前，国内外大多数研究仅从季节特征的角度研究了花、果、叶、皮颜色对单株景观质量的影响，认为风景林不同树种的单株美景度与季节特征变化存在较强相关关系（宋雪丽 等，2009; 董建文 等，2010）。目前的美学质量评价缺乏树冠、树干等景观要素对单株美景度影响的相关研究，还缺乏从形态特征角度对单木景观要素进行分解，难以实现对单木景观美学质量的系统和科学评价（陈瑜 等，2014）。

1.1.2 林内景观特征

林内景观特征是游客在林分内部所见到的景观。林分特征指标中，应用于林内景观美学评价的有表征景观结构的指标，包括景观开阔度、视域大小、景观多样性、地形地貌差异和平均景深等，除此之外，自然度、开阔度、空间感、视觉中心、树木排列方式以及透视度等指标也与景观质量密切相关（甘永洪 等，2013；梁爽 等，2015）。林内景观美景度与林分内部结构紧密相关，剖析林内景观结构要素的关键影响因子是构建科学的风景游憩林林分经营技术的基础（李苹 等，2018）。

1.1.3 林外景观特征

颜色是人类视觉感知的重要组成部分，林外景观的美景度与色彩有着密不可分的关系（Jin and Zhu，2014）。林外视觉美学包括对植物景观的分布格局、造景形式、与周围环境协调度、自然度、景观色彩搭配、空间层次感等多方面的分析研究（杨玉灿，2014）。区域景观格局的变化也是当前研究的热点（Mialhe et al.，2015；Qin et al.，2022；Xue et al.，2022）。陈勇（2013）对深圳市城市森林的研究结果表明，影响林外景观美景度的主要景观要素有色泽明亮度和色彩丰富度等，由此可见，色彩在视域静景尺度上对林外景观质量影响显著（梁爽 等，2015；Sang et al.，2016）。目前，研究选取的视觉美学指标大多为定性指标（张喆，2017），但通过色彩斑块指数等定量化指标分析林外景观美景度影响因子的研究较少。

1.2 研究区域概况

研究区域设置在湖南省长株潭地区（111°53′~114°15′E，26°03′~28°41′N），为长江中游城市群重要组成部分，包括长沙、株洲、湘潭三市，是湖南省经济发展的核心增长极；地处湖南省中东部，属湘中丘陵和湘东山地地区，东有罗霄与幕阜山脉，南与衡山山脉相接；属亚热带季风气候，四季分明，热量充足，降水丰沛，雨热同期，年平均气温 16.5~17.7 ℃，年降水量约为 1462.3 mm；地貌类型复杂，以山地、丘陵、平原为主，地形起伏较大，东、南面高，西、北面低；土壤母质丰富，类型多样，以红壤土、水稻土、石灰土、紫色土等为主。地带性植被以亚热带常绿阔叶林为主，主要有樟树、枫香、青冈、柯等树种；兼有常绿针叶林，主要有杉木、马尾松、湿地松等树种。

根据 2022 年 3 月湖南省人民政府正式印发的《长株潭都市圈发展规划》：规划范围包括长沙市全域、株洲市中心城区及醴陵市、湘潭市中心城区及韶山市和湘潭县，面积 1.89 万 km^2，2021 年常住人口 1484 万人，经济总量 1.79 万亿元。规划明确依托绿心打造城市中央公园、打造都市圈城市中央公园、开展碳达峰先行示范、推进低碳产业创新发展等措施，建设知名文化旅游目的地和打造全域旅游基地等。而《环长株潭城市群旅游发展规划》中明确提到 2020 年旅游总收入达到 5000 亿元，比 2015 年翻一番。长株潭地区生态旅游发展目前处于快速上升阶段，特别是随着国土绿化试点示范项目的全面实施，以林相改造等方式促进生态旅游的发展变得尤为迫切，从而全面提升区域内林草资源的生态功能及经济效益。

1.3 研究方法

1.3.1 树种选择

树种是影响景观质量的核心要素，而观花、观叶、观型类植物是风景游憩林构建的重要组成部分。本研究在对单木景观研究时是指树种，对林型研究时是指以某一树种为主的林分。以观花为主的树种为杜鹃（*Rhododendron simsii*）和樱花（*Cerasus yedoensis*）；而对观叶类的界定，枫香（*Liquidambar formosana*）是经典的秋色黄（红）叶树种，樟树（*Cinnamomum camphora*）则是中亚热带地区典型的常年绿色叶树种，马尾松（*Pinus massoniana*）则是针叶类观赏树种，随着生态环境的日趋改善，该树种也由过去的造林先锋树种演变为风景游憩林中较为典型的观叶观型树种。

1. 杜鹃

杜鹃是世界著名花卉，也是中国十大名花，被誉为“花中西施”，深受广大人民的喜爱。中国是野生杜鹃资源最丰富的国家（Tian et al., 2021），约占世界杜鹃种类的 2/3（廖菊阳，2011）。目前，仅有新疆和青海两省区没有野生杜鹃的分布，中国大部分省区都有原生杜鹃分布，深圳等地开展了杜鹃生态景观林调控研究（王定跃，2019）。湖南地区是杜鹃主要分布区之一，目前已发现 62 个种和 1 个变种，其资源丰富（廖菊阳 等，2013）。同时，杜鹃被评为湖南省省花，也是长沙市市花，形成了一定的生产规模，不仅促进了杜鹃产业的发展，而且成为湖南花卉观赏的特色产品（候伯鑫 等，2006）。据统计，湖南省城步南山、阳明山、大围山等多个森林公园的杜鹃林面积均达到 10 万 ~20 万亩，主要分布于海拔 1000 m 以上，是湖南省主要的高山常绿灌木之一，其景观质量和生产力直接关系到湖南省高山区域森林旅游、森林碳汇等生态功能的维持。

2. 樱花

樱花是世界著名花卉，全国各地的赏樱胜地得到了公众的高度关注。我国是樱花的原产国，本土樱花种质资源特别丰富，尤其是一些野生樱花种质资源具有很高的观赏价值（宋新红和郭燕，2022）。湖南省是野生樱花自然分布区之一，其樱花种质资源丰富，目前省内樱属野生资源有 14 种（含变种）（杨曦坤 等，2013），在全省均有分布，其中湘南莽山，湘中大熊山，湘北幕阜山，湘西八大公山、壶瓶山，湘东大围山等山地的樱花资源较多（禹霖 等，2019）。随着生态建设的不断发展，樱花以其丰富的种质资源和较高的观赏价值，在森林景观营建中得到越来越广泛的应用，而观赏时间晚于本土樱花的引入种以其开花壮观、先花后叶和花期适中等特点，在城乡风景游憩林中得到大量的引进、培育和种植。

鉴于上述两种植物的广泛性和代表性，本研究选择灌木树种杜鹃和乔木树种樱花作为春季景观植物代表开展中亚热带地区风景游憩林景观质量研究。

3. 枫香

长株潭地区物种较为丰富，观赏特色植物众多，植物四季季相变化较大（刘晔，2006）。通过对长株潭地区植物地理起源的分析，物种主要包括樟科（Lauraceae）、壳斗科（Fagaceae）、山茶科（Theaceae）、山矾科（Symplocaceae）、金缕梅科（Hamamelidaceae）、忍冬科（Caprifoliaceae）、葡萄科（Vitaceae）等，其优势种主要包括樟树、马尾松、枫香、青冈、石栎（*Lithocarpus glaber*）、山槐（*Albizia kalkora*）、栓皮栎（*Quercus variabilis*）等，灌木包括山矾（*Symplocos sumuntia*）、野茉莉（*Styrax japonicus*）、山胡椒（*Lindera glauca*）、蔷薇（*Rosa multiflora*）、悬钩子（*Rubus corchorifolius*）等（郑晓程，2010）。湖南是枫香的主产地之一，属先锋、速生树种，寿命长，是湖南省古树资源最多的树种，可以改善生长地的土地质量，净化空气，观赏性强，对于保障生态环境稳定和美化环境都具有积极作用。

4. 马尾松

马尾松分布极广，是最重要的先锋树种，也是绿化景区的“先锋”，湖南省地处马尾松自然分布中心区（属主产区），全省面积达 21 万 km^2，尤其是在长株潭地区城市森林公园中，马尾松是乔木层的优势树种之一，其群落学特征强烈影响着风景游憩林生态系统服务功能的发挥。

5. 樟树

樟树是我国亚热带常绿阔叶林的重要组成树种，也是长沙市的市树，树冠广展，叶枝茂盛，浓荫匝地，气势雄伟，且一年四季都呈现出绿意盎然的景象，是优良的行道树种和常见的森林景观营建树种。

因此，本研究从常绿阔叶树种、常绿针叶树种和春季景观落叶树种及地带性植物方面选择枫香、马尾松和樟树作为中亚热带地区本土树种代表开展风景游憩林景观质量研究。

1.3.2 样地设置

区域梯度根据城市化强度划分为建成区、近郊区、远郊区，划分标准主要为比较样点间的不透水表面面积占比（impervious surface area，ISA）（Yi et al., 2022），计算公式如（1.1 式）：

$$UI_i = \frac{UA_i}{TA_i} \times 100\% \qquad (1.1 式)$$

式中，UI_i 为某样点的城市化强度；UA_i 为某样点的不透水面积，由研究区域的土地利用分类图计算可得；TA_i 为某样点的总面积。为了方便区分和比较，本研究将城市化强度分为 3 组：建成区（$0.3 \leqslant UI_i$，市区，靠近人群和建筑高度集中区域，以社区公园为主）；近郊区（$0.1 \leqslant UI_i < 0.3$，郊区发展区，靠近农田和村庄）；远郊区（$UI_i < 0.1$，郊区，受人为活动和影响较小）（Yi et al., 2022）。

另外，比较各样点距市中心的距离。依据《长沙市国土空间总体规划（2021—2035 年）》中的市域国土空间总体格局规划图（附图 1），通过 GIS 提取各样点距主城核心区中心的直线距离（straight line distance，SLD），同样将城市化强度分为 3 组：建成区（0 km ≤ SLD < 8.5 km）；近郊区（8.5 km ≤ SLD < 15 km）；远郊区（15 km < SLD）。

为去除各样点两种方法比较下结果的差异，采用加权回归分析法综合各样点的不透水表面面积占比和距市中心距离，取其综合值进行区域梯度划分。

2021 年 7 月，采用典型抽样法，在湖南省城市、自然森林公园 5 种优势树种（杜鹃、樱花、马尾松、樟树、枫香）风景游憩林内分别设置面积为 20 m × 20 m 的固定样地，每个区域梯度每种林分至少设置 4 个重复，尽量保证同一地貌区样地在海拔、坡度、坡向等立地条件较为一致。样点设置共涉及 39 个公园，具体样地设置和分布如表 1.1 和附图 2 所示。

表 1.1　样地设置情况

林分类型	区域梯度	样地名称
杜鹃	建成区	晚安文化公园、和馨园社区公园、湘江风光带碧湘门广场、天麓苑社区公园、橘子洲、圭塘河生态公园
	近郊区	湖南省植物园、桃花岭公园、梅溪湖公园、烈士公园
	远郊区	大围山
樱花	建成区	晚安文化公园、黄陂塘社区公园、保利麓谷体育公园、沙湾公园、橘子洲、黄泥塘社区公园、月湖河畔社区公园、山语城社区公园、圭塘河生态公园
	近郊区	尖山湖公园、南郊公园、湖南省植物园、梅溪湖公园
	远郊区	巴溪洲公园

续表

林分类型	区域梯度	样地名称
枫香	建成区	和馨园社区公园、橘子洲、月湖公园、牛头村安置小区
	近郊区	湖南省植物园、岳麓山公园、烈士公园
	远郊区	秀峰山公园
马尾松	建成区	新月公园
	近郊区	湖南省植物园、南郊公园
	远郊区	青羊湖国有林场
樟树	建成区	江滨家园华庭苑公园、沙湾公园、桂花公园、花侯新市民公园、麓谷公园、橘子洲、九道湾社区公园、瑞丰家园、清水塘社区公园、金科湖湘公园、圭塘河生态公园、鸿俊星河城
	近郊区	尖山湖公园、南郊公园、洋湖湿地公园、桃花岭公园、烈士公园、湖南省植物园、岳麓山公园、梅溪湖公园、梅岭公园、湘郡社区公园
	远郊区	秀峰山公园、松雅湖湿地公园

5种优势树种风景游憩林的植物群落基本概况如下：

（1）杜鹃林：建群种主要有杜鹃、檵木（*Loropetalum chinense*）、栾树（*Koelreuteria paniculata*）等，其中以杜鹃为主的灌丛最为优势，发育良好，植株密度较大，未形成明显的乔木层，草本植物稀少。

（2）樱花林：林分主要由樱花、桂花（*Osmanthus fragrans*）、樟树等群落组成，其中以樱花为主的乔木层为优势群落，植株密度适中，受人为管理频度较高，林下低矮灌丛、草本种类较为单一。

（3）枫香林：树种以枫香、樟树、山矾、马尾松等为主，其中枫香为主要季相植物，植株比例较高，群落中层以低矮灌丛为主，林下草本密度较高。

（4）马尾松林：以马尾松、杜英（*Elaeocarpus decipiens*）、樟树等为主要组成树种，群落上层以马尾松为主要优势树种，林下凋落物层较厚，灌丛分布较少，多以蕨类等草本植物为主。

（5）樟树林：树种组成包括樟树、山矾、朴树（*Celtis sinensis*）等，为亚顶极植被群落，无明显人为干扰，群落结构相对稳定，樟树占比较大，草本植物多且生长较好，伴随许多幼小灌木。

1.3.3 样地植物群落调查

于2021年7月，测定样地的经纬度、海拔、坡向、坡度情况。同时采用样方调查法进行植物群落调查，为了便于调查，每块固定样地分为4个（10 m × 10 m）的样方。在每个样方内对树高 > 1.5 m的乔木进行每木检尺，测定其胸径、树高、活枝下高和冠幅，对树高 < 1.5 m的灌木和小乔木，调查其株数、基径、多度、盖度、树高等，计算不同林分的结构参数（郁闭度、物种组成、林分密度、平均树高、平均胸径、Shannon Wiener多样性指数、稳定性指数等）。5种林分不同区域的基本特征及主要树种组成如表1.2至表1.6所示。

表1.2　杜鹃林样地基本特征

区域	优势物种	组成比例 /%	木本植物密度 /（个体 /hm^2）	木本植物多样性指数	平均基径 / cm	平均树高 / m
建成区	杜鹃 *Rhododendron simsii*	35.21～100.00	100～1500	0～0.70	0.85～3.43	0.20～1.12
	檵木 *Loropetalum chinensis*	8.00～41.30				
	女贞 *Ligustrum lucidum*	4.00～30.43				
	栾树 *Koelreuteria paniculata*	9.09～28.00				
	八角金盘 *Fatsia japonica*	13.89～27.27				
近郊区	杜鹃 *Rhododendron simsii*	49.52～78.95	50～1575	0.63～1.67	0.16～4.07	0.26～1.40
	侧柏 *Platycladus orientalis*	48.58～52.30				
	山茶 *Camellia japonica*	39.27～51.81				
	栾树 *Koelreuteria paniculata*	36.50～42.64				
	檵木 *Loropetalum chinensis*	23.25～27.78				
	杜英 *Elaeocarpus decipiens*	9.26～15.38				
远郊区	杜鹃 *Rhododendron simsii*	63.38～87.54	5184～6499	0.56～0.60	0.99～1.57	0.89～1.43
	湖南白檀 *Symplocos hunanensis*	7.00～25.45				
	四川冬青 *Ilex szechwanensis*	1.51～10.77				
	渐尖叶日本绣线菊 *Spiraea japonica*	1.62～3.58				

表1.3　樱花林样地基本特征

区域	优势物种	组成比例 /%	木本植物密度 /（个体 /hm^2）	木本植物多样性指数	平均胸径 / cm	平均树高 / m
建成区	樱花 *Cerasus yedoensis*	53.51～78.57	450～1800	0.59～2.01	6.83～21.34	4.35～9.21
	桂花 *Osmanthus fragrans*	3.23～46.15				

续表

区域	优势物种	组成比例 /%	木本植物密度 /（个体 /hm²）	木本植物多样性指数	平均胸径 / cm	平均树高 / m
建成区	紫薇 *Lagerstroemia indica*	11.76~29.03	450~1800	0.59~2.01	6.83~21.34	4.35~9.21
	樟树 *Cinnamomum camphora*	4.65~27.03				
近郊区	樱花 *Cerasus yedoensis*	43.45~85.00	500~2425	0.39~1.90	6.90~25.36	4.52~12.64
	山茶 *Camellia japonica*	1.67~56.96				
	桂花 *Osmanthus fragrans*	1.03~47.37				
	银杏 *Ginkgo biloba*	4.12~39.13				
	樟树 *Cinnamomum camphora*	14.81~21.77				
远郊区	樱花 *Cerasus yedoensis*	38.54~49.86	350~470	0.91~1.06	12.14~15.56	5.21~7.49
	金钱松 *Pseudolarix amabilis*	34.19~37.71				
	合欢 *Albizia julibrissin*	14.89~31.43				

表 1.4 枫香林样地基本特征

区域	优势物种	组成比例 /%	木本植物密度 /（个体 /hm²）	木本植物多样性指数	平均胸径 / cm	平均树高 / m
建成区	枫香 *Liquidambar formosana*	29.03~47.50	300~775	1.08~1.93	11.75~16.89	6.15~10.16
	樟树 *Cinnamomum camphora*	8.33~37.50				
	杜英 *Elaeocarpus decipiens*	21.78~41.67				
	火炬松 *Pinus taeda*	23.47~35.48				
	玉兰 *Yulania denudata*	20.8~29.20				
近郊区	枫香 *Liquidambar formosana*	30.00~41.82	250~1750	0.25~2.30	9.34~40.49	7.30~16.50
	樟树 *Cinnamomum camphora*	7.14~37.50				
	山矾 *Symplocos sumuntia*	3.70~34.29				
	山茶 *Camellia japonica*	10.00~29.63				
	马尾松 *Pinus massoniana*	7.14~10.00				
远郊区	枫香 *Liquidambar formosana*	28.25~49.73	925~2425	2.07~2.64	8.53~12.04	7.79~10.17

续表

区域	优势物种	组成比例 /%	木本植物密度 /（个体 /hm²）	木本植物多样性指数	平均胸径 / cm	平均树高 / m
远郊区	樟树 *Cinnamomum camphora*	16.22~39.18	925~2425	2.07~2.64	8.53~12.04	7.79~10.17
	山矾 *Symplocos sumuntia*	1.54~17.53				
	马尾松 *Pinus massoniana*	1.03~15.38				
	檵木 *Loropetalum chinensis*	5.41~9.28				

表 1.5　马尾松林样地基本特征

区域	优势物种	组成比例 /%	木本植物密度 /（个体 /hm²）	木本植物多样性指数	平均胸径 / cm	平均树高 / m
建成区	马尾松 *Pinus massoniana*	31.58~88.24	850~950	0.36~1.66	10.87~12.61	7.14~8.36
	杜英 *Elaeocarpus decipiens*	31.21~37.45				
	构树 *Broussonetia papyrifera*	10.76~18.72				
	樟树 *Cinnamomum camphora*	7.53 ~13.42				
近郊区	马尾松 *Pinus massoniana*	37.14~80.65	500~775	0.58~1.87	8.14~21.49	12.46~14.41
	杜英 *Elaeocarpus decipiens*	30.33~49.78				
	栓皮栎 *Quercus variabilis*	31.56~39.29				
	樟树 *Cinnamomum camphora*	3.23~25.00				
	枫香 *Liquidambar formosana*	18.37~21.43				
	桂花 *Osmanthus fragrans*	13.71~23.34				
远郊区	马尾松 *Pinus massoniana*	80.95~96.67	525~750	0.15~0.59	17.86~20.13	14.94~16.80
	杉木 *Cunninghamia lanceolata*	10.29~16.33				
	青冈栎 *Quercus glauca*	4.76~5.18				
	檫木 *Sassafras tzumu*	1.45~3.33				

表 1.6　樟树林样地基本特征

区域	优势物种	组成比例 /%	木本植物密度 /（个体 /hm^2）	木本植物多样性指数	平均胸径 / cm	平均树高 / m
建成区	樟树 *Cinnamomum camphora*	40.87～98.00	125～3000	0.10～2.24	1.86～45.89	5.52～13.96
	桂花 *Osmanthus fragrans*	3.23～51.61				
	栾树 *Koelreuteria paniculata*	3.33～43.45				
	二球悬铃木 *Platanus acerifolia*	20.00～21.43				
	银杏 *Ginkgo biloba*	9.09～16.28				
	女贞 *Ligustrum lucidum*	5.00～12.28				
近郊区	樟树 *Cinnamomum camphora*	57.14～100.00	200～2625	0.00～2.29	8.08～36.62	3.18～19.87
	杜英 *Elaeocarpus decipiens*	2.78～60.00				
	山矾 *Symplocos sumuntia*	5.17～34.29				
	马尾松 *Pinus massoniana*	3.61～31.58				
	山茶 *Camellia japonica*	1.67～29.63				
	朴树 *Celtis sinensis*	3.03～28.57				
远郊区	樟树 *Cinnamomum camphora*	35.56～59.18	450～2600	0.93～2.64	8.46～18.22	5.64～16.54
	朴树 *Celtis sinensis*	3.09～42.22				
	柯 *Lithocarpus glaber*	3.17～35.56				
	青冈栎 *Quercus glauca*	3.17～33.33				
	枫香 *Liquidambar formosana*	1.54～29.73				
	檵木 *Loropetalum chinensis*	2.22～21.57				
	山矾 *Symplocos sumuntia*	2.88～17.53				

1.3.4 美学特征测定

1. 单木形态指标

1）样地照片拍摄

依据树种的季相特征和最佳观赏时间，杜鹃和樱花单木照片在春季拍摄

（2022 年 3~5 月），枫香、马尾松和樟树单木照片在秋季拍摄（2022 年 9~11 月）。遵循单木景观拍摄规范原则（毛斌，2015），获取能够真实反映其美学特征的单木美景照片，详细拍摄原则有：①选择合适角度避免林内其他树木、灌木遮挡，过高遮挡物可以适当砍去。②拍摄时间均选择在 9:00~15:00；③采用相同焦距的相机以保证景观取景相同。④采用竖向拍摄。

2）景观照片筛选

剔除不清晰、遮挡物多和可能影响评价的照片，确保照片中只有被测评树种，最后选出同一优势树种不同区位下各 10 张具有代表性的景观照片作为评价主体。

3）景观要素分解

依据毛斌（2015）提出的单木景观要素分解方法，结合风景林单木的外部形态特点，对森林景观构景因素和原则的分析以及对森林美学的剖析，对照片的单木景观特征分别进行要素分解，把影响杜鹃、樱花单木景观质量的主要因素分解成 12 个要素（表 1.7），杜鹃指标为着花率（X_6），樱花指标为着花密集度（X_7）；枫香、马尾松、樟树分解成 16 个要素（表 1.8）。由于枫香叶片在秋季变色，因此加入叶片变色率（X_{16}）指标；马尾松为针叶树种，增加质感度（X_{15}）、叶片色泽（X_5）指标。

表 1.7　杜鹃、樱花单木景观要素分解类目表

项目编号	景观要素	类目				类目数
		1	2	3	4	
X_1	花冠形态	笔形	球形、卵形	伞形		3
X_2	叶片密度	稀疏	正常	稠密		3
X_3	枝条密度	稀少	适中	稠密		3
X_4	轮廓清晰度	不可辨	模糊	明显		3
X_5	主要花色（杜鹃）	大红	浅紫粉	紫粉色		3
	主要花色（樱花）	白色	浅紫粉	紫红		3
X_6	着花率（杜鹃）	＜30%	30%~60%	60%~90%	＞90%	4
X_7	着花密集度（樱花）	＜30%	305%~60%	＞60%		3
X_8	花冠对称度	不对称	较对称	基本对称		3
X_9	花冠均匀度	不均匀	较均匀	很均匀		3
X_{10}	枯枝数量	多	少	无		3

续表

项目编号	景观要素	类目				类目数
		1	2	3	4	
X_{11}	冠幅	< 1 m	1~2 m	>2 m		3
X_{12}	枝条混乱度	混乱	一般	较整齐	整齐	4

注：不同花卉的主要花色、冠幅分级标准有所不同，具体均遵循正态分布原则进行指标指定与划分，本表格以杜鹃为主；轮廓清晰度指标指的是整个植株轮廓清晰；花冠的对称度指的是花序对称度。

表 1.8　枫香、马尾松、樟树单木景观要素分解类目表

项目编号	景观要素	类目				类目数
		1	2	3	4	
X_1	树冠形态	笔形	球形、卵形	伞形		3
X_2	叶片密度	稀疏	正常	稠密		3
X_3	枝条密度	稀少	适中	稠密		3
X_4	轮廓清晰度	不可辨	模糊	明显		3
X_5	叶片色泽（马尾松）	不健康	健康			2
X_6	树冠对称度	不对称	较对称	基本对称		3
X_7	树冠均匀度	不均匀	较均匀	很均匀		3
X_8	枯枝数量	多	少	无		3
X_9	树冠比例	< 50%	50%~75%	75%~90%	> 90%	4
X_{10}	冠幅	< 4 m	4%~10 m	> 10 m		3
X_{11}	枝条混乱度	混乱	一般	较整齐	整齐	4
X_{12}	树干挺拔度	弯曲	矮小	较挺拔	很挺拔	4
X_{13}	枝条舒展度	萎缩	一般	舒展		3
X_{14}	树冠完整度	缺失	完整			2
X_{15}	质感度（马尾松）	弱	一般	强		3
X_{16}	叶片变色率（枫香）	< 30%	30%~60%	> 60%		3

注：不同树种的树冠比例、冠幅分级标准有所不同，具体均遵循正态分布原则进行指标指定与划分，本表格以马尾松为主；质感度指的是马尾松可视或可触的表面性质。

2. 林分特征指标

1）样地照片拍摄

各树种林内照片拍摄时间同上。遵循林内景观拍摄规范（毛斌，2015），获取能够真实反映其美学特征的林内景观照片，具体拍摄原则如下：①全部采用横向拍摄；关闭闪光灯，保持光圈大小和焦距相同。②拍摄时间选择在9:00~15:00。③从标准地的3个角度（右下角朝左上角、左下角朝右上角和下坡位中点朝上坡位中点）分别拍摄3张照片。

2）景观照片筛选

林内景观剔除具有光斑的照片以及有其他影响调查结果的照片，同一优势树种风景游憩林不同区位最后筛选出各8张具有代表性的景观照片作为评价主题。

3）景观要素分解

根据已有的林内景观评价研究文献（毛斌，2015），结合研究区域风景游憩林的实际情况，从林木测树指标（C_1~C_5）、林分结构指标（C_6~C_{10}）、地被层特征指标（C_{11}~C_{14}）、森林健康指标（C_{15}~C_{16}）和林内美学指标（C_{17}~C_{22}）5个项目，包括22个指标和68个类目因子构建风景林林内评价体系（表1.9）。

表 1.9　林内景观要素分解类目表

景观要素	指标分解	景观要素	指标分解
枝下高 C_1	<1/4 树高（1）	树种组成 C_6	针阔混交林（4）
	1/4~1/2 树高（2）		阔叶混交林（5）
	>1/2 树高（3）	林分密度 C_7	高密度，>3000 株 /hm^2（1）
平均胸径 C_2	<10 cm（1）		中密度，1000–3000 株 /hm^2（2）
	10~20 cm（2）		低密度，<1000 株 /hm^2（3）
	>20 cm（3）	郁闭度 C_8	充分郁闭（1）
树木平均高度 C_3	<10 m（或 <5 m）（1）		林内透光（2）
	10~20 m（或 5 ~10 m）（2）		林内有较大空隙（3）
	>20 m（或 >10 m）（3）	林木分布方式 C_9	聚集分布（1）
树冠饱满度 C_4	树冠基本饱满，无缺损（1）		均匀分布（2）
	存在少量缺损，不超过 1/4（2）		随机分布（3）
	树冠缺损严重（3）	生活型构成 C_{10}	乔木型（或灌木型）（1）
树干形态 C_5	干形弯曲，整体杂乱（1）		乔草型（2）
	弯曲与通直并存（2）		乔灌型（3）
	干形通直，分布有序均匀（3）		乔灌草（4）
树种组成 C_6	针叶纯林（1）	灌草分布均匀度 C_{11}	聚集分布（1）
	阔叶纯林（2）		均匀分布（2）
	针叶混交林（3）		随机分布（3）

续表

景观要素	指标分解
灌草盖度 C_{12}	>70%（1）
	30%~70%（2）
	<30%（3）
灌木高度 C_{13}	>1.6 m（1）
	0.8~1.6 m（2）
	<0.8 m（3）
草本高度 C_{14}	>1.0 m（1）
	0.3~1.0 m（2）
	<0.3 m（3）
枯树倒木 C_{15}	较多（视域内有 5 棵以上）（1）
	较少（视域内有 1~5 棵）（2）
	没有（3）
枯枝落叶 C_{16}	成堆分布（1）
	均匀分布（2）
	几乎没有（3）
绿色比例 C_{17}	>0.7（1）
	0.4~0.7（2）
	<0.4（3）
色彩丰富度 C_{18}	几乎单一只有一种色彩（1）
	较丰富，2~3 种（2）
	丰富，3 种以上（3）
色彩对比度 C_{19}	对比强烈（1）
	对比不明显（2）
层次对比度 C_{20}	明显，层次清晰可辨（1）
	中等，有一定层次（2）
	不明显，无层次（3）
水平透视距离 C_{21}	数倍树高（1）
	1 倍树高（2）
	不可透视（3）
树干显示度 C_{22}	树干完全辨识（1）
	树干少量重叠（2）
	树干大量重叠（3）

注：为便于后续分解和分析，设置指标分解类目后括号内的数字为分解类目等级；不同灌木、乔木的平均高度、树冠（花冠）比例、冠幅分级标准有所不同，具体均遵循正态分布原则进行指标指定与划分，本表格以乔木为主。

3. 林外景观格局指标

1) 样地照片拍摄

各树种林外景观色彩斑块指标照片拍摄时间同上。遵循林外景观拍摄规范原则（李波，2011；毛斌，2015），通过大疆精灵 4 Pro 航拍获取能够真实反映其美学特征的林外景观照片，其拍摄原则如下：①避开仪器、设备、道路等非林分因子。②选择光线比较充足的时间段进行拍摄。③尽量使用同一大小的焦距，尽可能使镜头方向与坡面保持一致角度进行拍照。

2）景观照片筛选

林外景观需结合评价指标体系中的评价因子进行筛选，同一优势树种风景游憩林不同区位最后筛选出各 16 张具有代表性的景观照片作为评价主题。

3）色彩斑块提取

本研究均选用夏季景观照片。具体方法为：将景观照片分为树干、空地、枯枝、树冠、天空、灌木、灌草和石头八类色彩斑块，将同类色彩斑块定义为同种颜色，运用 ArcGIS 软件对各类照片的斑块进行矢量化操作，并采用 FRAGSTAT 软件对色彩斑块进行分析（毛斌，2015）。本研究选用景观面积（TA）、红色斑块面积（RCA）、绿色斑块面积（GCA）、黑色斑块面积（BCA）、红色斑块面积占比（RPLAND）、绿色斑块面积占比（GPLAND）、黑色斑块面积占比（BPLAND）、红色斑块面积 / 绿色斑块面积（RCA/GCA）、红色斑块面积 / 黑色斑块面积（RCA/BCA）、绿色斑块面积 / 黑色斑块面积（GCA/BCA）、斑块密度（PD）、斑块数量（NP）、景观形状指数（LSI）、最大斑块指数（LPI）、平均形状指数（SHAPE_MN）、平均斑块分形维数（FRAC_MN）、平均周长面积比（PARA_MN）、平均近圆形形状指数（CIRCLE_MN）、平均邻近指数（CONTIG_MN）、蔓延度（CONTAG）、周长面积分维（PAFRAC）、斑块凝集度指数（COHESION）、景观分割指数（DIVISION）、相似临近百分比（PLADJ）、香农多样性指数（SHDI）、分离度指数（SPLIT）、香农均匀度指数（SHEI）、Simpson 均匀度指数（SIEI）、Simpson 多样性指数（SIDI）、聚集指数（AI）指标进行分析。

4. 美景度特征

1）SBE 评价法

SBE 主要采用问卷调查法，本研究所选评判者主要来自学校相关专业的研究生和部分社会工作人员共 100 人。按照 SBE 的标准方法，为避免照片过多导致评判者容易对照片混淆及视觉疲劳，本研究针对不同照片尺度分批次组织评价，具体评价过程参照毛斌（2015）：

（1）从所拍摄的照片中选择具有典型代表性的照片。抽取每种林分同一区位的单木景观照片 10 张、林内照片 8 张、林外照片 16 张分别分组制作成幻灯片。

（2）美景度等级划分和赋值，将美景度划分为很喜欢、喜欢、较喜欢、一般喜欢、不太喜欢、不喜欢和很不喜欢 7 个等级，并分别赋值为 7、6、5、4、3、2、1。

（3）先将所有照片试播一遍，让评价者对照片有大致的了解，再按照正常速度播放景观照片，让评价者进行打分。

（4）统计评价者的分数，再按照美景度值计算的方法，分析统计每张照片的美景度值。

2）美景度值计算

根据 SBE 法中的标准化公式，将评分值进行标准化处理。对每张景观照片的所有标准化得分求均值，得到每张照片的标准化得分 Z 值，并进一步获得景观照片的 SBE 得分（姚雪晗 等，2020），计算公式如（1.2~1.3 式）：

$$Z_{ij} = \left(R_{ij} - R_j\right)\text{¡Â}S_j \qquad (1.2\ 式)$$

$$S_i = \sum_{j=1}^{N_i} Z_{ij}\text{¡Â}N_i \qquad (1.3\ 式)$$

式中，Z_{ij} 为第 j 个调查对象对第 i 个景观的标准化得分值；R_{ij} 为第 j 个调查对象对第 i 个景观的打分值；R_j 为第 j 个观察者所有打分值的平均值；S_j 为第 j 个调查对象所有打分值的标准差。S_i 为第 i 个景观的最终 SBE 得分；N_i 为参与第 i 个景观评价的人员数量。

3）美景度等级划分

根据章志都（2011）的等差法，可将美景度分为 5 个等级，第一等级为很好（Ⅴ）、第二等级为较好（Ⅳ）、第三等级为一般（Ⅲ）、第四等级为不好（Ⅱ）、第五等级为较差（Ⅰ），具体计算公式如表 1.10 所列。

表 1.10 美景度等级划分计算公式

等级	最小值	最大值
Ⅴ	$(SBE_{max}-SBE_{min})\times 80\%+SBE_{min}$	$(SBE_{max}-SBE_{min})+SBE_{min}$
Ⅳ	$(SBE_{max}-SBE_{min})\times 60\%+SBE_{min}$	$(SBE_{max}-SBE_{min})\times 80\%+SBE_{min}$
Ⅲ	$(SBE_{max}-SBE_{min})\times 40\%+SBE_{min}$	$(SBE_{max}-SBE_{min})\times 60\%+SBE_{min}$
Ⅱ	$(SBE_{max}-SBE_{min})\times 20\%+SBE_{min}$	$(SBE_{max}-SBE_{min})\times 40\%+SBE_{min}$
Ⅰ	SBE_{min}	$(SBE_{max}-SBE_{min})\times 20\%+SBE_{min}$

5. 鸟类声音景观特征

1）鸟类声音数据采集

2022 年 1~5 月，基于样地调查结果，在同一林分每个固定样地内鸟类分布较多的地方布设 1 个监测点，采用声音采集器（song meter mini）进行鸟类声音监测和录制，为减少干扰，将采集器安装在样点直径 1 m 范围内的树上，离地距离不少于 1.5 m，每次采集时间不少于 20 分钟。根据所录制音频，邀请专家对声音数据进行处理和分析，分别统计同一林分每个样地出现的鸟类种类、鸟鸣次数、鸟类声音最大赫兹和最小赫兹。

2）鸟类声音与景观谐和度评价

声音和环境相互作用、相互协调，仅从单一层次考虑景观的听觉效果或视觉效果，往往容易忽视景观带来的整体感受。因此，为了探讨鸟类声音对景观整体印象的影响，本研究将鸟类声音与林内景观照片相结合，采用问卷调查法，将评价等级分为最不和谐、不和谐、不太和谐、一般和谐、较和谐、和谐、最和谐 7 个等级，并分别赋值为 1、2、3、4、5、6、7。邀请相关专业和不相干专业的大学生、研究生进行评判，共 50 人。为提高评价结果的可比性，同一林分不同区域的评价均选用同一批次评判者进行评价。

1.3.5 数据处理与统计

（1）使用 Microsoft Excel Package（Office 2010）统计和计算各项指标的平均值和标准偏差、数据的常规计算。

（2）用 R 4.1.3（R Development Core Team, 2022）中的 ggplot2 包、ggpubr 包制图。

（3）用熵权法和 R 4.1.3 中的 readxl 包进行单木形态指标、林分特征指标的权重值计算和综合指标模型构建。

（4）采用 R 4.1.3 中的 FactoMineR、factoextra 包绘制主成分分析图（主要林外景观格局指标的提取），用 SPSS 18.0 因子分析中最大方差法进行主成分分析（综合指标）模型构建。

1.4 不同区域风景游憩林单木形态特征

1.4.1 风景游憩林单木形态特征变化规律

1. 杜鹃林

杜鹃单木形态特征在不同区域表现出显著的区位差异（表 1.11）。建成区杜鹃的叶片密度、花色和枝条混乱度显著高于近郊区和远郊区；近郊区杜鹃的花冠形态和花冠均匀度平均值显著高于建成区和远郊区；远郊区杜鹃的轮廓清晰度、开花率和枯枝数量平均值显著高于建成区和近郊区。

表 1.11 不同区域杜鹃单木形态特征（平均值 ± 标准差）

区域	花冠形态	叶片密度	枝条密度	轮廓清晰度	花色	开花率
建成区	2.80 ± 0.42b	1.90 ± 0.57a	1.60 ± 0.70a	2.40 ± 0.52a	1.60 ± 0.97a	1.80 ± 0.92a
近郊区	3.00 ± 0.00a	1.40 ± 0.70b	1.70 ± 0.67a	2.30 ± 0.95a	1.30 ± 0.67ab	1.90 ± 0.74a
远郊区	2.80 ± 0.42b	1.50 ± 0.71b	1.70 ± 0.67a	2.50 ± 0.53a	1.10 ± 0.32b	2.20 ± 0.79a
区域	花冠对称度	花冠均匀度	枯枝数量	冠幅	枝条混乱度	
建成区	1.60 ± 0.70a	1.50 ± 0.53b	2.20 ± 0.42a	2.10 ± 0.74a	2.20 ± 0.42a	
近郊区	1.80 ± 0.63a	1.90 ± 0.74a	2.20 ± 0.63a	1.50 ± 0.53b	2.00 ± 0.82a	
远郊区	1.70 ± 0.48a	1.60 ± 0.52b	2.40 ± 0.52a	2.10 ± 0.74a	2.10 ± 0.74a	

注：不同小写字母代表同一指标不同区域之间差异显著（$P < 0.05$）。下同。

2. 樱花林

不同区域樱花单木形态特征表现各异（表 1.12）。建成区樱花的花色平均值最高；远郊区樱花的枝条密度、轮廓清晰度、开花密集度、花冠对称度、花冠均匀度、冠幅和枝条混乱度平均值高于建成区和近郊区。

表 1.12 不同区域樱花单木形态特征（平均值 ± 标准差）

区域	花冠形态	叶片密度	枝条密度	轮廓清晰度	花色	开花密集度
建成区	2.10 ± 0.88a	1.70 ± 0.82a	1.50 ± 0.53b	1.50 ± 0.53b	2.30 ± 0.67b	1.50 ± 0.53b
近郊区	2.50 ± 0.53a	1.70 ± 0.82a	1.90 ± 0.57ab	2.20 ± 0.63a	2.00 ± 0.82ab	2.20 ± 0.79a
远郊区	2.50 ± 0.71a	1.70 ± 0.67a	2.10 ± 0.74a	2.50 ± 0.53a	1.50 ± 0.53a	2.70 ± 0.48a
区域	花冠对称度	花冠均匀度	枯枝数量	冠幅	枝条混乱度	
建成区	1.20 ± 0.42b	1.30 ± 0.48b	2.40 ± 0.70a	1.70 ± 0.67b	2.20 ± 0.79b	
近郊区	1.70 ± 0.48ab	1.70 ± 0.48ab	2.70 ± 0.48a	2.10 ± 0.57ab	2.70 ± 0.48ab	
远郊区	2.20 ± 0.63a	2.20 ± 0.63a	2.70 ± 0.48a	2.60 ± 0.70a	2.90 ± 0.32a	

3. 枫香林

枫香单木形态特征在不同区域具有显著差异（表 1.13）。建成区枫香的树冠比例平均值高于近郊和远郊区；近郊区枫香的树干挺拔度和枯枝数量平均值高于建成区和远郊区；远郊区枫香的树冠形态、轮廓清晰度、树冠完整度、树冠对称度、冠幅、枝条密度、枝条混乱度、枝条舒展度、叶片密度和叶片变色率的平均值均高于建成区和近郊区。

表 1.13　不同区域枫香单木形态特征（平均值 ± 标准差）

区域	树冠形态	轮廓清晰度	树干挺拔度	树冠完整度	树冠对称度	树冠均匀度	树冠比例
建成区	2.00 ± 0.94b	2.40 ± 0.70a	2.00 ± 0.94ab	1.90 ± 0.88b	1.90 ± 0.88b	2.30 ± 0.82b	2.30 ± 0.48b
近郊区	2.30 ± 0.67ab	2.40 ± 0.70a	2.50 ± 0.53b	2.20 ± 0.42b	2.10 ± 0.74a	2.40 ± 0.52a	1.90 ± 0.74ab
远郊区	2.50 ± 0.53a	2.60 ± 0.52a	2.30 ± 0.82a	2.50 ± 0.53a	2.30 ± 0.67a	2.40 ± 0.70b	1.90 ± 0.32a
区域	冠幅	枯枝数量	枝条密度	枝条混乱度	枝条舒展度	叶片密度	叶片变色率
建成区	1.60 ± 0.70b	2.20 ± 0.63a	1.70 ± 0.67b	2.00 ± 0.47b	1.90 ± 0.88b	2.10 ± 0.57a	1.20 ± 0.42b
近郊区	2.10 ± 0.57a	2.60 ± 0.52a	2.10 ± 0.74a	2.20 ± 0.79a	2.10 ± 0.74a	2.10 ± 0.57a	1.70 ± 0.67a
远郊区	2.20 ± 0.63a	2.50 ± 0.71a	2.20 ± 0.63b	2.50 ± 0.53a	2.30 ± 0.48a	2.30 ± 0.67a	2.30 ± 0.67ab

4. 马尾松林

不同区域马尾松单木形态特征区位差异显著（表 1.14）。近郊区马尾松的树冠形态、轮廓清晰度、树冠均匀度、冠幅、枝条密度、枝条混乱度、叶片密度和质感度平均值均高于建成区和远郊区；远郊区马尾松的树干挺拔度、树冠完整度、树冠比例和枝条舒展度的平均值均高于建成区和近郊区。

表 1.14　不同区域马尾松单木形态特征（平均值 ± 标准差）

区域	树冠形态	轮廓清晰度	树干挺拔度	树冠完整度	树冠对称度	树冠均匀度	树冠比例	冠幅
建成区	1.80 ± 0.79b	2.70 ± 0.48a	2.30 ± 0.67ab	2.10 ± 0.74b	1.90 ± 0.74b	2.00 ± 0.94b	1.70 ± 0.82b	1.60 ± 0.70b
近郊区	2.50 ± 0.71a	2.80 ± 0.42a	2.10 ± 0.99b	2.10 ± 0.57b	2.40 ± 0.84a	2.30 ± 0.67a	2.10 ± 0.57ab	2.30 ± 0.67a
远郊区	1.90 ± 0.88b	2.60 ± 0.52a	2.60 ± 0.52a	2.20 ± 0.42a	2.40 ± 0.84a	2.00 ± 0.47b	2.30 ± 0.67a	2.20 ± 0.79a

续表

区域	枯枝数量	枝条密度	枝条混乱度	枝条舒展度	叶片密度	叶片色泽	质感度	
建成区	1.70 ± 0.67a	1.80 ± 0.79b	1.90 ± 0.57b	2.00 ± 0.67b	1.90 ± 0.57b	1.90 ± 0.32a	1.90 ± 0.57b	
近郊区	1.80 ± 0.79a	2.20 ± 0.42a	2.30 ± 0.82a	2.50 ± 0.53a	2.80 ± 0.42a	2.00 ± 0.00a	2.50 ± 0.53a	
远郊区	1.80 ± 0.42a	1.80 ± 0.79b	2.10 ± 0.57a	2.60 ± 0.70a	2.50 ± 0.53a	2.00 ± 0.00a	2.30 ± 0.48ab	

5. 樟树林

樟树单木形态特征在不同区域呈现显著的区位差异（表1.15）。近郊区樟树的轮廓清晰度、树干挺拔度、树冠对称度、树冠均匀度、树冠比例、枝条混乱度和枝条舒展度的平均值均高于建成区和远郊区；远郊区樟树的树冠形态、冠幅、枯枝数量和叶片密度的平均值均高于建成区和近郊区。

表1.15　不同区域樟树单木形态特征（平均值 ± 标准差）

区域	树冠形态	轮廓清晰度	树干挺拔度	树冠完整度	树冠对称度	树冠均匀度	树冠比例
建成区	1.70 ± 0.82b	2.20 ± 0.42b	1.70 ± 0.82b	2.00 ± 0.82a	1.80 ± 0.63a	1.70 ± 0.67b	1.80 ± 0.79b
近郊区	2.40 ± 0.52ab	2.90 ± 0.32a	2.70 ± 0.48a	2.40 ± 0.52a	2.30 ± 0.67a	2.40 ± 0.70a	2.20 ± 0.79a
远郊区	2.60 ± 0.52a	2.30 ± 0.67ab	2.30 ± 0.67ab	2.40 ± 0.52a	2.20 ± 0.79a	1.90 ± 0.57b	2.10 ± 0.32a
区域	冠幅	枯枝数量	枝条密度	枝条混乱度	枝条舒展度	叶片密度	
建成区	1.40 ± 0.70b	2.00 ± 0.67b	1.70 ± 0.82b	1.60 ± 0.52b	1.90 ± 0.74b	1.80 ± 0.79b	
近郊区	2.20 ± 0.63a	2.60 ± 0.52a	2.20 ± 0.63a	2.00 ± 0.47a	2.60 ± 0.52a	2.30 ± 0.82a	
远郊区	2.60 ± 0.52a	3.00 ± 0.00a	2.20 ± 0.63a	1.90 ± 0.32a	2.50 ± 0.71a	2.50 ± 0.71a	

1.4.2　单木形态指标权重及综合指标模型

1. 杜鹃林

1）单木形态指标权重

影响杜鹃单木景观质量的关键指标，建成区为花色、枯枝数量、枝条混乱度、轮廓清晰度；近郊区为花色、叶片密度、冠幅；远郊区为花色、叶片密度、枯枝数量和轮廓清晰度（图 1.1）。作为建成区、近郊区和远郊区杜鹃单木景观质量的共同关键指标，远郊区花色权重分别高出近郊区和建成区 18.2% 和 127.6%。枝条混乱程度和枯枝数量在建成区杜鹃单木景观质量中占到很高的权重，但该指标在近郊和远郊杜鹃单木景观质量中的影响却较小；在建成区影响不突出的叶片密度，对近郊和远郊杜鹃单木景观质量的影响却非常大，二者的权重分别是建成区叶片密度权重的 240.24% 和 160.96%。

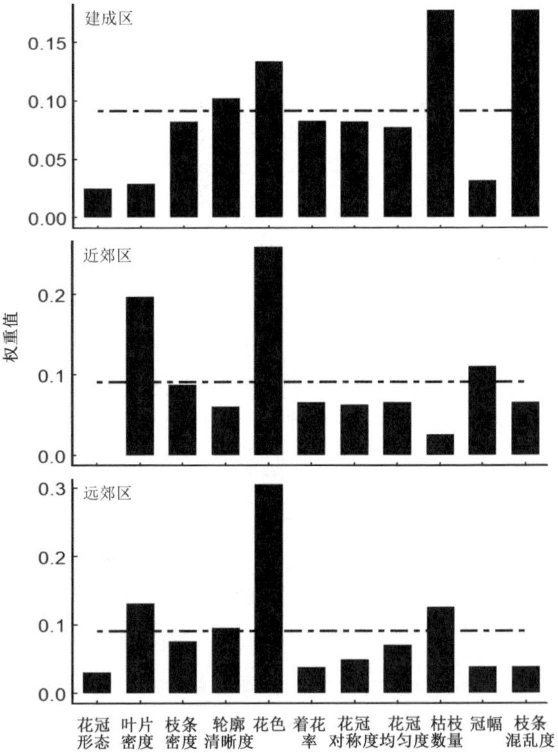

图 1.1　不同区域杜鹃单木形态指标权重值

注：虚线代表指标权重选取标准（权重值 > 0.091）。

2）单木形态综合指标

依据关键单木形态因子的权重，建立了不同区域杜鹃单木形态综合指标模型（表 1.16）。其中，杜鹃的花色、叶片密度、轮廓清晰度、枯枝数量是重要指标。由表 1.16 中的模型，杜鹃单木建成区枯枝数量和枝条混乱度权重在单木景观综合质量中最高，为 0.300，分别是花色和轮廓清晰度的 1.33 倍和 1.72 倍；近郊区单木景观综合质量是花色权重最高，分别是叶片密度和冠幅的 1.31 倍和 2.36 倍；远郊区单木景观综合质量也是花色权重最高，分别是叶片密度、轮廓清晰度和枯枝数量的 2.32 倍、3.20 倍和 2.43 倍。因此在杜鹃单木的品种选择上，需要着重花色、叶片密度、轮廓清晰度和枯枝数量指标。

表 1.16　不同区域杜鹃单木形态综合得分

区域	计算公式
建成区	$C_{u}=0.174x_{\text{轮廓清晰度}}+0.226x_{\text{花色}}-0.300x_{\text{枯枝数量}}-0.300x_{\text{枝条混乱度}}$
近郊区	$C_{su}=0.349x_{\text{叶片密度}}+0.457x_{\text{花色}}+0.194x_{\text{冠幅}}$
远郊区	$C_{pu}=0.200x_{\text{叶片密度}}+0.145x_{\text{轮廓清晰度}}+0.464x_{\text{花色}}-0.191x_{\text{枯枝数量}}$

2. 樱花林

1）单木形态指标权重

影响樱花单木景观质量的关键指标，建成区为叶片密度、枝条密度、轮廓清晰度、着花密集度、花冠对称度、花冠均匀度；近郊区为花冠形态、叶片密度、花色；远郊区为叶片密度、轮廓清晰度、花色、着花密集度、枯枝数量（图 1.2）。樱花林中，叶片密度是建成区、近郊区和远郊区樱花单木景观质量的共同关键指标，近郊区叶片密度权重分别高出建成区和远郊区 73.07% 和 20%。在建成区中花色指标对樱花单木景观质量中影响较小，但是在近郊区和远郊区中均为关键指标，其中远郊区比建成区高 721%。轮廓清晰度在建成区和远郊区为关键指标，但在近郊区对樱花单木景观质量中影响较小。

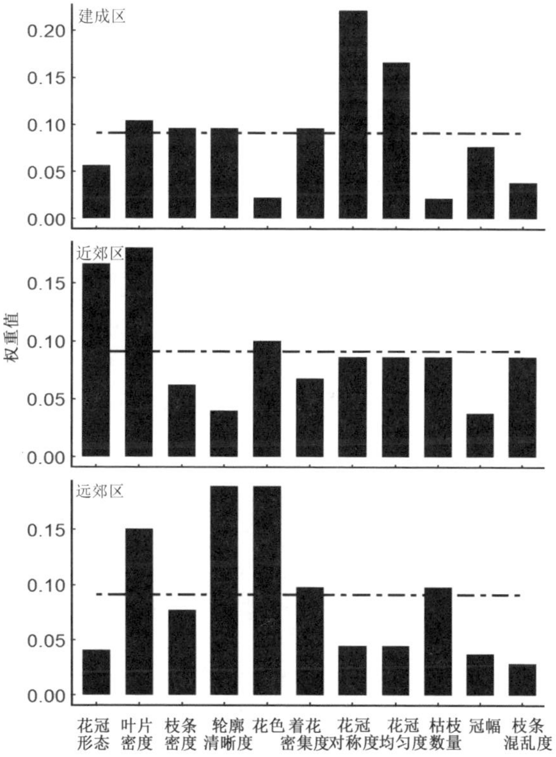

图 1.2　不同区域樱花单木形态指标权重值

注：虚线代表指标权重选取标准（权重值 > 0.091）。

2）单木形态综合指标

依据关键单木形态因子的权重，建立了不同区域樱花单木形态综合指标模型（表 1.17）。樱花的叶片密度、轮廓清晰度、花色、着花密集度是重要指标。樱花单木景观综合质量中，建成区的花冠对称度权重最高，比叶片密度高 112.8%，比枝条密度高 130.1%，比轮廓清晰度、着花密集度高 128.2%，比花冠均匀度高 32.9%；近郊区叶片密度权重最高，比花冠形态和花色分别高 8% 和 80%；远郊区轮廓清晰度和花色权重最高，比叶片密度高 25.5%，比着花密集度和枯枝数量高 93.33%。因此在樱花单木的品种选择上，需要着重单木整体的形态，如叶片密度、花色、轮廓清晰度和花色指标。

表 1.17　不同区域樱花单木形态综合得分

区域	计算公式
建成区	$C_{u}=0.133x_{叶片密度}+0.123x_{枝条密度}+0.124x_{轮廓清晰度}+0.124x_{着花密集度}+0.283x_{花冠对称度}+0.213x_{花冠均匀度}$
近郊区	$C_{su}=0.373x_{花冠形态}+0.403x_{叶片密度}+0.224x_{花色}$
远郊区	$C_{pu}=0.208x_{叶片密度}+0.261x_{轮廓清晰度}+0.261x_{花色}+0.135x_{着花密集度}-0.135x_{枯枝数量}$

由杜鹃、樱花单木观赏性状权重变化可以明显地看出，同一树种在建成区—近郊区—远郊区 3 个梯度间均有较大的差异（图 1.1，图 1.2）。树木姿态的树冠轮廓清晰度、枯枝数量和枝条混乱度以及叶片密度的权重总体较高，表明树木构型对杜鹃、樱花单木景观质量具有不可忽视的作用，即树体结构维护与管护是非常重要的。

3. 枫香林

1）单木形态指标权重

枫香单木中，建成区树冠完整度、树冠对称度、树冠比例、冠幅、枝条舒展度、叶片变色率为重要指标；近郊区树干挺拔度、树冠完整度、树冠均匀度、枯枝数量、叶片变色率为重要指标；远郊区树冠形态、轮廓清晰度、树冠完整度、枝条舒展度为重要指标（图 1.3）。

树冠完整度均为建成区、近郊区和远郊区枫香单木的重要指标，其中近郊区树冠完整度对枫香单木景观质量影响最大，分别是建成区和远郊区的 3.37 倍和 1.88 倍。枝条舒展度在近郊区枫香单木景观质量中影响较小，但是在远郊区和建成区枫香单木景观质量中占到很高的权重。叶片变色率在建成区和近郊区均为重要指标，分别为远郊区的 6.58 倍和近郊区的 2.77 倍。

2）单木形态综合指标

依据关键单木形态因子的权重，建立了不同区域枫香单木形态综合指标模型（表 1.18）。枫香林中树冠完整度、叶片舒展度、叶片变色率是重要指标（表 1.18）；建成区枫香单木的叶片变色率在景观综合质量中权重最高，分别是树冠完整度和树冠对称度的 2.79 倍，是树冠比例的 1.33 倍，是冠幅的 2.16 倍，是枝条舒展度的 2.81 倍；近郊区树冠完整度权重最高，分别是树干挺拔度、树冠均匀度、枯枝数量和叶片变色率的 2.29、1.73、3.11、2.89 倍；远郊区枝条舒展度在景观综合质量中权重最高，比树冠形态、树冠完整度和枝条混乱度高 72.67%，比轮廓清晰度高 134.07%。

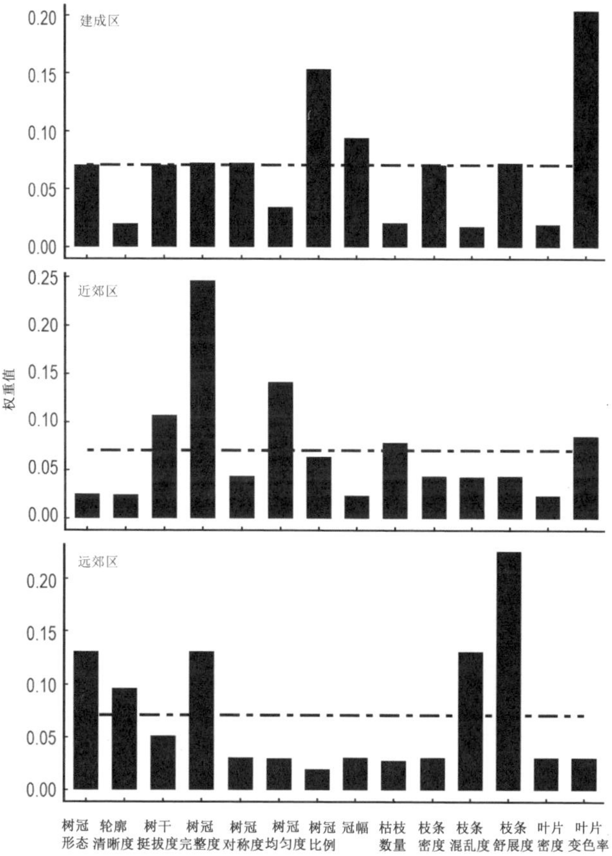

图 1.3　不同区域枫香单木形态指标权重值

注：虚线代表指标权重选取标准（权重值 > 0.071）。

表 1.18　不同区域枫香单木形态综合得分

区域	计算公式
建成区	$C_u = 0.109x_{树冠完整度} + 0.109x_{树冠对称度} + 0.229x_{树冠比例} + 0.141x_{冠幅} + 0.108x_{枝条舒展度} + 0.304x_{叶片变色率}$
近郊区	$C_{su} = 0.163x_{树干挺拔度} + 0.373x_{树冠完整度} + 0.215x_{树冠均匀度} - 0.120x_{枯枝数量} + 0.129x_{叶片变色率}$
远郊区	$C_{pu} = 0.183x_{树冠形态} + 0.135x_{轮廓清晰度} + 0.183x_{树冠完整度} - 0.183x_{枝条混乱度} + 0.316x_{枝条舒展度}$

4. 马尾松林

1）单木形态指标权重

马尾松单木中建成区树冠形态、树冠均匀度、树冠比例、冠幅、枯枝数量、枝条密度大于权重值选取标准；近郊区树干挺拔度、枯枝数量、枝条密度、枝条舒展度、叶片色泽、质感度大于权重值选取标准；远郊区树冠形态、树冠完整度、枝条密度、叶片密度、叶片色泽、质感度大于权重值选取标准（图 1.4）。

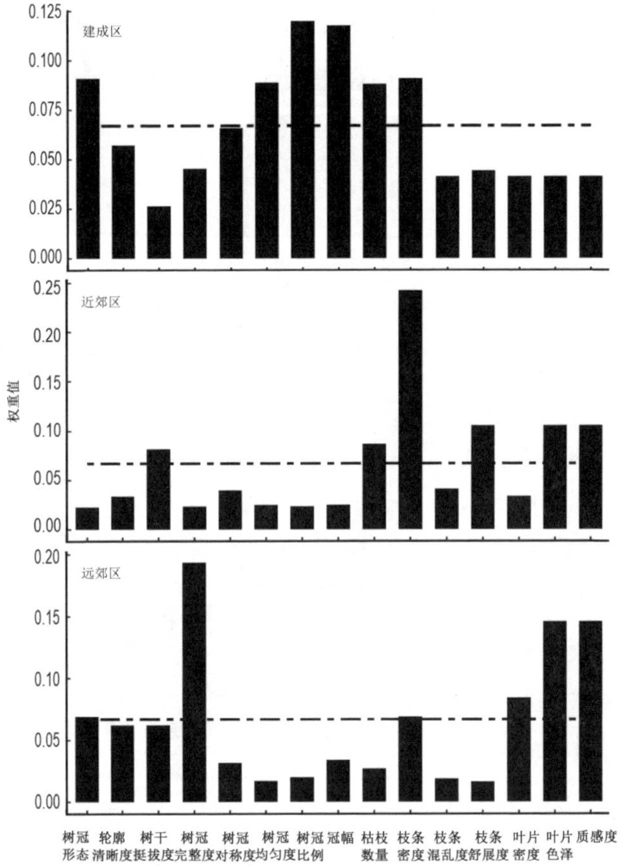

图 1.4　不同区域马尾松单木形态指标权重值

注：虚线代表指标权重选取标准（权重值 > 0.067）。

枝条密度在建成区、近郊区和远郊区马尾松单木景观质量中占到很高的权重，其中近郊区最高，分别比建成区和远郊区高 165.93% 和 250.72%。叶片色泽和质感度在近郊区和远郊区马尾松单木景观质量中占到很高的权重，但该指标在建成区的影响却很小；枯枝数量在建成区和近郊区马尾松单木景观质量中为关键指标，但该指标在远郊区中不是关键指标。

2）单木形态综合指标

依据关键单木形态因子的权重，建立了不同区域马尾松单木形态综合指标模型（表 1.19）。马尾松林中枝条密度、树冠形态、树干挺拔度、枯枝数量以及质感度是重要指标。马尾松树冠比例在建成区关键指标中权重最高，分别是树冠形态、树冠均匀度、冠幅、枯枝数量和枝条密度的 1.32、1.34、1.02、1.35、1.32 倍；枝条密度在近郊区单木景观中综合质量最高，比其他关键指标高 128.96%~191.22%；树冠完整度在远郊区关键指标中权重最高，为 0.273，分别是树冠形态和枝条密度的 2.79 倍，叶片密度的 2.29 倍，叶片色泽和质感度的 1.33 倍。

表 1.19 不同区域马尾松单木形态综合得分

区域	计算公式
建成区	$C_{u} = 0.152x_{树冠形态} + 0.150x_{树冠均匀度} + 0.201x_{树冠比例} + 0.197x_{冠幅} - 0.148x_{枯枝数量} + 0.152x_{枝条密度}$
近郊区	$C_{su} = 0.114x_{树干挺拔度} - 0.119x_{枯枝数量} + 0.332x_{枝条密度} + 0.145x_{枝条舒展度} + 0.145x_{叶片色泽} + 0.145x_{质感度}$
远郊区	$C_{pu} = 0.098x_{树冠形态} + 0.273x_{树冠完整度} + 0.098x_{枝条密度} + 0.119x_{叶片密度} + 0.206x_{叶片色泽} + 0.206x_{质感度}$

5. 樟树林

1）单木形态指标权重

樟树单木中建成区树冠形态、轮廓清晰度、树干挺拔度、冠幅、枝条密度为重要指标；近郊区树冠形态、树冠完整度、枯枝数量、枝条舒展度为重要指标；远郊区树冠形态、树冠完整度、冠幅为重要指标（图 1.5）。

树冠形态作为建成区、近郊区和远郊区樟树林单木景观质量的共同关键指标，近郊区权重分别高出建成区和远郊区 130.58% 和 28.94%。树冠完整度在近郊区和远郊区均占很高的权重，但在建成区中影响较小。冠幅在建成区和远郊区为关键指标，分别是近郊区的 4.83 倍和 4.34 倍。

2）单木形态综合指标

依据关键单木形态因子的权重，建立了不同区域樟树单木形态综合指标模型（表 1.20）。樟树林中树冠形态、树冠完整度和冠幅是重要指标。建成区樟树林轮廓清晰度在景观综合质量中权重最高，分别比树冠形态、树干挺拔度高 112.92%，比冠幅高 27.75%，比枝条密度高 111.48%；近郊区中，树冠形态和树冠完整度权重为 0.32，枯枝数量和枝条舒展度权重为 0.180；树冠完整度对樟树远郊区单木景观质量影响最大，为树冠形态和冠幅的 1.79 倍。

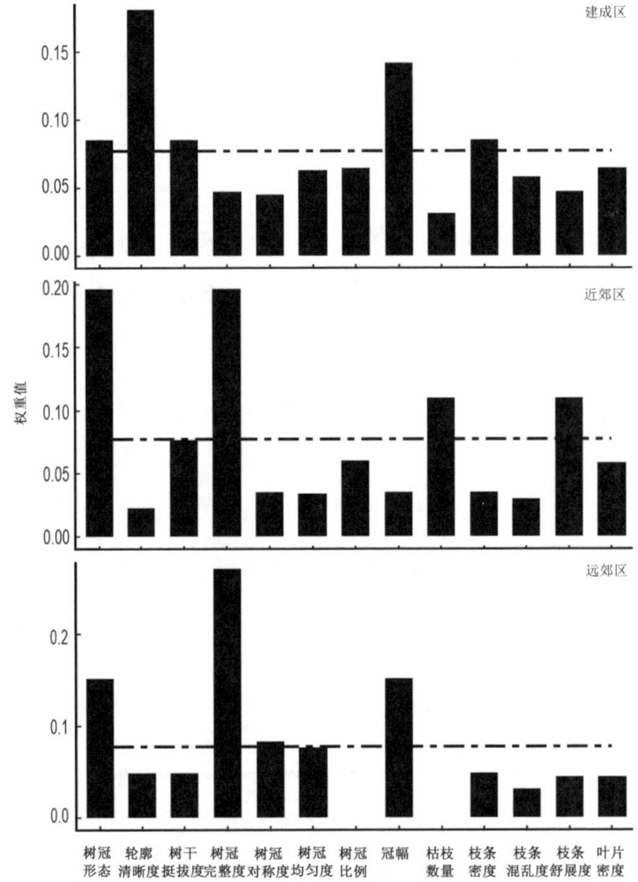

图 1.5　不同区域樟树单木形态指标权重值

注：虚线代表指标权重选取标准（权重值 > 0.077）。

表 1.20　不同区域樟树单木形态综合得分

区域	计算公式
建成区	$C_{u} = 0.147x_{树冠形态} + 0.313x_{轮廓清晰度} + 0.147x_{树干挺拔度} + 0.245x_{冠幅} + 0.148x_{枝条密度}$
近郊区	$C_{su} = 0.320x_{树冠形态} + 0.320x_{树冠完整度} - 0.180x_{枯枝数量} + 0.180x_{枝条舒展度}$
远郊区	$C_{pu} = 0.264x_{树冠形态} + 0.472x_{树冠完整度} + 0.264x_{冠幅}$

1.4.3 城市化对风景游憩林单木形态特征的影响

杜鹃因其色彩鲜艳、姿态优美，是各种公园常见的配置树种之一。无论是作为公园的主要景观还是配套景观，在公园植物景观建设中都发挥着重要作用（孔军华，2021）。研究发现，杜鹃植物景观的特征主要表现为3个方面，即鲜明的地域特征、丰富的色彩变化和季节特征、多样的应用形式和空间层次（周丽丽，2013）。本研究结果表明，不同区位杜鹃风景游憩林的单木形态指标中，花色在建成区、近郊区和远郊区中均为重要指标，证实了杜鹃花色变化在风景游憩林景观美学功能中的重要性。因此，对于杜鹃植物景观的建设，参照周丽丽的研究（2013），本研究提出以下建议：因地制宜，营造有利于植物生长的生态环境；要注意色彩搭配、花期衔接和季节特征；结合考虑科学性与艺术美；注重历史文化的传承和地域特色的营造；体现经济原则与景观管理的双重统一。

樱花分布广泛，主要集中在北半球的温带和亚热带地区，且品种丰富，不同品种花期各异。同时，樱花在中国的栽培历史悠久，但近代才广泛应用于园林景观中，特别是随着国民经济的发展和人民生活水平的提高，踏春赏樱已成为人们的一项重要活动。本研究中，不同区位的樱花风景游憩林单木景观结构特征与杜鹃的结果相似，叶片密度在建成区、近郊区和远郊区中均为重要指标，而花色在近郊区和远郊区中是关键指标，表明除注重花的色彩搭配外，樱花单木景观的改造还需要考虑花叶的整体协调度。

色彩是风景游憩林景观的重要组成部分，提高色彩质量对风景游憩林景观的构建具有重要意义（王子，2021）。枫香是湖南的乡土树种，栽培历史悠久，属秋叶植物，因其具有色彩鲜艳、观赏期长、易形成大色块景观等特点，可丰富植物景观的色彩层次（李京怡，2021）。本研究结果表明，叶片变色率在建成区和近郊区是重要的枫香单木形态指标，究其原因可能是：枫香叶片颜色为深红色时，颜色艳丽，在其观赏性提升的同时，明亮的叶片颜色提高了整个植物景观的色彩丰富度，与周围环境对比鲜明，在视觉效果方面会更好地捕捉公众的视线。因此，叶色颜色越深，景观美景度越高，更符合公众的观赏喜好（李京怡，2021）。

马尾松是我国亚热带地区分布最广的乡土针叶树种之一，樟树是亚热带常见的常绿阔叶树种之一，两者也是南方重要的用材树种，同时是城市景观设计常用树种。本研究中，树冠形态是马尾松和樟树单木景观结构的重要指标。由于针叶树种和阔叶树种的生理和生长特性差异，对于其单木景观的管理和改造因树种而异。针叶树种树冠饱满整齐、树干挺拔，单木景观具有较高的品质，呈现出苍劲挺拔的景观视觉效果，而弯曲和矮小的单木往往传递出压抑的感觉（陈瑜 等，2014）。因此，针叶树种完整的树冠、挺拔的树干有利于提高观赏价值，同时树干形状笔直的单木也会使整个林分具有更好的可见性和可接近性（欧阳勋志 等，

2007）。而阔叶树种以树冠“圆润饱满”、树干“挺拔”为美，表现出圆润、高耸、粗壮、厚重的特点，丰富的树冠变化符合公众审美要求，表现力强，呈现出一种如潮般涌动的美感，让人感觉生动活泼（俞孔坚，1990）。此外，马尾松的枝条密度也是关键指标之一，主要与针叶树种单木枝条不宜过多或者过少有关，过多导致杂乱，过少显得树木不饱满，且对轮廓清晰度也有较大影响。

1.5 不同区域风景游憩林林分特征

1.5.1 风景游憩林林分特征变化规律

1. 杜鹃林

不同区域杜鹃林林分特征区位差异显著（表 1.21）。建成区杜鹃林林分密度、郁闭度、生活型构成、灌草盖度、绿色比例和色彩丰富度的平均值高于近郊区和远郊区；近郊区杜鹃林的花冠饱满度和树干显示度平均值高于建成区和远郊区；远郊区杜鹃林林木分布方式、灌草分布均匀度和层次对比度的平均值高于建成区和近郊区。

2. 樱花林

樱花林林分特征在不同区域表现出显著差异（表 1.22）。建成区樱花林的树种组成、林分密度、郁闭度、生活型构成、灌草盖度、灌木高度和草本高度平均值高于近郊区和远郊区；近郊区樱花林的树冠饱满度、灌草分布均匀度和色彩对比度的平均值高于建成区和远郊区；远郊区樱花林的树木平均高、树干形态、林木分布方式和绿色比例平均值高于建成区和近郊区。

3. 枫香林

枫香林林分特征具有显著的区位差异性（表 1.23）。建成区枫香林树干形态、树种组成、林分密度、郁闭度、生活型构成、灌木高度、草本高度和色彩对比度的平均值高于近郊区和远郊区；近郊区枫香林的枝下高、枯树倒木、色彩丰富度、层次对比度和树干显示度平均值高于建成区和远郊区；远郊区枫香林的平均胸径、树木平均高、林木分布方式、灌草分布均匀度、灌草盖度、枯枝落叶和绿色比例平均值高于建成区和近郊区。

4. 马尾松林

马尾松林林分特征在不同区域差异显著（表 1.24）。建成区马尾松林的树干形态、林分密度、郁闭度、灌木高度、草本高度、枯树倒木、枯枝落叶和绿色比例平均值高于近郊区和远郊区；近郊区马尾松林生活型构成的平均值高于建成区和远郊区；远郊区马尾松林的枝下高、平均胸径、树木平均高、树冠饱满度、灌草分布均匀度、色彩丰富度和树干显示度平均值高于建成区和近郊区。

5. 樟树林

不同区域樟树林林分特征表现出显著差异（表 1.25）。建成区樟树林的树干形态、林分密度、郁闭度、枯树倒木、枯枝落叶、绿色比例和色彩丰富度的平均值高于近郊区和远郊区；近郊区樟树林的草本高度和层次对比度平均值高于建成区和远郊区；远郊区樟树林的枝下高、树木平均高、树冠饱满度、树种组成和林木分布方式平均值高于建成区和近郊区。

表 1.21　不同区域杜鹃林林分特征

区域	花冠饱满度	林分密度	郁闭度	林木分布方式	生活型构成	灌草分布均匀度	灌草盖度	灌木高度
建成区	1.13 ± 0.35b	2.63 ± 0.52a	2.75 ± 0.46a	1.50 ± 0.53a	3.63 ± 0.53a	1.88 ± 0.64a	2.38 ± 0.52a	2.25 ± 0.46a
近郊区	1.88 ± 0.35a	1.50 ± 0.53b	2.00 ± 0.93ab	1.75 ± 0.89a	2.50 ± 1.31a	1.75 ± 0.89a	1.00 ± 0.00b	2.25 ± 0.71a
远郊区	1.63 ± 0.52ab	1.25 ± 0.46b	1.25 ± 0.46b	2.00 ± 0.76a	1.00 ± 0.00b	2.25 ± 1.04a	1.00 ± 0.00b	1.25 ± 0.46b

区域	草本高度	枯树倒木	枯枝落叶	绿色比例	色彩丰富度	色彩对比度	层次对比度	树干显示度
建成区	3.00 ± 0.00a	3.00 ± 0.00a	3.00 ± 0.00a	2.50 ± 0.53a	3.00 ± 0.00a	1.00 ± 0.00a	1.00 ± 0.00b	1.75 ± 0.71a
近郊区	3.00 ± 0.00a	3.00 ± 0.00a	3.00 ± 0.00a	1.50 ± 0.53b	2.50 ± 0.53ab	1.00 ± 0.00a	1.88 ± 0.99a	2.25 ± 0.89a
远郊区	3.00 ± 0.00a	2.63 ± 0.52a	2.88 ± 0.35a	1.50 ± 0.53b	2.38 ± 0.52b	1.00 ± 0.00a	2.00 ± 0.00a	2.13 ± 0.64a

表 1.22　不同区域樱花林林分特征

区域	树木平均高	树冠饱满度	树干形态	树种组成	林分密度	郁闭度	林木分布方式	生活型构成	灌草分布均匀度	灌草盖度
建成区	1.25 ± 0.46a	1.25 ± 0.46a	2.25 ± 0.46a	3.75 ± 1.49a	2.63 ± 0.52a	2.50 ± 0.53a	1.63 ± 0.52b	3.00 ± 1.07a	2.00 ± 0.00a	2.25 ± 0.71a
近郊区	1.50 ± 0.76a	1.75 ± 0.89a	2.25 ± 0.71a	1.50 ± 1.41b	1.75 ± 0.71b	2.13 ± 0.64ab	2.25 ± 0.71ab	2.25 ± 0.71a	2.13 ± 0.64a	2.00 ± 0.93a
远郊区	1.75 ± 0.89a	1.63 ± 0.52a	2.75 ± 0.46a	2.38 ± 1.06ab	1.25 ±0.46b	1.50 ± 0.53b	2.63 ± 0.52a	2.25 ± 0.71a	2.00 ± 0.76a	1.75 ± 0.46a
区域	灌木高度	草本高度	枯树倒木	枯枝落叶	绿色比例	色彩丰富度	色彩对比度	层次对比度	树干显示度	
建成区	3.00 ± 0.00a	3.00 ± 0.00a	3.00 ± 0.00a	3.00 ± 0.00a	1.75 ± 0.46b	3.00 ± 0.00a	1.13 ± 0.35a	1.13 ± 0.36a	1.13 ± 0.35a	
近郊区	2.88 ± 0.35a	2.63 ± 0.74a	3.00 ± 0.00a	3.00 ± 0.00a	2.50 ± 0.76a	2.50 ± 0.53b	1.25 ± 0.46a	1.25 ± 0.71a	1.50 ± 0.76a	
远郊区	2.50 ± 0.53a	2.50 ± 0.53a	2.75 ± 0.46a	2.63 ± 0.52a	2.63 ± 0.52a	3.00 ± 0.00a	1.00 ± 0.00a	1.25 ± 0.46a	1.50 ± 0.53a	

表 1.23　不同区域枫香林林分特征

区域	枝下高	平均胸径	树木平均高	树冠饱满度	树干形态	树种组成	林分密度	郁闭度	林木分布方式	生活型构成	灌草分布均匀度
建成区	1.25 ± 0.46a	2.50 ± 0.53a	1.75 ± 0.46b	1.50 ± 0.53a	2.75 ± 0.46a	5.00 ± 0.00a	2.75 ± 0.46a	2.75 ± 0.46a	1.75 ± 0.46a	3.50 ± 0.53a	1.75 ± 0.46a
近郊区	1.38 ± 0.52a	2.50 ± 0.53a	2.50 ± 0.76a	1.50 ± 0.53a	2.25 ± 0.71a	4.38 ± 1.06a	1.63 ± 0.74b	2.13 ± 0.64ab	2.00 ± 1.07a	3.38 ± 0.52a	2.25 ± 1.04a
远郊区	1.25 ± 0.46a	2.75 ± 0.46a	2.75 ± 0.46a	1.50 ± 0.53a	2.00 ± 0.76a	4.25 ± 1.39a	1.50 ± 0.53b	1.50 ± 0.53b	2.50 ± 0.93a	3.25 ± 0.46a	2.50 ± 0.93a
区域	灌草盖度	灌木高度	草本高度	枯树倒木	枯枝落叶	绿色比例	色彩丰富度	色彩对比度	层次对比度	树干显示度	
建成区	1.25 ± 0.46a	2.25 ± 0.89a	3.00 ± 0.00a	1.25 ± 0.46b	1.50 ± 0.53a	2.50 ± 0.53ab	2.25 ± 0.46b	1.50 ± 0.53a	1.13 ± 0.35b	1.13 ± 0.35a	
近郊区	1.25 ± 0.46a	1.63 ± 0.92a	2.75 ± 0.46a	2.63 ± 0.52a	1.75 ± 0.46a	2.13 ± 0.83b	2.88 ± 0.35a	1.38 ± 0.52a	1.88 ± 0.83a	1.75 ± 0.89a	
远郊区	1.50 ± 0.53a	1.75 ± 0.46a	2.75 ± 0.46a	2.38 ± 0.52a	2.00 ± 0.00a	3.00 ± 0.00a	2.50 ± 0.53ab	1.00 ± 0.00a	1.75 ± 0.46ab	1.50 ± 0.53a	

表 1.24 不同区域马尾松林林分特征

区域	枝下高	平均胸径	树木平均高	树冠饱满度	树干形态	树种组成	林分密度	郁闭度	林木分布方式	生活型构成	灌草分布均匀度
建成区	2.25 ± 0.46a	2.50 ± 0.53ab	2.50 ± 0.53a	1.50 ± 0.53b	2.75 ± 0.46a	3.25 ± 1.39a	2.50 ± 0.53a	2.50 ± 0.53a	2.50 ± 0.53a	3.00 ± 1.07b	1.75 ± 0.46a
近郊区	2.38 ± 0.52a	2.38 ± 0.52b	2.38 ± 0.52a	2.38 ± 0.52a	2.13 ± 0.64a	2.50 ± 1.60a	1.50 ± 0.53b	2.38 ± 0.52a	2.75 ± 0.46a	4.63 ± 1.06a	2.25 ± 0.89a
远郊区	2.75 ± 0.46a	3.00 ± 0.00a	2.75 ± 0.46a	2.75 ± 0.46a	2.50 ± 0.53a	3.25 ± 1.39a	1.25 ± 0.46b	1.50 ± 0.53b	2.75 ± 0.46a	4.00 ± 0.00ab	2.50 ± 0.93a
区域	灌草盖度	灌木高度	草本高度	枯树倒木	枯枝落叶	绿色比例	色彩丰富度	色彩对比度	层次对比度	树干显示度	
建成区	1.25 ± 0.46b	2.25 ± 0.89a	2.75 ± 0.46a	2.75 ± 0.46a	2.75 ± 0.46a	2.00 ± 0.76a	1.50 ± 0.53b	1.75 ± 0.47a	1.75 ± 0.46a	1.25 ± 0.46a	
近郊区	2.50 ± 0.53a	1.63 ± 0.92a	2.38 ± 0.74ab	2.38 ± 0.52a	2.38 ± 0.52a	1.75 ± 0.71a	2.25 ± 0.46a	1.75 ± 0.46a	1.75 ± 0.71a	1.63 ± 0.74a	
远郊区	2.50 ± 0.53a	1.50 ± 0.53a	1.75 ± 0.89b	2.25 ± 0.46a	2.50 ± 0.53a	1.50 ± 0.53a	2.50 ± 0.53a	1.50 ± 0.53a	1.25 ± 0.46a	1.75 ± 0.46a	

表 1.25 不同区域樟树林林分特征

区域	枝下高	平均胸径	树木平均高	树冠饱满度	树干形态	树种组成	林分密度	郁闭度	林木分布方式
建成区	1.50 ± 0.53a	2.25 ± 0.89a	2.25 ± 0.89a	1.25 ± 0.46a	2.75 ± 0.46a	3.88 ± 1.55a	2.25 ± 0.46a	2.25 ± 0.46a	1.50 ± 0.53b
近郊区	1.75 ± 0.46a	2.25 ± 0.71a	2.25 ± 0.71a	1.25 ± 0.46a	2.25 ± 0.71a	3.38 ± 1.51a	1.88 ± 0.83ab	1.25 ± 0.46b	2.25 ± 0.89ab
远郊区	1.88 ± 0.35a	2.25 ± 0.46a	2.38 ± 0.52a	1.50 ± 0.53a	2.50 ± 0.53a	4.00 ± 1.31a	1.50 ± 0.53b	1.25 ± 0.46b	2.75 ± 0.46a
区域	生活型构成	灌草分布均匀度	灌草盖度	灌木高度	草本高度	枯树倒木	枯枝落叶	绿色比例	色彩丰富度
建成区	4.00 ± 0.00a	1.50 ± 0.53a	1.50 ± 0.93a	2.00 ± 0.76a	2.00 ± 0.76a	2.75 ± 0.46a	3.00 ± 0.00a	2.25 ± 0.46a	2.50 ± 0.53a
近郊区	4.00 ± 0.00a	2.00 ± 0.93a	1.50 ± 0.53a	1.88 ± 0.83a	2.25 ± 0.89a	2.63 ± 0.52a	2.50 ± 0.53ab	1.38 ± 0.52b	2.13 ± 0.35a
远郊区	4.00 ± 0.00a	2.00 ± 0.76a	1.13 ± 0.35a	2.00 ± 0.76a	2.00 ± 0.76a	2.25 ± 0.46a	2.25 ± 0.46b	1.25 ± 0.46b	2.00 ± 0.00a
区域	色彩对比度	层次对比度	树干显示度						
建成区	1.25 ± 0.46a	1.25 ± 0.46a	1.25 ± 0.46a						
近郊区	1.75 ± 0.46a	2.00 ± 0.93a	2.00 ± 0.76a						
远郊区	1.75 ± 0.46a	1.50 ± 0.53a	2.00 ± 0.76a						

1.5.2 林分特征指标权重及综合指标模型

1. 杜鹃林

1）林分特征指标权重

采用熵值法对不同区域梯度 5 种风景游憩林林分特征指标进行权重赋值。建成区杜鹃林的花冠饱满度、林木分布方式、灌草盖度、灌木高度、绿色比例、树干显示度为重要特征。近郊区林分密度、郁闭度、林木分布方式、生活型构成、灌草分布均匀度、绿色比例、色彩丰富度、层次对比度为林分重要特征。远郊区林分密度、郁闭度、灌木高度、绿色比例、色彩丰富度为重要特征（图 1.6a）。

绿色比例是杜鹃林林分特征在建成区、近郊区和远郊区共同的关键指标，其中近郊区比建成区和远郊区高 31.81%。林分密度、郁闭度和色彩丰富度在近郊区和远郊区杜鹃林景观质量中占到很高的权重，而在建成区中影响较小。林木分布方式则在建成区和近郊区杜鹃林景观质量中权重较高，而在远郊区中影响较小；花冠饱满度在近郊区和远郊区均权重较低，但在建成区权重最高，且分别为近郊区和远郊区的 11.73 倍和 4.3 倍。

2）林分特征综合指标

依据关键林分特征因子的权重，建立了不同区域杜鹃林林分特征综合指标模型（表 1.26）。其中，杜鹃林绿色比例在 3 个区位均是重要指标。建成区杜鹃林花冠饱满度在林内景观综合质量中的权重最高，分别是林木分布方式和绿色比例的 2.90 倍，灌草盖度的 2.06 倍，灌木高度的 1.47 倍，树干显示度的 3.98 倍。近郊区林木分布方式和灌草分布均匀度权重最高，比林分密度、绿色比例、色彩丰富度高 7.63%，比郁闭度高 43.87%，比生活型构成高 56.67%。远郊区林分密度、郁闭度、灌木高度权重均达到 0.237，分别比绿色比例高 97.50%，比色彩丰富度高 40.23%。

表 1.26　不同区域杜鹃林林分特征综合得分

区域	计算公式
建成区	$C_{u}=0.322x_{花冠饱满度}+0.111x_{林木分布方式}+0.156x_{灌草盖度}+0.219x_{灌木高度}+0.111x_{绿色比例}+0.081x_{树干显示度}$
近郊区	$C_{su}=0.131x_{林分密度}+0.098x_{郁闭度}+0.141x_{林木分布方式}+0.090x_{生活型构成}+0.141x_{灌草分布均匀度}+0.131x_{绿色比例}+0.131x_{色彩丰富度}+0.137x_{层次对比度}$
远郊区	$C_{pu}=0.237x_{林分密度}+0.237x_{郁闭度}+0.237x_{灌木高度}+0.120x_{绿色比例}+0.169x_{色彩丰富度}$

2. 樱花林

1）林分特征指标权重

建成区樱花林的树木平均高、树冠饱满度、树干形态、色彩对比度、层次对比度、树干显示度为林分重要特征。近郊区树木平均高、树冠饱满度、树种组成、生活型构成、色彩对比度、层次对比度、树干显示度为重要特征。远郊区树木平均高、树种组成、林分密度、林型构成、层次对比度为林分重要特征（图 1.6b）。

作为建成区、近郊区和远郊区樱花林林内景观质量的共同关键指标，建成区树木平均高比近郊区和远郊区分别高 27.5% 和 82.14%，建成区和近郊区层次对比度比远郊区均高 47.05%。建成区树种组成、生活型构成对樱花林林内景观质量影响较小，但在近郊区和远郊区中是关键指标。同样远郊区树冠饱满度、色彩对比度和树干显示度对樱花林林内景观质量影响较小，但在建成区和近郊区中是关键指标。

2）林分特征综合指标

依据关键林分特征因子的权重，建立了不同区域樱花林林分特征综合指标模型（表 1.27）。樱花林树木平均高、层次对比度在 3 个区位是重要因子。建成区樱花林林内景观综合质量中色彩对比度和层次对比度权重最高，是树木平均高、树冠饱满度的 1.47 倍，是树干形态的 1.49 倍。树种组成、生活型构成、层次对比度在近郊区樱花林林内景观综合质量中权重最高，达到 0.195，是树木平均高和树干显示度的 1.88 倍，是树冠饱满度的 2.53 倍，是色彩对比度的 1.5 倍。远郊区樱花林林内综合指标中，树种组成和生活型构成所占权重最高，比树木平均高高 168.00%，比林分密度和层次对比度高 47.25%。

表 1.27　不同区域樱花林林分特征综合得分

区域	计算公式
建成区	$C_u = 0.135x_{树木平均高} + 0.135x_{树冠饱满度} + 0.134x_{树干形态} + 0.199x_{色彩对比度} + 0.199x_{层次对比度} + 0.198x_{树干显示度}$
近郊区	$C_{su} = 0.104x_{树木平均高} + 0.077x_{树冠饱满度} + 0.195x_{树种组成} + 0.195x_{生活型构成} + 0.130x_{色彩对比度} + 0.195x_{层次对比度} + 0.104x_{树干显示度}$
远郊区	$C_{pu} = 0.100x_{树木平均高} +0.268x_{树种组成} +0.182x_{林分密度} +0.268x_{生活型构成} +0.182x_{层次对比度}$

3. 枫香林

1）林分特征指标权重

建成区枫香林枝下高、灌草盖度、枯树倒木、色彩丰富度、层次对比度、树干显示度为林分重要特征。近郊区枝下高、平均胸径、树冠饱满度、林分密度、林木分布方式、生活型构成、灌草盖度、灌木高度、色彩对比度、树干显示度为林分重要特征。远郊区枝下高、树冠饱满度、林分密度、郁闭度、林型构成、灌草盖度、枯树倒木、色彩丰富度、树干显示度为重要特征（图 1.6c）。

枫香林枝下高、灌草盖度、树干显示度在建成区、近郊区和远郊区中均是关键指标。其中，远郊区枝下高权重值最高，分别是建成区和近郊区的 1.49 倍和 1.60 倍；近郊区灌草盖度权重值最高，分别是建成区和远郊区的 1.30 倍和 1.71 倍；建成区树干显示度权重值最高，分别是近郊区和远郊区的 2.06 倍和 1.94 倍。

2）林分特征综合指标

依据关键林分特征因子的权重，建立了不同区域枫香林林分特征综合指标模型（表 1.28）。枫香林中枝下高、灌草盖度是重要指标；枫香林林内特征综合指标中，层次对比度和树干显示度在建成区权重最高，分别是枝下高、灌草盖度、枯树倒木和色彩丰富度的 1.47 倍。灌草盖度在近郊区中权重最高，为 0.154，是枝下高、生活型构成、色彩对比度的 1.40 倍，是平均胸径、树冠饱满度和林木分布方式的 1.97 倍，是林分密度和树干显示度的 1.83 倍，是灌木高度的 1.35 倍。远郊区中枝下高和生活型构成权重最高，比树冠饱满度、林分密度、郁闭度、灌草盖度、色彩丰富度和树干显示度高 97.72%，比枯树倒木高 40.32%。

表 1.28　不同区域枫香林林分特征综合得分

区域	计算公式
建成区	$C_{\mathrm{u}} = 0.144x_{\text{枝下高}} + 0.144x_{\text{灌草盖度}} - 0.144x_{\text{枯树倒木}} + 0.144x_{\text{色彩丰富度}} + 0.212x_{\text{层次对比度}} + 0.212x_{\text{树干显示度}}$
近郊区	$C_{\mathrm{su}} = 0.110x_{\text{枝下高}} + 0.078x_{\text{平均胸径}} + 0.078x_{\text{树冠饱满度}} + 0.084x_{\text{林分密度}} + 0.078x_{\text{林木分布方式}} + 0.110x_{\text{生活型构成}} + 0.154x_{\text{灌草盖度}} + 0.114x_{\text{灌木高度}} + 0.110x_{\text{色彩对比度}} + 0.084x_{\text{树干显示度}}$
远郊区	$C_{\mathrm{pu}} = 0.174x_{\text{枝下高}} + 0.088x_{\text{树冠饱满度}} + 0.088x_{\text{林分密度}} + 0.088x_{\text{郁闭度}} + 0.174x_{\text{生活型构成}} + 0.088x_{\text{灌草盖度}} - 0.124x_{\text{枯树倒木}} + 0.088x_{\text{色彩丰富度}} + 0.088x_{\text{树干显示度}}$

4. 马尾松林

1）林分特征指标权重

马尾松林在建成区枝下高、平均胸径、树木平均高、树冠饱满度、林分密度、郁闭度、林木分布方式、生活型构成、灌草盖度、色彩丰富度、树干显示度为林分重要特征。近郊区枝下高、平均胸径、树木平均高、树冠饱满度、树种组成、林分密度、郁闭度、灌草盖度、灌木高度、枯树倒木、枯枝落叶、色彩丰富度、树干显示度为重要特征。远郊区树干形态、林分密度、郁闭度、灌草盖度、灌木高度、草本高度、枯树倒木、枯枝落叶、绿色比例、色彩丰富度、色彩对比度、层次对比度为林分重要特征（图 1.6d）。

马尾松林内特征指标中林分密度、郁闭度、灌草盖度、色彩丰富度在建成区、近郊区和远郊区中均是关键指标。林分密度在远郊区林内景观质量中占权重最高，分别是建成区和近郊区的 2.00 倍和 2.29 倍；郁闭度在三个区位中权重值相近；灌草盖度在建成区林内景观质量中权重最高，色彩丰富度在近郊区林内景观质量中占权重最高。

2）林分特征综合指标

依据关键林分特征因子的权重，建立了不同区域马尾松林林分特征综合指标模型（表 1.29）。马尾松林中林分密度、郁闭度、灌草盖度、色彩丰富度在三个区位是重要指标。枝下高和灌草盖度作为建成区马尾松林内景观质量综合特征权重中最高指标，比平均胸径、树木平均高、树冠饱满度、林分密度、郁闭度、林木分布方式、生活型构成、色彩丰富度高 97.22%，比树干显示度高 1.42%。色彩丰富度作为近郊区马尾松林内景观质量综合特征权重中最高指标，比其他关键指标高 35.71%~96.55%。林分密度、枯树倒木、层次对比度作为远郊区马尾松林内景观质量综合特征权重中最高指标，比草本高度高 83.33%，树干形态、郁闭度、枯枝落叶比绿色比例高 100%，比其他关键指标高 97.01%。

表 1.29　不同区域马尾松林林分特征综合得分

区域	计算公式
建成区	$C_{\mathrm{u}} = 0.142x_{枝下高} + 0.072x_{平均胸径} + 0.072x_{树木平均高} + 0.072x_{树冠饱满度} + 0.072x_{林分密度} + 0.072x_{郁闭度} + 0.072x_{林木分布方式} + 0.072x_{生活型构成} + 0.142x_{灌草盖度} + 0.072x_{色彩丰富度} + 0.140x_{树干显示度}$
近郊区	$C_{\mathrm{su}} = 0.081x_{枝下高} + 0.081x_{平均胸径} + 0.081x_{树木平均高} + 0.081x_{树冠饱满度} + 0.058x_{树种组成} + 0.058x_{林分密度} + 0.081x_{郁闭度} + 0.058x_{灌草盖度} + 0.084x_{灌木高度} - 0.081x_{枯树倒木} - 0.081x_{枯枝落叶} + 0.114x_{色彩丰富度} + 0.061x_{树干显示度}$
远郊区	$L = 0.066x_{树干形态} + 0.132x_{林分密度} + 0.066x_{郁闭度} + 0.067x_{灌草盖度} + 0.067x_{灌木高度} + 0.072x_{草本高度} - 0.132x_{枯树倒木} - 0.066x_{枯枝落叶} + 0.066x_{绿色比例} + 0.067x_{色彩丰富度} + 0.067x_{色彩对比度} + 0.132x_{层次对比度}$

5. 樟树林

1）林分特征指标权重

建成区樟树林树冠饱满度、林分密度、郁闭度、灌草盖度、绿色比例、色彩对比度、层次对比度、树干显示度为重要特征。近郊区树冠饱满度、树种组成、郁闭度、灌草盖度、枯枝落叶、绿色比例、色彩丰富度为林分重要特征。远郊区平均胸径、树木平均高、郁闭度、灌草盖度、枯树倒木、枯枝落叶、绿色比例为林分重要特征（图 1.6e）。

作为樟树林林内特征在建成区、近郊区和远郊区共同的关键指标，灌草盖度、绿色比例权重在远郊区最高，灌草盖度分别比建成区和近郊区高 57.64% 和 143.63%，绿色比例分别比建成区和近郊区高 7.05% 和 16.67%；郁闭度权重在近郊区最高。枯枝落叶在建成区中对樟树林景观质量中的影响很小，但是在近郊区和远郊区中均为关键指标。

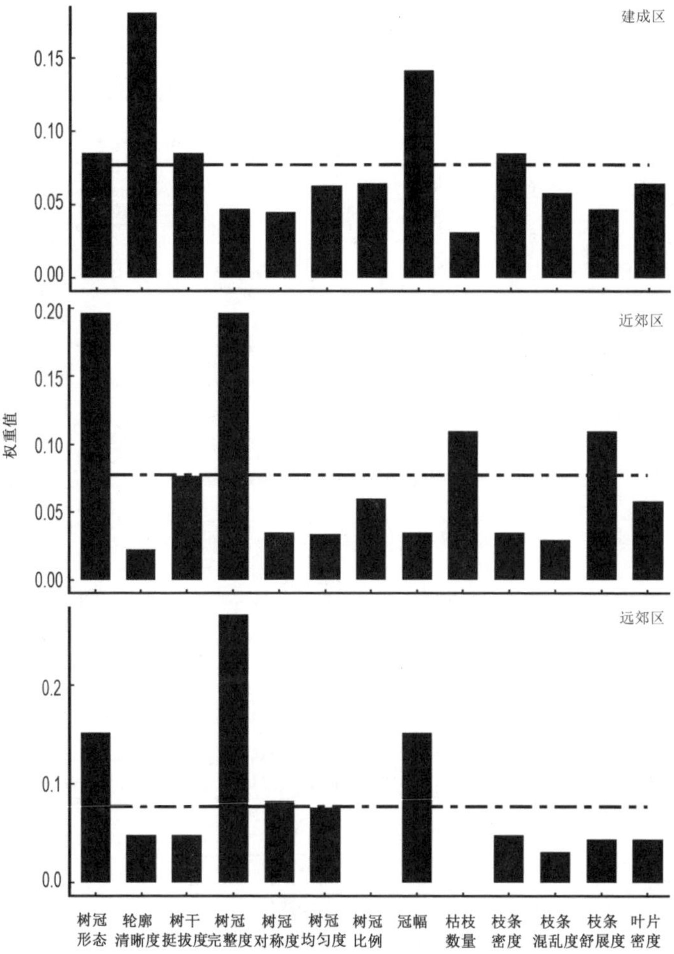

图 1.6 不同区域风景游憩林林分特征指标权重值

注：黑色虚线代表指标权重选取标准（杜鹃林权重值 > 0.063；樱花林权重值 > 0.053；枫香林、马尾松林、樟树林权重值 > 0.048）。

2）林分特征综合指标

依据关键林分特征因子的权重，建立了不同区域樟树林林分特征综合指标模型（表1.30）。樟树林中郁闭度、灌草盖度、绿色比例是三个区位的重要指标。其中，建成区樟树林林内景观特征指标的权重均为0.125，表明关键指标均对樟树林林内景观质量影响一致。近郊区林内景观综合质量中色彩丰富度权重最高，比树冠饱满度、郁闭度高47.42%，比树种组成高186.7%，比灌草盖度高189.9%，比枯枝落叶高193.2%，比绿色比例高106.4%。远郊区林内景观综合质量的灌草盖度权重最高，比平均胸径、郁闭度、枯树倒木、枯枝落叶和绿色比例均高47.485%；比树木平均高高105%。

表1.30　不同区域樟树林林分特征综合得分

区域	计算公式
建成区	$C_u = 0.125x_{\text{树冠饱满度}} + 0.125x_{\text{林分密度}} + 0.125x_{\text{郁闭度}} + 0.125x_{\text{灌草盖度}} + 0.125x_{\text{绿色比例}} + 0.125x_{\text{色彩对比度}} + 0.125x_{\text{层次对比度}} + 0.125x_{\text{树干显示度}}$
近郊区	$C_{su} = 0.175x_{\text{树冠饱满度}} + 0.090x_{\text{树种组成}} + 0.175x_{\text{郁闭度}} + 0.089x_{\text{灌草盖度}} - 0.088x_{\text{枯枝落叶}} + 0.125x_{\text{绿色比例}} + 0.258x_{\text{色彩丰富度}}$
远郊区	$C_{pu} = 0.139x_{\text{平均胸径}} + 0.100x_{\text{树木平均高}} + 0.139x_{\text{郁闭度}} + 0.205x_{\text{灌草盖度}} - 0.139x_{\text{枯树倒木}} - 0.139x_{\text{枯枝落叶}} + 0.139x_{\text{绿色比例}}$

1.5.3 城市化对风景游憩林林分特征的影响

本研究结果表明，3个区位杜鹃林的绿色比例、樱花林的树木平均高和层次对比度是重要指标。因此，进行林内景观改造时，需注重调控色彩、林分结构等相关指标。乔灌草多层林植被配置模式具有很高的美感，同时对林分土壤生态保护和改良具有重要作用（陈思多，2019）。杨荣等（2021）研究结果发现，乔灌草型、灌木草型和草坪型的不同群落植物配置类型对公园的局部环境有降温和增湿的作用，且作用依次减弱，即乔灌草的植被配置降温增湿效果最好。因此，在杜鹃林、樱花林景观改造中，考虑合适的植物配置对于提高林分景观美景度及调节小气候环境具有重要意义。此外，在近郊区和远郊区中，杜鹃林的林分密度、郁闭度是重要指标，证实了适宜的密度在风景游憩林景观特征中的重要性。其主要原因可能是受到郊区海拔、坡度、地表透光率、土壤类型、冠层透射率、地表透射率、坡向和土壤类型等环境因子对杜鹃林种群特征的显著影响（王

梓卓 等，2022）。而在建成区和近郊区中，林木分布方式是杜鹃林林内景观的重要指标。本研究中，远郊区杜鹃林主要为灌木林，林内无高大乔木，相较于建成区和近郊区，其林内结构较为单一，分布较为均匀，因此远郊区杜鹃林林分指标特征中林木分布方式的重要性偏低。而对于建成区和近郊区，环境资源和空间有限，杜鹃林林内植物生长竞争激烈，林木分布较为散乱，因此，合理调控林木分布情况有助于提高杜鹃林林内景观质量。

树种组成、生活型构成和色彩对比度也是樱花林林内景观的关键指标。王美仙和陈婷（2014）对樱花林美景度的评价研究结果表明，人们普遍喜欢结构清晰、层次丰富、色彩感强烈的樱花群落，与本研究结果一致。色彩是城市公园作为城市开放空间的重要组成部分，其优美的景观往往通过视觉感知传递到人脑，给人以美的享受，从而提高景观的视觉感知效果（季春悦 等，2022）；而林内的垂直结构对于增加林内层次感、提高景观美感度至关重要（陈思多，2019）。因此，在未来对于樱花林的林内管理中，需要注重色彩与植物树种配置的协调性。

枫香林的枝下高和灌草盖度，马尾松林的林分密度、郁闭度、灌草盖度和色彩丰富度，樟树林的郁闭度、灌草盖度和绿色比例是3个区位林内景观的重要指标。表明三种林分的林下情况、林分郁闭度和色彩搭配是关键景观特征。罗贵斌等（2021）对我国亚热带地区的樟树行道树美景度研究结果表明，公众更喜欢树枝高度低、枝叶茂密、树枝多、树下景观较好的行道树，本研究结果与其一致。城市核心林地应确保面积最大化，城市公园绿地可以采用乔、灌、草结合，同时采取高郁闭度的植物配置模式（徐乃雄，2001）。因此，在观叶类风景游憩林的植物景观配置方面，应适当增加优势树种比例，使用形态和颜色良好的高大树木，同时配置色彩鲜艳的灌木，并定期进行后期修枝和抚育，以确保植物健康稳定生长。从游客的感受来看，由于地被植物易于覆盖地面，铺在地面上的植被开花鲜艳，种类繁多，花期各异，丰富了地面色彩。在设计中，相对靠近游客的空间可以布置花坛、花境、花廊、花架和花境，具有美化空间的作用。因此在未来的城市风景游憩林管理中，需要适地种树，并尽可能利用自然条件、自然地形、乡土树种和本土环境文化特征，提高景观质量（王美婷，2016）。

1.6 不同区域风景游憩林林外景观格局特征

1.6.1 风景游憩林景观色彩斑块特征变化规律

1. 杜鹃林

杜鹃林景观色彩斑块特征在不同区域差异显著（表 1.31）。建成区杜鹃林的黑色斑块面积占比、平均斑块分形维数和周长面积分维平均值最高。近郊区杜鹃林的红色斑块面积占比、红色斑块面积 / 绿色斑块面积、斑块密度、平均周长面积比、景观分割指数、分离度指数、香农多样性指数、Simpson 多样性指数、香农均匀度指数和 Simpson 均匀度指数表现出最大值。远郊区杜鹃林景观面积、红色斑块面积、绿色斑块面积、黑色斑块面积、红色斑块面积占比、红色斑块面积 / 黑色斑块面积、绿色斑块面积 / 黑色斑块面积、斑块数量、最大斑块指数、景观形状指数、平均形状指数、平均近圆形形状指数、平均邻近指数、蔓延度、相似临近百分比、斑块凝集度指数和聚集指数具有最高平均值。

2. 樱花林

不同区域樱花林景观色彩斑块特征具有显著差异（表 1.32）。建成区樱花林的红色斑块面积 / 黑色斑块面积、斑块密度、平均斑块分形维数、平均周长面积比、景观分割指数、分离度指数、香农多样性指数、Simpson 多样性指数和 Simpson 均匀度指数具有最大平均值。近郊区樱花林景观面积、红色斑块面积、黑色斑块面积、黑色斑块面积占比、斑块数量、景观形状指数、平均近圆形形状指数、平均邻近指数、相似临近百分比、斑块凝集度指数、香农均匀度指数、聚集指数平均值最高。远郊区樱花林红色斑块面积占比、最大斑块指数、平均形状指数、周长面积分维和蔓延度表现出最大值。

3. 枫香林

枫香林景观色彩斑块特征表现出显著的区位差异（表 1.33）。建成区枫香林在绿色斑块面积占比、黑色斑块面积占比、斑块密度、最大斑块指数、周长面积分维、香农多样性指数、Simpson 多样性指数和香农均匀度指数中表现出最大值。近郊区枫香林的景观面积、红色斑块面积、绿色斑块面积、黑色斑块面积、红色斑块面积占比、斑块数量、景观形状指数、平均周长面积比、蔓延度、相似临近百分比、斑块凝集度指数、景观分割指数、分离度指数和聚集指数具有最大平均值。远郊区枫香林的红色斑块面积 / 绿色斑块面积、红色斑块面积 / 黑色斑块面积、绿色斑块面积 / 黑色斑块面积、平均形状指数、平均斑块分形维数、平均近圆形形状指数和平均邻近指数平均值最高。

4. 马尾松林

不同区域马尾松林景观色彩斑块特征差异显著（表 1.34）。建成区马尾松林黑色斑块面积占比、平均形状指数、平均邻近指数、景观分割指数、分离度指数、香农多样性指数、Simpson 多样性指数、香农均匀度指数和 Simpson 均匀度指数具有最大平均值。近郊区马尾松林在景观面积、绿色斑块面积、黑色斑块面积、绿色斑块面积占比、绿色斑块面积 / 黑色斑块面积、斑块数量、最大斑块指数、景观形状指数、平均斑块分形维数、平均周长面积比、周长面积分维、蔓延度、相似临近百分比、斑块凝集度指数和聚集指数表现出最大值。远郊区马尾松林的斑块密度和平均近圆形形状指数平均值最高。

5. 樟树林

樟树林景观色彩斑块特征表现出显著的区位差异（表 1.35）。建成区樟树林黑色斑块面积占比、平均形状指数、平均斑块分形维数、平均近圆形形状指数、景观分割指数、分离度指数、香农多样性指数、Simpson 多样性指数、香农均匀度指数和 Simpson 均匀度指数平均值最高。近郊区樟树林在景观面积、绿色斑块面积、黑色斑块面积、斑块数量、景观形状指数、平均周长面积比、周长面积分维、相似临近百分比、斑块凝集度指数和聚集指数具有最大平均值。远郊区樟树林在绿色斑块面积占比、绿色斑块面积 / 黑色斑块面积、斑块密度、最大斑块指数、平均邻近指数和蔓延度表现出最大值。

表 1.31　不同区域杜鹃林景观格局特征

区域	景观面积	红色斑块面积	绿色斑块面积	黑色斑块面积	红色斑块面积占比	绿色斑块面积占比	黑色斑块面积占比	红色斑块面积 / 绿色斑块面积
建成区	55.39 ± 33.81b	3.64 ± 0.45c	35.85 ± 23.66b	15.90 ± 10.14b	9.02 ± 4.40b	61.99 ± 6.44b	28.99 ± 3.86a	0.15 ± 0.09b
近郊区	34.47 ± 15.67b	15.38 ± 8.56b	11.20 ± 3.48c	8.13 ± 7.46b	42.55 ± 5.01a	38.12 ± 14.09c	20.30 ± 9.29b	1.50 ± 1.11a
远郊区	1768.09 ± 408.03a	183.19 ± 109.93a	1489.63 ± 455.18a	95.27 ± 115.23a	12.35 ± 10.29b	82.52 ± 9.81a	5.13 ± 5.64c	0.16 ± 0.16b

区域	红色斑块面积 / 黑色斑块面积	绿色斑块面积 / 黑色斑块面积	斑块数量	斑块密度	最大斑块指数	景观形状指数	平均形状指数	平均斑块分形维数
建成区	0.31 ± 0.15b	2.19 ± 0.47b	2494.00 ± 1283.77b	4667.64 ± 478.85b	48.92 ± 13.66b	22.35 ± 8.49b	1.31 ± 0.08a	1.18 ± 0.06a
近郊区	2.37 ± 0.71ab	2.39 ± 1.21b	2642.13 ± 2217.57b	6912.33 ± 2681.21a	32.12 ± 11.58c	21.97 ± 6.61b	1.23 ± 0.07b	1.17 ± 0.03a
远郊区	7.98 ± 12.25a	53.13 ± 11.16a	8882.81 ± 5182.88a	528.55 ± 293.17c	80.22 ± 11.32a	35.51 ± 12.92a	1.35 ± 0.05a	1.17 ± 0.01a

区域	平均周长面积比	平均近圆形形状指数	平均邻近指数	周长面积分维	蔓延度	相似临近百分比	斑块凝集度指数	景观分割指数
建成区	25406.58 ± 885.62a	0.39 ± 0.03b	0.33 ± 0.02b	1.31 ± 0.05a	49.78 ± 4.70b	93.89 ± 0.52b	99.47 ± 0.28b	0.70 ± 0.11b
近郊区	27523.00 ± 3777.66a	0.34 ± 0.06b	0.28 ± 0.10b	1.30 ± 0.02a	40.40 ± 3.09c	92.17 ± 2.14c	99.35 ± 0.20b	0.83 ± 0.07a
远郊区	17388.75 ± 2502.73b	0.47 ± 0.03a	0.53 ± 0.06a	1.26 ± 0.03b	73.26 ± 9.19a	98.28 ± 0.69a	99.95 ± 0.01a	0.34 ± 0.17c

区域	分离度指数	斑块多度	香农多样性指数	Simpson 多样性指数	香农均匀度指数	Simpson 均匀度指数	聚集指数	
建成区	3.82 ± 1.71b	3.00 ± 0.00a	0.85 ± 0.09b	0.51 ± 0.06b	0.78 ± 0.09b	0.77 ± 0.09b	94.11 ± 0.56b	
近郊区	7.18 ± 3.06a	3.00 ± 0.00a	1.01 ± 0.05a	0.62 ± 0.02a	0.92 ± 0.01a	0.92 ± 0.01a	92.47 ± 2.17c	
远郊区	1.64 ± 0.50c	3.00 ± 0.01a	0.50 ± 0.17c	0.28 ± 0.13c	0.46 ± 0.16c	0.42 ± 0.19c	98.31 ± 0.68a	

表 1.32　不同区域樱花林景观格局特征

区域	景观面积	红色斑块面积	绿色斑块面积	黑色斑块面积	红色斑块面积占比	绿色斑块面积占比	黑色斑块面积占比	红色斑块面积 / 绿色斑块面积
建成区	38.66 ± 21.00b	22.14 ± 12.97c	14.31 ± 8.32	2.21 ± 0.32c	56.52 ± 3.61c	36.36 ± 4.07	7.12 ± 2.99c	1.58 ± 0.25
近郊区	97.92 ± 1.10a	71.49 ± 8.94a	—	26.43 ± 8.94a	73.01 ± 9.13b	—	26.99 ± 9.13a	—
远郊区	47.72 ± 28.80b	40.84 ± 25.41b	—	6.88 ± 3.76b	85.01 ± 4.80a	—	14.99 ± 4.80b	—
区域	红色斑块面积 / 黑色斑块面积	绿色斑块面积 / 黑色斑块面积	斑块数量	斑块密度	最大斑块指数	景观形状指数	平均形状指数	平均斑块分形维数
建成区	10.70 ± 7.15a	6.93 ± 4.79	1903.50 ± 707.83a	5425.13 ± 1733.76a	52.90 ± 4.44c	17.47 ± 3.27ab	1.22 ± 0.02a	1.19 ± 0.03a
近郊区	3.17 ± 1.56b	—	2034.56 ± 625.21a	2077.78 ± 638.49c	72.27 ± 9.62b	21.14 ± 5.82a	1.22 ± 0.03a	1.14 ± 0.01b
远郊区	6.27 ± 2.06a	—	1826.94 ± 1209.05a	3801.71 ± 1350.76b	84.43 ± 5.62a	15.64 ± 4.39b	1.23 ± 0.05a	1.18 ± 0.03a
区域	平均周长面积比	平均近圆形形状指数	平均邻近指数	周长面积分维	蔓延度	相似临近百分比	斑块凝集度指数	景观分割指数
建成区	25963.18 ± 809.51a	0.41 ± 0.02a	0.31 ± 0.02b	1.31 ± 0.02a	49.93 ± 4.07b	94.20 ± 1.29b	99.61 ± 0.17b	0.68 ± 0.03a
近郊区	19079.63 ± 1973.84b	0.44 ± 0.01a	0.48 ± 0.05a	1.30 ± 0.01a	47.62 ± 9.29b	95.83 ± 1.18a	99.86 ± 0.02a	0.46 ± 0.13b
远郊区	25235.73 ± 4830.78a	0.41 ± 0.09a	0.33 ± 0.11b	1.32 ± 0.05a	58.35 ± 7.30a	95.42 ± 0.87a	99.82 ± 0.12a	0.28 ± 0.09c
区域	分离度指数	斑块多度	香农多样性指数	Simpson 多样性指数	香农均匀度指数	Simpson 均匀度指数	聚集指数	
建成区	3.13 ± 0.27a	3.00 ± 0.00a	0.87 ± 0.06a	0.54 ± 0.03a	0.79 ± 0.05a	0.81 ± 0.04a	94.46 ± 1.27b	
近郊区	1.99 ± 0.54a	2.00 ± 0.00a	0.56 ± 0.09b	0.38 ± 0.08b	0.81 ± 0.13a	0.76 ± 0.16a	95.96 ± 1.17a	
远郊区	1.42 ± 0.26a	3.00 ± 0.00a	0.41 ± 0.08c	0.26 ± 0.06c	0.60 ± 0.11b	0.50 ± 0.13b	95.61 ± 0.87a	

表 1.33 不同区域枫香林景观格局特征

区域	景观面积	红色斑块面积	绿色斑块面积	黑色斑块面积	红色斑块面积占比	绿色斑块面积占比	黑色斑块面积占比	红色斑块面积 / 绿色斑块面积
建成区	36.03 ± 33.47b	5.36 ± 1.64c	19.10 ± 20.48b	11.57 ± 12.58b	23.76 ± 13.67c	47.71 ± 9.49a	28.53 ± 4.91a	57.26 ± 40.74b
近郊区	1684.28 ± 10.90a	707.63 ± 242.07a	718.69 ± 272.62a	257.96 ± 126.94a	42.01 ± 14.37a	42.67 ± 16.19b	15.32 ± 7.54c	1.35 ± 1.17c
远郊区	58.04 ± 33.09b	26.40 ± 20.96b	22.93 ± 13.95b	8.70 ± 6.02b	41.72 ± 9.47b	39.70 ± 7.56c	18.59 ± 10.26b	110.00 ± 33.18a
区域	**红色斑块面积 / 黑色斑块面积**	**绿色斑块面积 / 黑色斑块面积**	**斑块数量**	**斑块密度**	**最大斑块指数**	**景观形状指数**	**平均形状指数**	**平均斑块分形维数**
建成区	92.85 ± 64.06a	167.66 ± 21.70a	1946.94 ± 1925.99b	5191.84 ± 1115.15a	33.31 ± 18.85a	23.83 ± 12.31b	1.34 ± 0.06b	1.20 ± 0.03a
近郊区	3.52 ± 2.13b	4.03 ± 3.26b	24580.38 ± 13415.74a	1459.40 ± 796.53b	29.82 ± 20.11a	34.80 ± 9.41a	1.17 ± 0.05c	1.17 ± 0.02b
远郊区	560.34 ± 416.00a	456.97 ± 302.84a	2280.00 ± 1421.42b	4387.38 ± 2259.27a	28.92 ± 14.43a	28.68 ± 5.95ab	1.40 ± 0.08a	1.22 ± 0.02a
区域	**平均周长面积比**	**平均近圆形形状指数**	**平均邻近指数**	**周长面积分维**	**蔓延度**	**相似临近百分比**	**斑块凝集度指数**	**景观分割指数**
建成区	22075.24 ± 2113.05b	0.45 ± 0.06a	0.41 ± 0.05a	1.35 ± 0.03a	40.77 ± 4.09b	91.92 ± 1.05b	99.26 ± 0.42b	0.82 ± 0.10a
近郊区	30530.56 ± 3045.94a	0.31 ± 0.04b	0.21 ± 0.07b	1.31 ± 0.07a	53.13 ± 5.49a	98.33 ± 0.46a	99.84 ± 0.06a	0.85 ± 0.15a
远郊区	19861.95 ± 3947.15b	0.48 ± 0.05a	0.47 ± 0.09a	1.34 ± 0.01a	40.82 ± 8.64b	91.72 ± 2.40b	99.35 ± 0.42b	0.84 ± 0.13a
区域	**分离度指数**	**斑块多度**	**香农多样性指数**	**Simpson 多样性指数**	**香农均匀度指数**	**Simpson 均匀度指数**	**聚集指数**	
建成区	8.34 ± 4.96a	3.00 ± 0.00a	1.00 ± 0.09a	0.62 ± 0.04a	0.91 ± 0.08a	0.92 ± 0.07a	92.09 ± 0.99b	
近郊区	13.61 ± 9.80a	3.00 ± 0.00a	0.94 ± 0.10a	0.57 ± 0.07a	0.86 ± 0.09a	0.85 ± 0.10a	98.37 ± 0.46a	
远郊区	11.72 ± 7.96a	3.00 ± 0.00a	0.99 ± 0.12a	0.61 ± 0.06a	0.90 ± 0.11a	0.92 ± 0.08a	91.94 ± 2.36b	

表 1.34　不同区域马尾松林景观格局特征

区域	景观面积	绿色斑块面积	黑色斑块面积	绿色斑块面积占比	黑色斑块面积占比	绿色斑块面积 / 黑色斑块面积	斑块数量
建成区	27.68 ± 2.77b	13.83 ± 6.73b	13.85 ± 4.44b	48.18 ± 21.64b	51.82 ± 21.64a	1.28 ± 0.96b	185.19 ± 107.99c
近郊区	1684.28 ± 8.91a	1397.25 ± 127.88a	287.03 ± 127.88a	82.96 ± 7.59a	17.04 ± 7.59b	7.08 ± 6.70a	28274.50 ± 16974.62a
远郊区	35.07 ± 33.81b	28.52 ± 25.84b	6.55 ± 5.03c	82.49 ± 4.97a	17.51 ± 4.97b	5.13 ± 1.58a	947.00 ± 937.86b
区域	斑块密度	最大斑块指数	景观形状指数	平均形状指数	平均斑块分形维数	平均周长面积比	平均近圆形形状指数
建成区	712.21 ± 517.94c	59.48 ± 19.79b	9.89 ± 1.46b	1.55 ± 0.15a	1.14 ± 0.01c	12798.79 ± 6546.35c	0.48 ± 0.06a
近郊区	1678.73 ± 1007.83b	82.22 ± 8.09a	55.85 ± 27.24a	1.51 ± 0.53ab	1.28 ± 0.04a	29035.78 ± 9905.04a	0.41 ± 0.09b
远郊区	2964.45 ± 701.04a	81.15 ± 5.17a	14.33 ± 7.45b	1.33 ± 0.04b	1.21 ± 0.03b	18464.81 ± 1818.46b	0.50 ± 0.02a
区域	平均邻近指数	周长面积分维	蔓延度	相似临近百分比	斑块凝集度指数	景观分割指数	分离度指数
建成区	0.64 ± 0.16a	1.35 ± 0.05b	46.43 ± 8.20b	96.40 ± 0.49a	99.76 ± 0.13b	0.57 ± 0.20a	2.89 ± 1.30a
近郊区	0.25 ± 0.20c	1.56 ± 0.08a	60.48 ± 12.36a	97.30 ± 1.33a	99.96 ± 0.01a	0.32 ± 0.13b	1.52 ± 0.30b
远郊区	0.50 ± 0.05b	1.37 ± 0.02b	53.74 ± 7.93ab	94.63 ± 1.25b	99.72 ± 0.20b	0.34 ± 0.08b	1.53 ± 0.20b
区域	斑块多度	香农多样性指数	Simpson 多样性指数	香农均匀度指数	Simpson 均匀度指数	聚集指数	
建成区	2.00 ± 0.00a	0.60 ± 0.10a	0.41 ± 0.09a	0.86 ± 0.15a	0.82 ± 0.18a	96.68 ± 0.48a	
近郊区	2.00 ± 0.00a	0.44 ± 0.13b	0.27 ± 0.10b	0.63 ± 0.19b	0.54 ± 0.20b	97.33 ± 1.33a	
远郊区	2.00 ± 0.00a	0.46 ± 0.08b	0.28 ± 0.07b	0.66 ± 0.11b	0.57 ± 0.13b	94.95 ± 1.28b	

表 1.35　不同区域樟树林景观格局特征

区域	景观面积	绿色斑块面积	黑色斑块面积	绿色斑块面积占比	黑色斑块面积占比	绿色斑块面积 / 黑色斑块面积	斑块数量
建成区	23.25 ± 6.76c	10.14 ± 2.99c	13.07 ± 7.11b	47.92 ± 19.66b	52.08 ± 19.66a	1.30 ± 1.13b	319.25 ± 230.46c
近郊区	1684.28 ± 7.90a	1350.86 ± 134.43a	311.49 ± 144.66a	80.20 ± 7.98a	19.80 ± 7.98b	6.07 ± 4.42a	37391.75 ± 28443.89a
远郊区	85.94 ± 38.33b	70.46 ± 27.31b	15.47 ± 12.70b	84.86 ± 8.28a	15.14 ± 8.28b	8.13 ± 5.61a	2501.00 ± 2303.37b
区域	斑块密度	最大斑块指数	景观形状指数	平均形状指数	平均斑块分形维数	平均周长面积比	平均近圆形形状指数
建成区	1426.91 ± 1027.30a	56.99 ± 17.03b	11.24 ± 3.72b	1.53 ± 0.18a	1.24 ± 0.07a	18645.54 ± 4796.85b	0.51 ± 0.05a
近郊区	2220.04 ± 1688.78a	79.92 ± 9.55a	52.47 ± 27.83a	1.26 ± 0.18b	1.23 ± 0.03a	30664.32 ± 6117.80a	0.36 ± 0.07b
远郊区	2316.20 ± 1613.26a	84.44 ± 8.56a	18.04 ± 10.05b	1.27 ± 0.06b	1.17 ± 0.06b	17064.39 ± 5699.73b	0.48 ± 0.03a
区域	平均邻近指数	周长面积分维	蔓延度	相似临近百分比	斑块凝集度指数	景观分割指数	分离度指数
建成区	0.50 ± 0.12a	1.34 ± 0.05b	42.93 ± 6.90b	95.36 ± 1.77b	99.70 ± 0.13c	0.60 ± 0.13a	2.82 ± 1.07a
近郊区	0.21 ± 0.14b	1.47 ± 0.12a	59.52 ± 12.94a	97.47 ± 1.36a	99.96 ± 0.01a	0.35 ± 0.15b	1.62 ± 0.37b
远郊区	0.53 ± 0.14a	1.32 ± 0.05b	61.36 ± 13.30a	96.41 ± 1.42ab	99.84 ± 0.10b	0.28 ± 0.14b	1.45 ± 0.32b
区域	斑块多度	香农多样性指数	Simpson 多样性指数	香农均匀度指数	Simpson 均匀度指数	聚集指数	
建成区	2.00 ± 0.00a	0.62 ± 0.08a	0.43 ± 0.07a	0.89 ± 0.11a	0.86 ± 0.14a	95.62 ± 1.73b	
近郊区	2.00 ± 0.00a	0.45 ± 0.14b	0.29 ± 0.11b	0.65 ± 0.20b	0.58 ± 0.22b	97.50 ± 1.36a	
远郊区	2.00 ± 0.00a	0.40 ± 0.14b	0.24 ± 0.11b	0.58 ± 0.20b	0.49 ± 0.22b	96.60 ± 1.44ab	

1.6.2 景观色彩斑块指标权重及综合指标模型

1. 杜鹃林

1）景观色彩斑块指标筛选

利用主成分分析法提取建成区杜鹃林色彩斑块要素中的主要因子（附图3a）。根据特征值 > 1 和累计贡献率 > 85% 筛选出三个主成分，同时选取载荷矩阵系数绝对值 > 0.7 的指标作为主要因子。

建成区杜鹃林色彩斑块指标累计解释了 93.97% 的变化。其中，第一主成分包含：景观面积、红色斑块面积、绿色斑块面积、黑色斑块面积、红色斑块面积占比、绿色斑块面积占比、红色斑块面积 / 绿色斑块面积、红色斑块面积 / 黑色斑块面积、斑块数量、斑块密度、最大斑块指数、景观形状指数、蔓延度、斑块凝集度指数、景观分割指数、分离度指数、香农多样性指数、Simpson 多样性指数、香农均匀度指数、Simpson 均匀度指数，反映了景观色彩斑块大小、分配比例、异质性及聚集度特征，因此定义 F_1 为色彩斑块质量指数。第二主成分提取了黑色斑块面积占比、平均邻近指数，反映了景观黑色斑块比例、斑块聚集度特征，因此定义 F_2 为景观斑块分布指数（聚集程度）。第三主成分提取了平均近圆形形状指数、周长面积分维、相似临近百分比，反映了景观形状、空间性状的复杂性特征，因此定义 F_3 为景观斑块性状指数（形状复杂性）。建成区杜鹃林景观色彩斑块指标中蔓延度、绿色斑块面积、斑块数量、景观面积、最大斑块指数、景观形状指数、斑块密度、Simpson 多样性指数、红色斑块面积占比、Simpson 均匀度指数、红色斑块面积 / 绿色斑块面积、香农多样性指数、香农均匀度指数特征值大于 0.9，贡献值大于 4，其中，蔓延度、绿色斑块面积、斑块数量、景观面积、最大斑块指数、景观形状指数为正影响，余下指标为负影响。

近郊区杜鹃林色彩斑块指标累计解释了 94.54% 的变化。其中，第一主成分包含：景观面积、红色斑块面积、黑色斑块面积、红色斑块面积占比、绿色斑块面积占比、黑色斑块面积占比、红色斑块面积 / 绿色斑块面积、红色斑块面积 / 黑色斑块面积、绿色斑块面积 / 黑色斑块面积、斑块数量、斑块密度、景观形状指数、平均形状指数、平均周长面积比、平均邻近指数，反映了景观色彩斑块大小、分配比例、斑块形状特征，因此定义 F_1 为色彩斑块质量指数。第二主成分提取了绿色斑块面积、最大斑块指数、平均近圆形形状指数、蔓延度、相似临近百分比、景观分割指数、分离度指数、聚集指数，反映了斑块分布、异质性及聚集度特征，因此定义 F_2 为景观斑块分布指数；第三主成分提取了香农多样性指数，反映了景观多样性特征，因此定义 F_3 为景观斑块多样性指数。第四主成分未提取出主要因子。近郊区杜鹃林黑色斑块面积占比、斑块数量、红色斑块面积/绿色斑块面积、黑色斑块面积、景观形状指数、斑块密度、绿色斑块面积占比、绿色斑块面积/黑色斑块面积、蔓延度、相似临近百分比、聚集指数特征值大于0.9，贡献值大于4，其中黑色斑块面积占比、斑块数量、红色斑块面积/绿色斑块面积、黑色斑块面积、景观形状指数、斑块密度、蔓延度、相似临近百分比、聚集指数为正影响，余下指标为负影响。

远郊区杜鹃林色彩斑块指标累计解释了94.8%的变化。其中，第一主成分包含：景观面积、红色斑块面积、绿色斑块面积、红色斑块面积占比、绿色斑块面积占比、红色斑块面积/绿色斑块面积、斑块密度、最大斑块指数、平均形状指数、蔓延度、相似临近百分比、斑块凝集度指数、景观分割指数、分离度指数、香农多样性指数、Simpson多样性指数、香农均匀度指数、Simpson均匀度指数、聚集指数，反映了景观色彩斑块大小、分配比例、异质性及聚集度特征，因此定义 F_1 为色彩斑块质量指数。第二主成分提取了黑色斑块面积、黑色斑块面积占比、红色斑块面积/黑色斑块面积，反映了景观红色与黑色斑块分配比例特征，因此定义 F_2 为景观色彩面积指数。第三主成分提取了斑块数量、平均斑块分形维数、周长面积分维，反映了景观密度、形状特征，因此定义 F_3 为景观格局分布指数。第四主成分、第五主成分未提取出主要因子。远郊区杜鹃林景观色彩斑块指数中，景观分割指数、Simpson多样性指数、Simpson均匀度指数、香农均匀度指数、香农多样性指数、分离度指数、相似临近百分比、绿色斑块面积、蔓延度、最大斑块指数、绿色斑块面积占比指数特征值大于0.9，贡献值大于4，其中景观分割指数、Simpson多样性指数、Simpson均匀度指数、香农均匀度指数、香农多样性指数、分离度指数为正影响，余下指标为负影响。

2）景观格局主成分综合指数计算

依据旋转后的成分矩阵，计算各主成分主要因子的权重系数，建立不同区域杜鹃林景观色彩斑块指数主成分综合指数公式。同时依据总方差解释，建立了不同区位杜鹃林林外景观色彩斑块指数综合模型（表1.36）。在杜鹃林林外景观色彩斑块主成分综合得分中，F_1 在建成区、近郊区和远郊区中均贡献率最大，其中远郊区最高，其次是建成区，最后是近郊区。

表 1.36　不同区域杜鹃林景观色彩斑块指数主成分综合指数得分

区位	主成分	计算公式
建成区	F_1（色彩斑块质量指数）	F_1 = 0.061TA + 0.059RCA + 0.061GCA + 0.060BCA – 0.039RPLAND + 0.060GPLAND – 0.039RCA/GCA – 0.040RCA/BCA + 0.061NP – 0.040PD + 0.061LPI + 0.061LSI + 0.061CONTAG + 0.059COHESION – 0.040DIVISION – 0.042SPLIT – 0.039SHDI – 0.039SIDI – 0.039SHEI – 0.039SIEI
	F_2（景观斑块分布指数）	F_2 = −0.509BPLAND – 0.491CONTIG_MN
	F_3（景观斑块性状指数）	F_3 = 0.406CIRCLE_MN + 0.406PAFRAC – 0.188PLADJ
	F 综合指标	$F = 0.682F_1 + 0.169F_2 + 0.149F_3$
近郊区	F_1（色彩斑块质量指数）	F_1 = 0.075TA + 0.075RCA + 0.077BCA + 0.074RPLAND – 0.046GPLAND + 0.077BPLAND + 0.077RCA/GCA – 0.048RCA/BCA – 0.047GCA/BCA + 0.077NP + 0.076PD + 0.077LSI – 0.051SHAPE_MN + 0.073PARA_MN – 0.050CONTIG_MN
	F_2（景观斑块分布指数）	F_2 = 0.137GCA – 0.083LPI – 0.085CIRCLE_MN + 0.142CONTAG + 0.142PLADJ + 0.135DIVISION + 0.135SPLIT + 0.141AI
	F_3（景观斑块多样性指数）	F_3 = SHDI
	F 综合指标	$F = 0.582F_1 + 0.370F_2 + 0.048F_3$
远郊区	F_1（色彩斑块质量指数）	F_1 = −0.042TA + 0.062RCA – 0.041GCA + 0.063RPLAND – 0.040GPLAND + 0.063RCA/GCA + 0.061PD – 0.040LPI – 0.043SHAPE_MN – 0.040CONTAG – 0.041PLADJ – 0.040COHESION + 0.064DIVISION + 0.064SPLIT +0.064SHDI + 0.064SIDI+ 0.064SHEI + 0.064SIEI – 0.040AI
	F_2（景观色彩面积指数）	F_2= 0.411BCA + 0.412BPLAND – 0.177 RCA/BCA
	F_3（景观格局分布指数）	F_3 = 0.330NP + 0.333FRAC_MN + 0.337PAFRAC
	F 综合指标	$F = 0.688F_1 + 0.166F_2 + 0.146F_3$

2. 樱花林

1）景观色彩斑块指标筛选

利用主成分分析法提取建成区樱花林色彩斑块要素中的主要因子（附图 3b）。建成区樱花林色彩斑块指标累计解释了 99.00% 的变化。其中，第一主成分包含：景观面积、红色斑块面积、绿色斑块面积、黑色斑块面积、黑色斑块面积占比、红色斑块面积 / 黑色斑块面积、绿色斑块面积 / 黑色斑块面积、斑块密度、最大斑块指数、平均周长面积比、平均近圆形形状指数、平均邻近指数、蔓延度、相似临近百分比、香农多样性指数、香农均匀度指数、聚集指数，反映了景观色彩斑块大小、分配比例、异质性及聚集度特征，因此定义 F_1 为色彩斑块质量指数。第二主成分提取了红色斑块面积占比、红色斑块面积 / 绿色斑块面积、斑块数量、景观形状指数、分离度指数、Simpson 多样性指数、Simpson 均匀度指数，反映了景观红色与绿色斑块分配比例、斑块聚集度特征，因此定义 F_2 为景观斑块分布指数。第三主成分提取了平均斑块分形维数、周长面积分维，反映了景观形状特征，因此定义 F_3 为景观形状质量指数。第四主成分未提取出主要因子。建成区樱花景观色彩斑块指标中，蔓延度、绿色斑块面积 / 黑色斑块面积、绿色斑块面积、最大斑块指数、黑色斑块面积占比特征值大于 0.9，贡献值大于 4，其中蔓延度、绿色斑块面积 / 黑色斑块面积、绿色斑块面积指标为正影响，最大斑块指数、黑色斑块面积占比指标为负影响。

近郊区樱花林色彩斑块指标累计解释了 93.4% 的变化。其中，第一主成分包含：红色斑块面积、黑色斑块面积、红色斑块面积占比、黑色斑块面积占比、红色斑块面积 / 黑色斑块面积、斑块数量、斑块密度、最大斑块指数、景观形状指数、平均形状指数、蔓延度、相似临近百分比、斑块凝集度指数、景观分割指数、分离度指数、香农多样性指数、Simpson 多样性指数、香农均匀度指数、Simpson 均匀度指数、聚集指数，反映了景观色彩斑块质量、形状及复杂度特征，因此定义 F_1 为景观空间结构指数。第二主成分提取了平均斑块分形维数、平均周长面积比、平均近圆形形状指数、平均邻近指数，反映了斑块形状的复杂度、离散程度特征，因此定义 F_2 为景观斑块分布指数。第三主成分提取了周长面积分维，反映了景观空间性状的复杂性特征，因此定义 F_3 为景观空间性状指数。在近郊区樱花景观色彩斑块指标中，景观分割指数、Simpson 多样性指数、Simpson 均匀度指数、香农多样性指数、香农均匀度指数、黑色斑块面积、黑色斑块面积占比、分离度指数、景观形状指数、斑块凝集度指数、聚集指数、相似临近百分比、红色斑块面积 / 黑色斑块面积、最大斑块指数、红色斑块面积、红色斑块面积占比、蔓延度、平均邻近指数特征值大于 0.9，贡献值大于 4，其中，景观分割指数、Simpson 多样性指数、Simpson 均匀度指数、香农多样性指数、香农均匀度指数、黑色斑块面积、黑色斑块面积占比、分离度指数、景观形状指数、平均邻近指数特征为正影响，余下指标为负影响。

远郊区樱花林色彩斑块指标累计解释了 98.44% 的变化。其中，第一主成分包含：红色斑块面积占比、黑色斑块面积占比、红色斑块面积 / 黑色斑块面积、最大斑块指数、蔓延度、景观分割指数、分离度指数、香农多样性指数、Simpson 多样性指数、香农均匀度指数、Simpson 均匀度指数，反映了景观色彩斑块大小、分配比例、聚集度及斑块多样性特征，因此定义 F_1 为色彩斑块质量指数。第二主成分提取了斑块密度、平均周长面积比、平均近圆形形状指数、平均邻近指数、相似临近百分比、聚集指数，反映了景观斑块分布、形状、离散程度特征，因此定义 F_2 为景观斑块分布指数。第三主成分提取了景观面积、红色斑块面积、黑色斑块面积、斑块数量、景观形状指数，反映了景观斑块大小、数量及形状特征，因此定义 F_3 为景观斑块性状指数。第四主成分提取了平均形状指数、平均斑块分形维数、斑块凝集度指数，反映了景观性状的复杂性特征，因此定义 F_4 为景观性状复杂度指数。远郊区樱花林景观色彩斑块指标中，香农均匀度指数、香农多样性指数、Simpson 均匀度指数、景观分割指数、Simpson 多样性指数、黑色斑块面积占比、蔓延度、红色斑块面积 / 黑色斑块面积、、红色斑块面积占比、最大斑块指数特征值大于 0.9，贡献值大于 4，其中，香农均匀度指数、香农多样性指数、Simpson 均匀度指数、景观分割指数、Simpson 多样性指数、黑色斑块面积占比为正影响，余下指标为负影响。

2）景观格局主成分综合指数计算

依据旋转后的成分矩阵，计算各主成分主要因子的权重系数，建立不同区域樱花林景观色彩斑块指数主成分综合指数公式，同时建立了不同区位樱花林林外景观色彩斑块指数综合模型（表 1.37）。在建成区、近郊区和远郊区中，F_1 的贡献率均为最大，在近郊区中超过 70%，比建成区和远郊区分别高 42.8% 和 43.33%。

表 1.37　不同区域樱花林景观色彩斑块指数主成分综合指数得分

区位	主成分	计算公式
建成区	F_1（色彩斑块质量指数）	F_1 = 0.069TA + 0.069RCA + 0.070GCA – 0.046BCA – 0.043BPLAND + 0.069RCA/BCA + 0.070GCA/BCA – 0.045PD – 0.042LPI – 0.046PARA_MN + 0.067CIRCLE_MN + 0.067CONTIG_MN + 0.070CONTAG + 0.068PLADJ – 0.045SHDI – 0.046SHEI + 0.068AI
	F_2（景观斑块分布指数）	F_2 = −0.104RPLAND – 0.111RCA/GCA – 0.111NP – 0.108LSI + 0.188SPLIT + 0.189SIDI + 0.189SIEI
	F_3（景观形状质量指数）	F_3 = 0.491 FRAC_MN + 0.509PAFRAC
	F 综合指标	$F = 0.542F_1 + 0.306F_2 + 0.152F_3$
近郊区	F_1（景观空间结构指数）	F_1 = −0.038RCA + 0.060BCA – 0.038RPLAND + 0.060BPLAND – 0.038RCA/BCA + 0.059NP + 0.059PD – 0.038LPI + 0.059LSI – 0.040SHAPE_MN – 0.037CONTAG – 0.038PLADJ – 0.038COHESION + 0.060DIVISION + 0.060SPLIT + 0.060SHDI + 0.060SIDI+ 0.060SHEI + 0.060SIEI – 0.038AI
	F_2（景观斑块分布指数）	F_2 = −0.150FRAC_MN – 0.128PARA_MN + 0.355CIRCLE_MN + 0.367CONTIG_MN
	F_3（景观空间性状指数）	F_3 = PAFRAC
	F 综合指标	$F = 0.774F_1 + 0.171F_2 + 0.055F_3$

续表

区位	主成分	计算公式
远郊区	F_1（色彩斑块质量指数）	F_1 = −0.061RPLAND + 0.108BPLAND − 0.061RCA/BCA − 0.061LPI − 0.063CONTAG + 0.108DIVISION + 0.103SPLIT + 0.109SHDI + 0.108SIDI + 0.109SHEI + 0.109SIEI
	F_2（景观斑块分布指数）	F_2 = −0.103PD − 0.102PARA_MN + 0.197CIRCLE_MN + 0.197CONTIG_MN + 0.201PLADJ + 0.200AI
	F_3（景观斑块性状指数）	F_3 = 0.196TA + 0.195RCA + 0.197BCA + 0.203NP + 0.209LSI
	F_4（景观性状复杂度指数）	F_4 = 0.330SHAPE_MN + 0.330FRAC_MN + 0.340COHESION
	F 综合指标	$F = 0.482F_1 + 0.223F_2 + 0.187F_3 + 0.108F_4$

3. 枫香林

1）景观色彩斑块指标筛选

利用主成分分析法提取建成区枫香林色彩斑块要素中的主要因子（附图3c）。

建成区枫香林色彩斑块指标累计解释了 93.97% 的变化。其中，第一主成分包含：景观面积、绿色斑块面积、黑色斑块面积、红色斑块面积占比、绿色斑块面积占比、黑色斑块面积占比、红色斑块面积 / 绿色斑块面积、红色斑块面积 / 黑色斑块面积、斑块数量、最大斑块指数、景观形状指数、平均形状指数、蔓延度、斑块凝集度指数、景观分割指数、分离度指数、香农多样性指数、Simpson 多样性指数、香农均匀度指数、Simpson 均匀度指数，反映了景观色彩斑块大小、分配比例、异质性及聚集度特征，因此定义 F_1 为色彩斑块质量指数。第二主成分提取了红色斑块面积、绿色斑块面积 / 黑色斑块面积、平均周长面积比、平均近圆形形状指数、平均邻近指数，反映了景观色彩斑块分布、分配比例、离散程度特征，因此定义 F_2 为景观斑块分布指数。第三主成分提取了相似临近百分比，反映了景观斑块类型的聚集度特征，因此定义 F_3 为景观斑块类型分布指数。在建成区枫香林林外景观色彩斑块指标中，香农均匀度指数、红色斑块面积占比、香农多样性指数、景观分割指数、红色斑块面积 / 绿色斑块面积、红色斑块面积 / 黑色斑块面积、Simpson 均匀度指数、分离度指数、Simpson 多样性指数、绿色斑块面积占比、最大斑块指数、平均邻近指数、平均近圆形形状指数、红色斑块面积、平均周长面积比特征值大于 0.9，贡献值大于 4。其中，香农均匀度指数、红色斑块面积占比、香农多样性指数、景观分割指数、红色斑块面积 / 绿色斑块面积、红色斑块面积 / 黑色斑块面积、Simpson 均匀度指数、分离度指数、Simpson 多样性指数、平均近圆形形状指数、红色斑块面积、平均邻近指数为正影响，绿色斑块面积占比、最大斑块指数、平均周长面积比为负影响。

近郊区枫香林色彩斑块指标累计解释了 94.6% 的变化。其中，第一主成分包含：绿色斑块面积、黑色斑块面积、绿色斑块面积占比、黑色斑块面积占比、绿色斑块面积 / 黑色斑块面积、最大斑块指数、景观形状指数、蔓延度、相似临近百分比、斑块凝集度指数、景观分割指数、分离度指数、香农多样性指数、Simpson 多样性指数、香农均匀度指数、Simpson 均匀度指数、聚集指数，反映了景观绿色和黑色斑块质量、聚散性及复杂度特征，因此定义 F_1 为景观空间结构指数。第二主成分提取了红色斑块面积、红色斑块面积占比、红色斑块面积 / 黑色斑块面积、平均周长面积比、平均近圆形形状指数、平均邻近指数，反映了红色斑块质量、形状的复杂度、离散程度特征，因此定义 F_2 为景观斑块分布指数。第三主成分提取了红色斑块面积 / 绿色斑块面积，反映了红色、绿色斑块的比例分配特征，因此定义 F_3 为景观红绿色彩分配指数。第四主成分未提取出主要因子。近郊区枫香林景观色彩斑块指标景观分割指数、景观形状指数、相似临近百分比、聚集指数、最大斑块指数特征值大于 0.9，贡献值大于 4。其中，景观分割指数、景观形状指数为正影响，相似临近百分比、聚集指数、最大斑块指数为负影响。

远郊区枫香林色彩斑块指标累计解释了 98.65% 的变化。其中，第一主成分包含：景观面积、红色斑块面积、绿色斑块面积、黑色斑块面积占比、红色斑块面积 / 黑色斑块面积、绿色斑块面积 / 黑色斑块面积、斑块密度、最大斑块指数、蔓延度、相似临近百分比、斑块凝集度指数、景观分割指数、分离度指数、香农多样性指数、Simpson 多样性指数、香农均匀度指数、Simpson 均匀度指数、聚集指数，反映了景观色彩斑块大小、分配比例、聚集度及多样性特征，因此定义 F_1 为色彩斑块质量指数。第二主成分提取了绿色斑块面积、红色斑块面积 / 绿色斑块面积、斑块数量、平均形状指数、平均周长面积比、平均近圆形形状指数、平均邻近指数，反映了景观斑块分配比例、斑块分布、形状及离散程度特征，因此定义 F_2 为景观斑块分布指数。第三主成分提取了平均斑块分形维数、周长面积分维，反映了景观空间性状的复杂性特征，因此定义 F_3 为景观性状复杂度指数。蔓延度、相似临近百分比、绿色斑块面积 / 黑色斑块面积、绿色斑块面积、最大斑块指数、斑块凝集度指数、红色斑块面积 / 黑色斑块面积、平均形状指数、分离度指数、黑色斑块面积占比、Simpson 多样性指数、香农多样性指数、香农均匀度指数、Simpson 均匀度指数、景观分割指数特征值大于 0.9，贡献值大于 4。

其中，蔓延度、相似临近百分比、绿色斑块面积/黑色斑块面积、绿色斑块面积、最大斑块指数、斑块凝集度指数、红色斑块面积 / 黑色斑块面积为正影响，余下指标为负影响。

2）景观格局主成分综合指数计算

依据旋转后的成分矩阵，计算各主成分主要因子的权重系数，建立不同区域枫香林景观色彩斑块指数主成分综合指数公式，依据总方差解释，得到不同区位枫香林林外景观格局特征指数综合指标（表 1.38）。其中，在枫香林林外景观色彩斑块主成分综合得分中，F_1 的贡献率在三个区位中均最高，建成区为 65.5%，近郊区 52%，远郊区 60.2%。

表 1.38 不同区域枫香林景观色彩斑块指数主成分综合指数得分

区位	主成分	计算公式
建成区	F_1（色彩斑块质量指数）	F_1 = −0.040TA − 0.040GCA − 0.040BCA + 0.061RPLAND − 0.039GPLAND − 0.039BPLAND + 0.061RCA/GCA + 0.061RCA/BCA − 0.040NP − 0.039LPI − 0.040LSI + 0.059SHAPE_MN − 0.039CONTAG − 0.040COHESION + 0.061DIVISION + 0.060SPLIT + 0.061SHDI + 0.060SIDI + 0.061SHEI + 0.060SIEI
	F_2（景观斑块分布指数）	F_2 = 0.247RCA − 0.135GCA/BCA − 0.119PARA_MN + 0.250CIRCLE_MN + 0.249CONTIG_MN
	F_3（景观斑块类型分布指数）	F_3 = PLADJ
	F 综合指标	$F = 0.655F_1 + 0.246F_2 + 0.099F_3$
近郊区	F_1（景观空间结构指数）	F_1 = −0.046GCA + 0.070BCA − 0.046GPLAND + 0.071BPLAND − 0.044GCA/BCA − 0.043LPI + 0.073LSI − 0.045CONTAG − 0.044PLADJ − 0.046COHESION + 0.074DIVISION + 0.071SPLIT + 0.071SHDI + 0.070SIDI+ 0.071SHEI + 0.070SIEI − 0.044AI
	F_2（景观斑块分布指数）	F_2 = 0.192RCA + 0.192PLAND + 0.200RCA/BCA + 0.201PARA_MN − 0.110CIRCLE_MN − 0.107CONTIG_MN
	F_3（景观红绿色彩分配指数）	F_3 = RCA/GCA
	F 综合指标	$F = 0.520F_1 + 0.322F_2 + 0.158F_3$
远郊区	F_1（色彩斑块质量指数）	F_1 = 0.065TA + 0.065RCA + 0.066GCA − 0.042BPLAND + 0.066RCA/BCA + 0.067GCA/BCA − 0.044PD + 0.066LPI + 0.067CONTAG + 0.067PLADJ + 0.066COHESION − 0.042DIVISION − 0.043SPLIT − 0.042SHDI − 0.042SIDI − 0.042SHEI − 0.042SIEI + 0.067AI
	F_2（景观斑块分布指数）	F_2 = −0.103GPLAND + 0.198RCA/GCA + 0.197NP − 0.098SHAPE_MN + 0.190 PARA_MN − 0.108CIRCLE_MN − 0.106CONTIG_MN
	F_3（景观性状复杂度指数）	F_3 = 0.509FRAC_MN + 0.491PAFRAC
	F 综合指标	$F = 0.602F_1 + 0.270F_2 + 0.128F_3$

4. 马尾松林

1）景观色彩斑块指标筛选

利用主成分分析法提取建成区马尾松林色彩斑块要素中的主要因子（附图 3d）。

建成区马尾松林色彩斑块指标累计解释了 93.41% 的变化。其中，第一主成分包含：景观面积、绿色斑块面积、绿色斑块面积占比、黑色斑块面积占比、斑块数量、斑块密度、最大斑块指数、平均形状指数、平均周长面积比、平均近圆形形状指数、平均邻近指数、周长面积分维、蔓延度、景观分割指数、分离度指数、香农多样性指数、Simpson 多样性指数、香农均匀度指数、Simpson 均匀度指数，反映了景观色彩斑块大小、分配比例、异质性及聚集度特征，因此定义 F_1 为色彩斑块质量指数。第二主成分提取了黑色斑块面积、绿色斑块面积 / 黑色斑块面积、景观形状指数、相似临近百分比、聚集指数，反映了景观色彩斑块分布、分配比例、斑块聚集度特征，因此定义 F_2 为景观斑块分布指数。第三主成分提取了斑块凝集度指数，反映了景观斑块的离散程度特征，因此定义 F_3 为景观斑块聚集度指数。景观面积、香农多样性指数、香农均匀度指数、Simpson 多样性指数、Simpson 均匀度指数、平均形状指数、蔓延度、斑块数量、斑块密度、相似临近百分比、聚集指数特征值大于 0.9，贡献值大于 4。其中，景观面积、香农多样性指数、香农均匀度指数、Simpson 多样性指数、Simpson 均匀度指数、平均形状指数、相似临近百分比为正影响，余下指标为负影响。

近郊区马尾松林色彩斑块指标累计解释了 97.8% 的变化。其中，第一主成分包含：绿色斑块面积、黑色斑块面积、绿色斑块面积占比、黑色斑块面积占比、绿色斑块面积 / 黑色斑块面积、斑块数量、斑块密度、最大斑块指数、景观形状指数、蔓延度、相似临近百分比、斑块凝集度指数、景观分割指数、分离度指数、香农多样性指数、Simpson 多样性指数、香农均匀度指数、Simpson 均匀度指数、聚集指数，反映了景观绿色和黑色斑块质量、形状及复杂度特征，因此定义 F_1 为景观空间结构指数。第二主成分提取了平均形状指数、平均周长面积比、平均近圆形形状指数、平均邻近指数、周长面积分维，反映了斑块形状的复杂度、离散程度特征，因此定义 F_2 为景观斑块分布指数。第三主成分提取了平均斑块分形维数，反映了景观斑块形状的复杂性，因此定义 F_3 为景观斑块形状指数。景观分割指数、黑色斑块面积、黑色斑块面积占比、分离度指数、Simpson

均匀度指数、景观形状指数、Simpson 多样性指数、香农多样性指数、香农均匀度指数、相似临近百分比、聚集指数、绿色斑块面积、绿色斑块面积占比、最大斑块指数、蔓延度、平均邻近指数、平均形状指数、平均周长面积比特征值大于 0.9，贡献值大于 4。其中，景观分割指数、黑色斑块面积、黑色斑块面积占比、分离度指数、Simpson 均匀度指数、景观形状指数、Simpson 多样性指数、香农多样性指数、香农均匀度指数、平均邻近指数、平均形状指数为正影响，余下指标为负影响。

远郊区马尾松林色彩斑块指标累计解释了 99.13% 的变化。其中，第一主成分包含：绿色斑块面积占比、黑色斑块面积占比、绿色斑块面积/黑色斑块面积、最大斑块指数、平均周长面积比、平均邻近指数、蔓延度、相似临近百分比、景观分割指数、分离度指数、香农多样性指数、Simpson 多样性指数、香农均匀度指数、Simpson 均匀度指数、聚集指数，反映了景观色彩斑块分布、分配比例、异质性及聚集度特征，因此定义 F_1 为色彩斑块质量指数；。第二主成分提取了景观面积、绿色斑块面积、黑色斑块面积、斑块数量、斑块密度、景观形状指数、平均形状指数，反映了景观斑块大小、密度及形状特征，因此定义 F_2 为景观斑块性状指数。第三主成分提取了平均近圆形形状指数、周长面积分维、斑块凝集度指数，反映了景观形状、空间性状的复杂度及离散程度特征，因此定义 F_3 为景观斑块分布指数。第四主成分未提取出主要因子。分离度指数、黑色斑块面积占比、Simpson 均匀度指数、香农均匀度指数、景观分割指数、香农多样性指数、Simpson 多样性指数、平均周长面积比、景观面积、绿色斑块面积、聚集指数、平均邻近指数、绿色斑块面积 / 黑色斑块面积、绿色斑块面积占比、蔓延度、最大斑块指数特征值大于 0.9，贡献值大于 4。其中，分离度指数、黑色斑块面积占比、Simpson 均匀度指数、香农均匀度指数、景观分割指数、香农多样性指数、Simpson 多样性指数、平均周长面积比、景观面积、绿色斑块面积为正影响，余下指标为负影响。

2）景观格局主成分综合指数计算

依据旋转后的成分矩阵，计算各主成分主要因子的权重系数，建立不同区域马尾松林景观色彩斑块指数主成分综合指数公式（表 1.39）。依据总方差解释，得到不同区位马尾松林林外景观格局特征指数综合指标。其中，在马尾松林林外景观色彩斑块主成分综合得分中，F_1 的贡献率在三个区位中均为最大值，而且在 3 个区位中均超过 65%。

表 1.39　不同区域马尾松林景观色彩斑块指数主成分综合指数得分

区位	主成分	计算公式
建成区	F_1（色彩斑块质量指数）	F_1 = 0.060TA + 0.058GCA + 0.058GPLAND – 0.039BPLAND – 0.037NP – 0.037PD – 0.039LPI + 0.060SHAPE_MN – 0.038PARA_MN + 0.059CIRCLE_MN + 0.059CONTIG_MN + 0.059PAFRAC – 0.038CONTAG + 0.059DIVISION + 0.058SPLIT + 0.060SHDI + 0.060SIDI + 0.060SHEI + 0.060SIEI
	F_2（景观斑块分布指数）	F_2 = –0.127BCA + 0.244GCA/BCA – 0.128 LSI + 0.250PLADJ + 0.251AI
	F_3（景观斑块聚集度指数）	F_3 = COHESION
	F 综合指标	$F = 0.685F_1 + 0.258F_2 + 0.057F_3$
近郊区	F_1（景观空间结构指数）	F_1 = –0.039GCA + 0.062BCA – 0.039GPLAND + 0.062BPLAND – 0.041GCA/BCA + 0.061NP + 0.061PD – 0.039LPI + 0.062LSI – 0.039CONTAG – 0.039PLADJ – 0.040COHESION + 0.063DIVISION + 0.062SPLIT + 0.062SHDI + 0.062SIDI+ 0.062SHEI + 0.062SIEI – 0.039AI
	F_2（景观斑块分布指数）	F_2 = 0.254SHAPE_MN – 0.177PARA_MN + 0.251CIRCLE_MN + 0.255CONTIG_MN – 0.123PAFRAC
	F_3（景观斑块形状指数）	F_3= FRAC_MN
	F 综合指标	$F = 0.693F_1 + 0.263F_2 + 0.045F_3$
远郊区	F_1（色彩斑块质量指数）	F_1 = –0.049GPLAND + 0.081BPLAND – 0.050GCA/BCA – 0.049LPI + 0.081PARA_MN – 0.050CONTIG_MN – 0.049CONTAG – 0.051PLADJ + 0.081DIVISION + 0.082SPLIT + 0.081SHDI + 0.081SIDI + 0.081SHEI + 0.081SIEI – 0.050AI
	F_2（景观斑块性状指数）	F_2 = 0.168TA + 0.168GCA + 0.165BCA + 0.165NP – 0.088PD + 0.158LSI – 0.088SHAPE_MN
	F_3（景观斑块分布指数）	F_3 = 0.331CIRCLE_MN + 0.344PAFRAC + 0.325COHESION
	F 综合指标	$F = 0.656F_1 + 0.256F_2 + 0.088F_3$

5. 樟树林

1）景观色彩斑块指标筛选

利用主成分分析法提取建成区樟树林色彩斑块要素中的主要因子（附图 3e）。建成区樟树林色彩斑块指标累计解释了 99.83% 的变化。其中，第一主成分包含：绿色斑块面积、斑块数量、斑块密度、最大斑块指数、景观形状指数、平均周长面积比、平均邻近指数、景观分割指数、分离度指数，反映了景观色彩斑块大小、异质性及聚集度特征，因此定义 F_1 为色彩斑块质量指数。第二主成分提取了景观面积、黑色斑块面积、绿色斑块面积占比、黑色斑块面积占比、绿色斑块面积 / 黑色斑块面积、平均形状指数、平均斑块分形维数、平均近圆形形状指数、周长面积分维，反映了景观色彩斑块分布、分配比例、形状、复杂性特征，因此定义 F_2 为景观斑块性状指数。第三主成分提取了蔓延度、香农多样性指数、Simpson 多样性指数、香农均匀度指数、Simpson 均匀度指数，反映了景观斑块多样性、均匀度特征，因此定义 F_3 为景观斑块丰富度指数。第四主成分提取了斑块凝集度指数，反映了景观斑块的离散程度特征，因此定义 F_4 为景观斑块聚集度指数。樟树林建成区林外景观色彩斑块中，绿色斑块面积、平均邻近指数、绿色斑块面积 / 黑色斑块面积、景观面积、周长面积分维、平均周长面积比特征值大于 0.9，贡献值大于 4。其中，绿色斑块面积、平均邻近指数、周长面积分维、绿色斑块面积 / 黑色斑块面积为正影响，景观面积、黑色斑块面积、平均周长面积比为负影响。

近郊区樟树林色彩斑块指标累计解释了 97.8% 的变化。其中，第一主成分包含：黑色斑块面积、黑色斑块面积占比、绿色斑块面积 / 黑色斑块面积、斑块数量、斑块密度、最大斑块指数、景观形状指数、蔓延度、相似临近百分比、景观分割指数、分离度指数、香农多样性指数、Simpson 多样性指数、香农均匀度指数、Simpson 均匀度指数、聚集指数，反映了景观黑色斑块质量、形状及复杂度特征，因此定义 F_1 为景观空间结构指数。第二主成分提取了平均斑块分形维数、平均周长面积比、平均近圆形形状指数、平均邻近指数、周长面积分维，反映了斑块形状的复杂度、离散程度特征，因此定义 F_2 为景观斑块分布指数。第三主成分提取了绿色斑块面积、绿色斑块面积占比，反映了景观绿色斑块质量特征，因此定义 F_3 为景观斑块质量指数。黑色斑块面积、黑色斑块面积占比、景观分割指数、Simpson 多样性指数、Simpson 均匀度指数、分离度指数、香农多样性指数、香农均匀度指数、周长面积分维、平均斑块分形维数、平均周长面积比、平均近圆形形状指数、平均邻近指数、最大斑块指数、蔓延度特征值大于 0.9，贡献值大于 4。其中，黑色斑块面积、黑色斑块面积占比、景观分割指数、Simpson 多样性指数、Simpson 均匀度指数、分离度指数、香农多样性指数、香农均匀度指数为正影响，余下指标为负影响。

远郊区樟树林色彩斑块指标累计解释了 99.13% 的变化。其中，第一主成分包含：景观面积、绿色斑块面积、黑色斑块面积、绿色斑块面积占比、黑色斑块面积占比、绿色斑块面积 / 黑色斑块面积、斑块数量、斑块密度、最大斑块指数、景观形状指数、平均形状指数、蔓延度、相似临近百分比、景观分割指数、分离度指数、香农多样性指数、Simpson 多样性指数、香农均匀度指数、Simpson 均匀度指数、聚集指数，反映了景观色彩斑块大小、分配比例、形状、异质性及聚集度特征，因此定义 F_1 为色彩斑块质量指数。第二主成分提取了平均斑块分形维数、周长面积分维，反映了景观斑块空间性状的复杂性特征，因此定义 F_2 为景观空间性状复杂度指数。第三主成分提取了斑块凝集度指数，反映了景观斑块的离散程度特征，因此定义 F_3 为景观斑块聚集度指数。第四主成分未提取出主要因子。景观面积、景观形状指数、黑色斑块面积、香农均匀度指数、香农多样性指数、Simpson 多样性指数、Simpson 均匀度指数、景观分割指数、黑色斑块面积占比、绿色斑块面积、平均斑块分形维数、绿色斑块面积 / 黑色斑块面积、绿色斑块面积占比、最大斑块指数、相似临近百分比、聚集指数、蔓延度特征值大于 0.9，贡献值大于 4。其中，景观面积、景观形状指数、黑色斑块面积、香农均匀度指数、香农多样性指数、Simpson 多样性指数、Simpson 均匀度指数、景观分割指数、黑色斑块面积占比、绿色斑块面积、平均斑块分形维数为正影响，余下指标为负影响。

2）景观格局主成分综合指数计算

依据旋转后的成分矩阵，计算各主成分主要因子的权重系数，建立不同区域樟树林景观色彩斑块指数主成分综合指数公式（表 1.40）。依据总方差解释，得到不同区位樟树林林外景观格局特征指数综合指标。其中，在樟树林林外景观色彩斑块主成分综合得分中，F_1 的贡献率在 3 个区位中均为最大值，远郊区贡献率最高，超过 74%，比建成区和近郊区分别高 89.25% 和 18.97%。

表 1.40　不同区域樟树林景观色彩斑块指数主成分综合指数得分

区位	主成分	计算公式
建成区	F_1（色彩斑块质量指数）	F_1 = 0.149GCA – 0.085NP – 0.087PD – 0.081LPI – 0.087LSI – 0.080PARA_MN + 0.146CONTIG_MN + 0.142DIVISION + 0.144SPLIT
	F_2（景观斑块性状指数）	F_2 = −0.138TA – 0.140BCA + 0.281GPLAND – 0.145BPLAND + 0.282GCA/BCA+ 0.2740SHAPE_MN + 0.280FRAC_MN + 0.268CIRCLE_MN + 0.282PAFRAC
	F_3（景观斑块丰富度指数）	F_3 = −0.108CONTAG + 0.222SHDI + 0.223SIDI + 0.223SHEI + 0.223SIEI
	F_4（景观斑块聚集度指数）	F_4 = COHESION
	F 综合指标	$F = 0.391F_1 + 0.317F_2 + 0.292F_3 + 0.068F_4$

续表

区位	主成分	计算公式
近郊区	F_1（景观空间结构指数）	F_1 = 0.072BCA + 0.072BPLAND – 0.045GCA/BCA + 0.069NP + 0.069PD – 0.043LPI + 0.071LSI – 0.043CONTAG – 0.044PLADJ + 0.072DIVISION + 0.072SPLIT + 0.071SHDI + 0.072SIDI+ 0.071SHEI + 0.072SIEI – 0.044AI
	F_2（景观斑块分布指数）	F_2 = 0.251 FRAC_MN + 0.253PARA_MN – 0.121CIRCLE_MN – 0.122CONTIG_MN + 0.252PAFRAC
	F_3（景观斑块质量指数）	F_3 = 0.500GCA + 0.500GPLAND
	F 综合指标	$F = 0.622F_1 + 0.310F_2 + 0.067F_3$
远郊区	F_1（色彩斑块质量指数）	F_1 = 0.058TA + 0.057GCA + 0.057BCA – 0.037GPLAND + 0.057BPLAND – 0.037GCA/BCA + 0.056NP + 0.055PD – 0.037LPI + 0.058LSI – 0.039SHAPE_MN – 0.036CONTAG – 0.037PLADJ + 0.057DIVISION + 0.057SPLIT + 0.057SHDI + 0.057SIDI + 0.057SHEI + 0.057SIEI – 0.036AI
	F_2（景观空间性状复杂度指数）	F_2 = 0.506FRAC_MN + 0.494PAFRAC
	F_3（景观斑块聚集度指数）	F_3 = COHESION
	F 综合指标	$F = 0.740F_1 + 0.207F_2 + 0.054F_3$

1.6.3 城市化对风景游憩林景观色彩斑块特征的影响

景观格局的变化不仅能影响多种生态过程，而且对景观视觉要素的美学特性也具有重要影响（董建文，2013）。本研究中，3 个区位 5 种林分的主要景观色彩斑块特征均表现为色彩斑块质量指数，表明林外景观质量与色彩斑块质量密切相关。斑块色彩多样性越高，斑块色彩对比度越强烈，给人的视觉冲击力越强，更符合人们追求多元、变化、丰富的心理需求（李波，2011）。因此，从林外尺度对风景游憩林景观进行调控和管理，应更多从景观色彩斑块大小、分配比例、异质性及聚集度特征等方面考虑。

另外，景观斑块分布指数也是不同树种林外景观的关键特征之一，尤其表现在建成区和近郊区，其原因主要是：建成区和近郊区受到人为活动干扰的程度较远郊区更为强烈，结合特定的城市环境变化等多种因素相互作用所产生的区位化综合反映，在对建成区和近郊区风景游憩林景观进行人为管理时，可从景观斑块的类型、大小、分布和空间组合等特征进行合理调控，便于更好地保护该区域景观的生态过程和边缘效应。

1.7 不同区域风景游憩林美景度特征

1.7.1 风景游憩林美景度等级划分范围

1. 杜鹃林

杜鹃单木美景度的得分等级划分取值依次为很好（0.76~1.23）、较好（0.30~0.75）、一般（–0.17~0.29）、不好（–0.63~–0.18）、很差（–1.10~–0.64）；杜鹃林林内美景度得分的等级划分范围分别为很好（2.01~3.04）、较好（0.98~2.00）、一般（–0.05~0.97）、不好（–1.08~–0.06）、很差（–2.11~–1.09）；杜鹃林林外美景度的得分等级划分范围依次为很好（2.26~2.94）、较好（1.58~2.25）、一般（0.91~1.57）、不好（0.23~0.90）、很差（–0.44~0.22）（表 1.41）。

表 1.41　杜鹃林美景度等级划分

景观尺度	等级	SBE 最小值	SBE 最大值	评价等级
单木	Ⅴ	0.76	1.23	很好
	Ⅳ	0.30	0.75	较好
	Ⅲ	−0.17	0.29	一般
	Ⅱ	−0.63	−0.18	不好
	Ⅰ	−1.10	−0.64	很差
林内	Ⅴ	2.01	3.04	很好
	Ⅳ	0.98	2.00	较好
	Ⅲ	−0.05	0.97	一般
	Ⅱ	−1.08	−0.06	不好
	Ⅰ	−2.11	−1.09	很差
林外	Ⅴ	2.26	2.94	很好
	Ⅳ	1.58	2.25	较好
	Ⅲ	0.91	1.57	一般
	Ⅱ	0.23	0.90	不好
	Ⅰ	−0.44	0.22	很差

2. 樱花林

樱花单木美景度得分的等级划分范围分别为很好（0.88~1.33）、较好

（0.44~0.87）、一般（0.00~0.43）、不好（–0.44~–0.00）、很差（–0.88~–0.45）；樱花林林内美景度的得分等级划分取值依次为很好（0.18~0.53）、较好（–0.17~0.17）、一般（–0.53~–0.18）、不好（–0.88~–0.54）、很差（–1.23~–0.89）；樱花林林外美景度得分的等级划分取值分别为很好（0.63~1.23）、较好（0.03~0.62）、一般（–0.57~0.02）、不好（–1.17~–0.58）、很差（–1.77~–1.18）（表 1.42）。

表 1.42　樱花林美景度等级划分

景观尺度	等级	SBE 最小值	SBE 最大值	评价等级
单木	Ⅴ	0.88	1.33	很好
	Ⅳ	0.44	0.87	较好
	Ⅲ	0.00	0.43	一般
	Ⅱ	–0.44	–0.01	不好
	Ⅰ	–0.88	–0.45	很差
林内	Ⅴ	0.18	0.53	很好
	Ⅳ	–0.17	0.17	较好
	Ⅲ	–0.53	–0.18	一般
	Ⅱ	–0.88	–0.54	不好
	Ⅰ	–1.23	–0.89	很差
林外	Ⅴ	0.63	1.23	很好
	Ⅳ	0.03	0.62	较好
	Ⅲ	–0.57	0.02	一般
	Ⅱ	–1.17	–0.58	不好
	Ⅰ	–1.77	–1.18	很差

3. 枫香林

枫香单木美景度的得分等级划分范围依次为很好（0.82~1.24）、较好（0.41~0.81）、一般（–0.01~0.40）、不好（–0.43~–0.02）、很差（–0.85~–0.44）；枫香林林内美景度的得分等级划分范围分别为很好（0.19~0.58）、较好（–0.20~0.20）、一般（–0.60~–0.21）、不好（–0.99~–0.61）、很差（–1.38~1）；枫香林林外美景度的得分等级划分取值依次为很好（0.70—1.18）、较好（0.22~0.69）、一般（–0.26~0.21）、不好（–0.74~–0.27）、很差（–1.22~–0.75）（表 1.43）。

表 1.43　枫香林美景度等级划分

景观尺度	等级	SBE 最小值	SBE 最大值	评价等级
单木	Ⅴ	0.82	1.24	很好
	Ⅳ	0.41	0.81	较好
	Ⅲ	−0.01	0.40	一般
	Ⅱ	−0.43	−0.02	不好
	Ⅰ	−0.85	−0.44	很差
林内	Ⅴ	0.19	0.58	很好
	Ⅳ	−0.20	0.20	较好
	Ⅲ	−0.60	−0.21	一般
	Ⅱ	−0.99	−0.61	不好
	Ⅰ	−1.38	1	很差
林外	Ⅴ	0.70	1.18	很好
	Ⅳ	0.22	0.69	较好
	Ⅲ	−0.26	0.21	一般
	Ⅱ	−0.74	−0.27	不好
	Ⅰ	−1.22	−0.75	很差

4. 马尾松林

马尾松单木美景度的得分等级划分取值依次为很好（0.52~0.90）、较好（0.15~0.51）、一般（−0.23~0.14）、不好（−0.61~−0.24）、很差（−0.98~−0.62）；马尾松林林内美景度的得分等级划分取值依次为很好（0.59~0.94）、较好（0.23~0.58）、一般（−0.12~0.22）、不好（−0.48~−0.13）、很差（−0.83~−0.49）；马尾松林林外美景度的得分等级划分范围分别为很好（0.68~1.11）、较好（0.25~0.67）、一般（−0.17~0.24）、不好（−0.60~−0.18）、很差（−1.03~−0.61）（表 1.44）。

表 1.44　马尾松林美景度等级划分

景观尺度	等级	SBE 最小值	SBE 最大值	评价等级
单木	Ⅴ	0.52	0.90	很好
	Ⅳ	0.15	0.51	较好
	Ⅲ	−0.23	0.14	一般
	Ⅱ	−0.61	−0.24	不好
	Ⅰ	−0.98	−0.62	很差

续表

景观尺度	等级	SBE 最小值	SBE 最大值	评价等级
林内	Ⅴ	0.59	0.94	很好
	Ⅳ	0.23	0.58	较好
	Ⅲ	−0.12	0.22	一般
	Ⅱ	−0.48	−0.13	不好
	Ⅰ	−0.83	−0.49	很差
林外	Ⅴ	0.68	1.11	很好
	Ⅳ	0.25	0.67	较好
	Ⅲ	−0.17	0.24	一般
	Ⅱ	−0.60	−0.18	不好
	Ⅰ	−1.03	−0.61	很差

5. 樟树林

樟树单木美景度的得分等级划分范围依次为很好（0.58~1.02）、较好（0.15~0.57）、一般（−0.29~0.14）、不好（−0.73~−0.30）、很差（−1.17~−0.74）；樟树林林内美景度的得分等级划分范围分别为很好（0.75~1.21）、较好（0.29~0.74）、一般（−0.18~0.28）、不好（−0.64~−0.19）、很差（−1.10~−0.65）；樟树林林外美景度的得分等级划分取值依次为很好（0.74~1.19）、较好（0.30~0.73）、一般（−0.15~0.29）、不好（−0.59~−0.16）、很差（−1.04~−0.60）（表 1.45）。

表 1.45　樟树林美景度等级划分

景观尺度	等级	SBE 最小值	SBE 最大值	评价等级
单木	Ⅴ	0.58	1.02	很好
	Ⅳ	0.15	0.57	较好
	Ⅲ	−0.29	0.14	一般
	Ⅱ	−0.73	−0.30	不好
	Ⅰ	−1.17	−0.74	很差
林内	Ⅴ	0.75	1.21	很好
	Ⅳ	0.29	0.74	较好
	Ⅲ	−0.18	0.28	一般
	Ⅱ	−0.64	−0.19	不好
	Ⅰ	−1.10	−0.65	很差

续表

景观尺度	等级	SBE 最小值	SBE 最大值	评价等级
林外	Ⅴ	0.74	1.19	很好
	Ⅳ	0.30	0.73	较好
	Ⅲ	−0.15	0.29	一般
	Ⅱ	−0.59	−0.16	不好
	Ⅰ	−1.04	−0.60	很差

1.7.2 风景游憩林美景度特征

1. 杜鹃林

建成区杜鹃林不同景观尺度的美景度差异较大，其中，林外尺度为不好水平，林内尺度为较好水平，单木尺度为一般水平；近郊区杜鹃林林外尺度美景度为很好水平，林内、单木尺度均为一般水平；远郊区杜鹃林林外、林内尺度美景度较低，均为很差水平，而单木尺度达到较好水平。单木尺度美景度在远郊区最高，达到较好水平；林内尺度美景度在建成区最高，达到较好水平；林外尺度美景度在近郊区最高，达到很好水平（表 1.46）。

表 1.46 不同区域杜鹃林景观美景度得分（平均值 ± 标准差）

区域	景观尺度	平均分	标准化得分	等级
建成区	林外	3.81 ± 0.42	0.69 ± 0.39b	不好
	林内	4.85 ± 1.43	1.80 ± 1.44a	较好
	单木	3.94 ± 0.79	−0.08 ± 0.73b	一般
近郊区	林外	6.57 ± 0.43	2.50 ± 0.42a	很好
	林内	3.13 ± 0.20	0.00 ± 0.20b	一般
	单木	4.06 ± 0.39	0.03 ± 0.37ab	一般
远郊区	林外	2.09 ± 0.54	0.00 ± 0.55c	很差
	林内	1.69 ± 1.07	−1.37 ± 1.09c	很差
	单木	5.07 ± 0.36	0.56 ± 0.33a	较好

2. 樱花林

建成区樱花林三个尺度的美景度普遍较低，主要为不好、很差水平；近郊区樱花林林外、林内尺度美景度达到较好水平，单木尺度较低，为不好水平；远郊区樱花林林外尺度美景度为一般水平，林内、单木尺度较高，达到较好水平。单木尺度美景度在远郊区最高，达到较好水平；林内尺度美景度在近郊区、远郊区最高，均达到较好水平；林外尺度美景度在近郊区最高，达到较好水平（表 1.47）。

表 1.47　不同区域樱花林景观美景度得分（平均值 ± 标准差）

区域	景观尺度	平均分	标准化得分	等级
建成区	林外	2.85 ± 0.53	−1.27 ± 0.50c	不好
	林内	2.47 ± 0.45	−0.58 ± 0.45b	不好
	单木	3.58 ± 0.20	−0.50 ± 0.19b	很差
近郊区	林外	5.26 ± 0.72	0.80 ± 0.72a	较好
	林内	4.57 ± 0.45	0.00 ± 0.54a	较好
	单木	4.05 ± 0.54	−0.05 ± 0.54ab	不好
远郊区	林外	3.03 ± 0.51	−0.07 ± 0.50b	一般
	林内	4.45 ± 0.23	−0.10 ± 0.26ab	较好
	单木	4.69 ± 0.58	0.55 ± 0.54a	较好

3. 枫香林

建成区枫香林林外、单木尺度美景度均为不好水平，林内尺度为一般水平；近郊区枫香林林外、单木尺度美景度为一般水平，林内尺度达到较好水平；远郊区枫香林三个尺度的美景度普遍较高，均达到较好、很好水平。单木尺度美景度在远郊区最高，达较好水平；林内尺度美景度在近郊区、远郊区最高，均达到较好水平；林外尺度美景度在远郊区最高，达到很好水平（表 1.48）。

表 1.48　不同区域枫香林景观美景度得分（平均值 ± 标准差）

区域	景观尺度	平均分	标准化得分	等级
建成区	林外	2.98 ± 0.58	−0.56 ± 0.27c	不好
	林内	2.46 ± 0.73	−0.59 ± 0.74b	一般
	单木	3.09 ± 0.45	−0.40 ± 0.39b	不好
近郊区	林外	3.64 ± 0.48	0.08 ± 0.46b	一般
	林内	4.56 ± 0.73	0.00 ± 0.63a	较好
	单木	3.63 ± 0.33	0.08 ± 0.29b	一般
远郊区	林外	5.98 ± 0.22	0.87 ± 0.21a	很好
	林内	4.55 ± 0.44	0.00 ± 0.41a	较好
	单木	5.08 ± 0.67	0.81 ± 0.60a	较好

4. 马尾松林

建成区马尾松林林外、单木尺度美景度均为不好水平，林内尺度达到较好水平；近郊区马尾松林三个尺度美景度均为一般水平；远郊区马尾松林林外、单木尺度的美景度均达到较好、很好水平，林内尺度为一般水平。单木尺度美景度在远郊区最高，达到较好水平；林内尺度美景度在建成区最高，达到较好水平；林外尺度美景度在远郊区最高，达到很好水平（表 1.49）。

表 1.49　不同区域马尾松林景观美景度得分（平均值 ± 标准差）

区域	景观尺度	平均分	标准化得分	等级
建成区	林外	2.80 ± 0.40	−0.39 ± 0.45c	不好
	林内	4.98 ± 0.60	0.42 ± 0.48a	较好
	单木	3.21 ± 0.69	−0.40 ± 0.58b	不好
近郊区	林外	3.59 ± 0.62	0.02 ± 0.49b	一般
	林内	3.04 ± 0.59	0.00 ± 0.59b	一般
	单木	3.75 ± 0.46	0.06 ± 0.40ab	一般
远郊区	林外	6.47 ± 0.44	0.77 ± 0.34a	很好
	林内	3.36 ± 0.57	−0.10 ± 0.72b	一般
	单木	4.10 ± 0.45	0.33 ± 0.38a	较好

5. 樟树林

建成区樟树林林外尺度美景度为一般水平，林内、单木尺度均为不好水平；近郊区樟树林林外尺度美景度达较好水平，林内、单木尺度均为一般水平；远郊区樟树林林外、单木尺度较高，达到较好、很好水平，林内尺度为一般水平。单木尺度美景度在远郊区最高，达到较好水平；林内尺度美景度在近郊区、远郊区最高，均为一般水平；林外尺度美景度在近郊区最高，达到较好水平（表 1.50）。

表 1.50　不同区域樟树林景观美景度得分（平均值 ± 标准差）

区域	景观尺度	平均分	标准化得分	等级
建成区	林外	3.20 ± 0.52	0.02 ± 0.53c	一般
	林内	1.71 ± 0.80	−0.33 ± 0.78b	不好
	单木	2.72 ± 0.53	−0.51 ± 0.45b	不好

续表

区域	景观尺度	平均分	标准化得分	等级
近郊区	林外	4.29 ± 0.44	0.72 ± 0.07b	较好
	林内	3.54 ± 0.34	0.00 ± 0.36a	一般
	单木	3.48 ± 0.35	0.10 ± 0.29a	一般
远郊区	林外	6.67 ± 0.31	0.97 ± 0.19a	很好
	林内	3.30 ± 0.57	−0.11 ± 0.48a	一般
	单木	3.85 ± 0.47	0.41 ± 0.40a	较好

1.7.3 城市化对风景游憩林美景度特征的影响

从美学和林木经营管理角度出发研究单木景观质量，不仅有益于风景林集成单木定向培育技术，而且还有益于森林抚育中林木科学分级（陈瑜 等，2014）。美景度分析结果表明，5 种树种的单木美景度均在远郊区最高且达到较好水平，证实单木景观质量与人为干扰程度呈反比。因此，在风景游憩林的单木景观抚育管理中，应更多遵循林木自然状态下的生长规律和景观特征，实施适度的抚育改造，结合关键单木形态指标权重，杜鹃、樱花可从轮廓清晰度、开花密集度等与花相关指标和花叶的整体协调度方面进行管理，枫香、马尾松、樟树可从树干、树冠、枝条等生长情况进行经营，以提升建成区和近郊区单木的景观效果，实现其美学效益的最大化。

作为公众，更注重的是其在林内的感受（李俊英 等，2010），因此林内美景度是衡量公众对风景游憩林景观质量的最直观和重要的量化指标之一。本研究中，杜鹃林、马尾松林的林内美景度在建成区最高并具有较好水平，而樱花林、枫香林和樟树林的林内美景度在近郊区、远郊区最高，为一般及以上水平。造成这种差异的原因除了与树种在不同城乡梯度的生长习性差异有关，还可能受到林分结构、郁闭度对林内空间和光线分布的影响：林内透视距离较大，而且疏密相间的空间能避免视觉疲劳，其林内景观美景度相对较高。而良好的林内光线环境或对观赏者具有视觉牵引力的作用，或能产生特殊的光斑效果，或能提高景观的趣味性（章志都 等，2008）。郊区自然生长形成的杜鹃林、马尾松林由于缺乏人为的抚育和管护，普遍存在林分可及度低、林下枯枝落叶杂乱等特征，而建成区通常根据林分生长情况实施修活枝、清枯枝、割灌、间伐等定量抚育技术措施，以丰富林内景观的多样性、提高林内景观的统一度、增加林内的舒适度、加快林木生长，为林内游憩活动的开展提供适宜的林分条件（贾黎明 等，2007）。建成区樱花林、枫香林和樟树林受人为调控和周边环境影响，林分密度过高或植物多样性偏低，造成林内环境自然性下降，在一定程度上简化了林内景观要素的复杂性，从而对林内景观质量产生负面影响（刘畅 等，2016）；而郊区林分景观自然度较高、生长势态良好、林下灌草分布均匀、枯枝落叶较少，形成良好的林内观赏视觉效果。

美景度评价结果显示，杜鹃林、樱花林、樟树林的林外美景度在近郊区最高，达到较好及以上水平，而枫香林、马尾松林的林外美景度在远郊区最高，均达到很好水平，可能原因是不同林分在不同区域其林外景观呈现出的整体景观色彩质量有所差异。景观色彩是连接公众审美和美学质量提升的重要纽带，公众通过色彩引起的视觉反映和心理联想来表达和评价对景观的喜好程度（马冰倩 等，2018）。本研究通过解析风景游憩林林外景观的色彩斑块特征，证实近郊区的杜鹃林、樱花林红色斑块面积、斑块多样性和均匀度，樟树林的绿色斑块面积、斑块异质性及聚集度高于建成区和远郊区，远郊区枫香林、马尾松林的色彩斑块分配、斑块形状特征高于建成区和近郊区。从公众对色彩感知角度来看，景观色彩的跨度、多样性和均匀度越高，越容易形成色彩聚集、层次均匀的整体景观，色彩斑块的适度对比还可以引起视觉反差，有利于呈现更好的林外景观美学视觉效果。

1.8 不同区域风景游憩林鸟类声音景观特征

1.8.1 风景游憩林鸟类声音景观特征变化特征

杜鹃林鸟鸣数随着区域变化呈现增加趋势，远郊区鸟鸣数最多，达 71 次，近郊区次之，为 25 次，建成区最少，仅有 2 次。不同区域杜鹃林鸟类鸣声频率分布在 1~10 kHz，其中建成区鸟鸣频率在 2~5 kHz，区间跨度最小。近郊区、远郊区鸟鸣频率最小频率最低，最大频率最高，区间跨度为 9 kHz（表 1.51）。

随着区域变化，樱花林鸟鸣数逐步增加，表现为远郊区 > 近郊区 > 建成区。不同区域樱花林鸟类鸣声频率分布在 1~9 kHz，其中建成区鸟鸣频率最小值为

2 kHz，最大值为 8 kHz，区间跨度为 6 kHz，近郊区鸟鸣频率在 1~9 kHz，区间跨度为 8 kHz。远郊区鸟类频率介于 1~10 kHz，区间跨度最大（表 1.51）。

近郊区枫香林鸟鸣数最多，达 145 次，建成区、远郊区较少，分别为 2 次、3 次。樱花林鸟类鸣声频率在不同区域的分布范围为 1~10 kHz，其中，建成区鸟鸣频率介于 3~9 kHz，区间跨度为 6 kHz。近郊区鸟鸣最小频率为 1 kHz，最大频率为 10 kHz，区间跨度最大，为 9 kHz。远郊区鸟鸣频率在 2~10 kHz，区间跨度为 8 kHz（表 1.51）。

随着区域变化，马尾松林鸟鸣数表现为增加趋势，具体为远郊区 > 近郊区 > 建成区。不同区域马尾松林鸟类鸣声频率介于 1~10 kHz，其中，建成区鸟鸣最小频率为 1 kHz，最大频率为 7 kHz，区间跨度为 6 kHz。近郊区、远郊区鸟鸣频率介于 1~10 kHz，区间跨度最大，达 9 kHz（表 1.51）。

不同区域樟树林鸟鸣数表现为近郊区 > 建成区 > 远郊区。樟树林鸟类鸣声频率分布为 1~10 kHz，其中，建成区、近郊区鸟鸣频率均介于 1~10 kHz，区间跨度最大；远郊区鸟鸣频率在 2~10 kHz，区间跨度为 8 kHz（表 1.51）。

表 1.51 不同区域风景游憩林鸟类群落鸣叫信息提取与统计结果

林分类型	区域	鸟鸣数 / 次	最小频率 /kHz	最大频率 /kHz	频率区间 /kHz
杜鹃	建成区	2	2	5	3
	近郊区	25	1	10	9
	远郊区	71	1	10	9
樱花	建成区	2	2	8	6
	近郊区	65	1	9	8
	远郊区	135	1	10	9
枫香	建成区	2	3	9	6
	近郊区	145	1	10	9
	远郊区	3	2	10	8
马尾松	建成区	14	1	7	6
	近郊区	106	1	10	9
	远郊区	259	1	10	9
樟树	建成区	25	1	10	9
	近郊区	134	1	10	9
	远郊区	3	2	10	8

1.8.2 风景游憩林鸟类声音景观多样性变化特征

杜鹃林鸟类声音种类及数量随着区域变化递增，其中，出现的鸟类种类在远郊区最多，其次为近郊区，建成区最少；鸟鸣次数表现为远郊区 > 近郊区 > 建成区。随着区域变化，樱花林鸟类声音种类及数量逐步增加，其中，远郊区鸟类种类出现最多，近郊区次之，建成区最少；鸟鸣次数在远郊区最多，依次为近郊区、建成区。枫香林鸟类声音种类及数量随区域先增加后下降，其中，鸟类种类出现数量排序为近郊区 > 远郊区 > 建成区；近郊区鸟鸣次数最多，远郊区次之，建成区最少。马尾松林鸟类声音种类及数量随区域变化呈递增趋势，其中，远郊区鸟类种类出现种数最多，其次为近郊区、建成区；鸟鸣次数在远郊区最多，近郊区次之，建成区最少。随着区域变化，樟树林鸟类声音种类及数量呈先增加后下降趋势，其中，鸟类种类在近郊区出现最多，其次为远郊区，建成区最少；近郊区鸟鸣次数最多，依次为建成区、远郊区（图 1.7）。

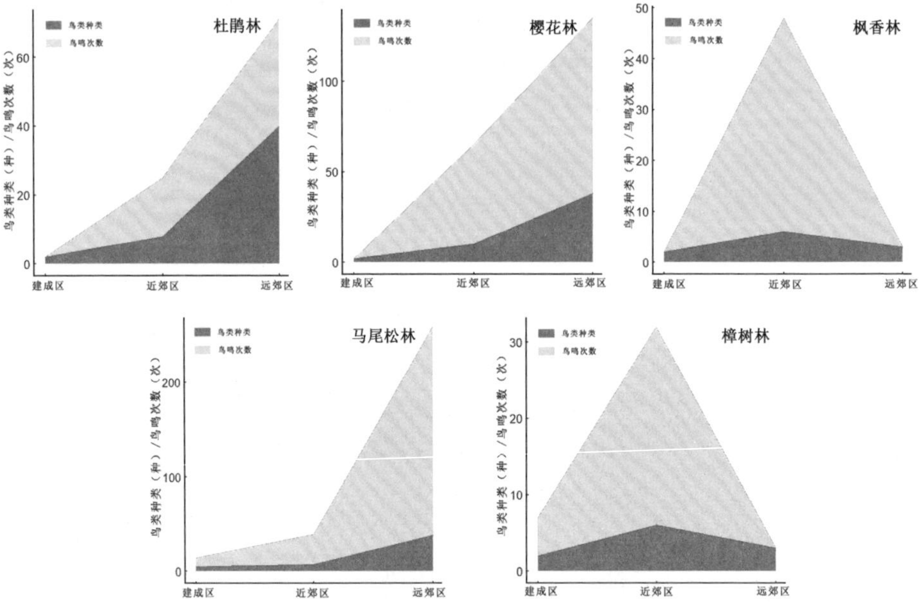

图 1.7 不同区域风景游憩林鸟类声音种类及数量特征

1.8.3 风景游憩林鸟类声音与景观谐和度评价

采用鸟类音频与景观照片相结合的方法进行问卷评价，评价值将 4 作为中间点，偏差值越小声音与景观越谐和，把表 1.52 的平均值称为声音与景观的谐和度。随着区域变化，杜鹃林鸟类声音和景观的和谐度评分增加，表现为远郊区 > 近郊区 > 建成区，即远郊区谐和度最高，其次为近郊区，建成区最低。樱花林鸟类声音和景观的谐和度评分高低随区域变化为近郊区 > 远郊区 > 建成区，即近郊区谐和度最高，其次依次为远郊区、建成区。枫香林鸟类声音和景观的谐和度评分随着区域变化递增，具体表现为远郊区 > 近郊区 > 建成区，即远郊区谐和度最高，近郊区次之，建成区最低。随着区域变化，马尾松林鸟类声音和景观的谐和度评分呈增加趋势，为远郊区 > 近郊区 > 建成区，即远郊区谐和度最高，其次分别为近郊区、建成区。随着区域变化，樟树林鸟类声音和景观的谐和度评分逐步递增，排序为远郊区 > 近郊区 > 建成区，即远郊区谐和度最高，近郊区次之，建成区最低（表 1.52）。

表 1.52　不同区域风景游憩林鸟类声音和景观的谐和度（平均值 ± 标准差）

林分类型	区域		
	建成区	近郊区	远郊区
杜鹃	2.90 ± 0.94	5.40 ± 0.80	6.20 ± 0.75
樱花	3.50 ± 1.20	6.50 ± 0.67	5.60 ± 0.80
枫香	3.70 ± 1.10	5.30 ± 0.78	5.70 ± 0.78
马尾松	4.10 ± 0.83	5.20 ± 0.75	6.00 ± 0.77
樟树	3.40 ± 0.92	5.70 ± 0.78	6.20 ± 0.75

1.8.4 城市化对风景游憩林鸟类声音景观特征的影响

杜鹃林鸟类群落鸣叫频率在近郊区和远郊区的分布相同，建成区与二者的差异大，近郊区与远郊区的频率区间比建成区跨度更大，鸣声组成更为复杂，鸟鸣更为婉转动听。马尾松林在建成区和近郊区与远郊区的鸟鸣频率差异主要表现在最大频率上，近郊区与远郊区的最大频率大于建成区，故近郊区频率区间跨度更大，其鸟鸣声的变化更加丰富。樟树林在远郊区与建成区和近郊区相比，鸟类鸣声频率的差异主要表现在最小频率上，建成区与近郊区的最小频率小于远郊区，最大频率相同时，远郊区频率区间更小。由于城市森林声学空间内的鸟鸣声频率区间越大，鸟鸣声变化越丰富，声音越婉转，郊区（近郊区和远郊区）5 种林分的鸟类群落鸣叫频率区间跨度比建成区大，且建成区的人类活动频繁，鸟鸣声频率的组成较简单，因此郊区鸟类群落鸣叫声比建成区更为悦耳动听。

杜鹃林中，以远郊区出现的鸟类种类最多，鸟鸣声组成最为复杂。建成区杜鹃群落中只有 2 种鸟类发生了鸣叫，可能的原因是这 2 种鸟类适应了人类改变的环境（Slabbekoorn and Ripmeester, 2008）。樱花林中，以远郊区出现的发生鸣叫的鸟类最多，以建成区出现的鸟类最少，与远郊区樱花林的生态环境适宜鸟类栖息有密切关系。枫香林中，以近郊区出现的鸟类种类最多，建成区只有 2 种鸟类有鸣叫活动发生，声音流畅婉转，是常见的候鸟。马尾松林中，以远郊区出现的鸣禽种类最多，此外，还有 11 种鸟类仅在此地发生鸣叫活动。樟树林中，以近郊区出现鸣叫活动的鸟类最多，建成区的鸣禽种类次之，远郊区最少，可能原因是出现的鸟类种类多已适应城市、乡村、公园、阔叶林等多种生境（Sierro et al., 2017）。总的来说，郊区（近郊区和远郊区）发声鸣叫的鸟类种群显著多于建成区，而远郊区的鸣禽种类又略大于近郊区。郊区（近郊区和远郊区）的鸟类种群多样性更高，鸟类鸣叫频率区间大，声音组成更加丰富，更加婉转动听。

视觉与听觉的相互作用，往往会产生从听觉到视觉的共鸣现象，声音与景观的谐和度越高（数值越小），共鸣现象就越明显，促使景观印象向好的方向变化。郊区（近郊区和远郊区）5 种林分的鸟类声音和景观的谐和度最高，结合前面所述的鸟类声音特征和多样性变化情况看，表明鸟类声音具有使景观的印象均一化的机能，使景观更具有个性。

参考文献

包战雄，2008. 基于森林生态美学理论的风景游憩林经营［J］. 北华大学学报（自然科学版）(2)：170−174.

陈思多，2019. 不同植被配置模式下成都市中心城区河岸森林美景度与土壤生态功能研究［D］. 雅安：四川农业大学.

陈鑫峰，贾黎明，2003. 京西山区森林林内景观评价研究［J］. 林业科学，39（4）：59−66.

陈勇，2013. 深圳市城市森林美景度研究［D］. 北京：中国林业科学研究院.

陈瑜，徐程扬，李乐，等，2014. 阔叶红松风景林单木景观质量评价与模型研究［J］. 北京林业大学学报，36（5）：87−93.

董建文，廖艳梅，许贤书，等，2010. 秋季观赏植物单株美景度评价［J］. 东北林业大学学报，38（3）：5.

董建文,2013. 中南亚热带风景游憩林构建理论与技术［M］. 北京：中国林业出版社.

甘永洪，罗涛，张天海，等，2013. 视觉景观主观评价的“客观性”探讨——以武汉市后官湖地区景观美学评价为例［J］. 人文地理，28（03）：58-63+120.

候伯鑫，宋庆安，2006. 长沙市市花—杜鹃花新品［J］. 中国花卉园艺，24（1）：32-41.

季春悦，黄硕，成林莉，等，2022. 基于视觉感知的夏季城市公园植物景观情绪影响机制［J］. 中国城市林业，20（2）：1-13.

贾黎明，李效文，郝小飞，等，2007. 基于 SBE 法的北京山区油松游憩林抚育技术原则［J］. 林业科学（9）：144-149.

孔军华，2021. 基于 SD 法的西湖风景名胜区杜鹃花景观评价研究［D］. 杭州：浙江农林大学.

李波，2011. 北京西山风景林中、远景景观质量评价研究［D］. 北京：北京林业大学.

李京怡，2021. 湖南省枫香秋季景观评价及影响因子分析［D］. 长沙：中南林业科技大学.

李俊英，闫红伟，唐强，等，2011. 沈阳森林植物群落结构与其林内景观美学质量关系研究［J］. 西北林学院学报，26（2）：212-219.

李苹，毛斌，许丽娟，等，2018. 密度、灌草盖度和树干形态对油松人工风景林林内景观指数的影响［J］. 北京林业大学学报，40（10）：115-122.

梁爽，张洁，戚继忠，等，2015. 次生林为主的自然风景林林内景观质量评价［J］. 南京林业大学学报（自然科学版），39（6）：119-124.

廖菊阳，肖绿田，彭春良，等，2013. 湖南杜鹃属植物野生资源多样性调查［J］. 湖南林业科技，40（6）：24-28+44.

廖菊阳，2011. 湖南杜鹃属资源及 4 种杜鹃光合生理特性研究［D］. 长沙：中南林业科技大学.

刘畅，刘亚，徐程扬，等,2016. 游憩型城镇景观林林内景观斑块类型特征研究［J］. 西北林学院学报，31（4）：305-311.

刘晔，2006. 广州、长沙城市植物造景对比研究［D］. 长沙：中南林业科技大学.

罗贵斌，胡道贵，吴晔，等，2021. 汉中市香樟行道树美景度评价［J］. 陕西林业科技，49（4）：49−54.

毛斌，2015. 北京中幼龄人工油松、侧柏风景林抚育技术研究［D］. 北京：北京林业大学.

欧阳勋志，廖为明，彭世揆，2007. 天然阔叶林景观质量评价及其垂直结构优化技术［J］. 应用生态学报（6）：1388−1392.

宋军卫，2020. 森林美学价值概念浅析［J］. 现代园艺，43（24）：224−226.

宋新红，郭燕，2022. 国内樱花种质资源及应用现状［J］. 农业与技术，42（4）：113−116.

宋雪丽，周永斌，王均喜,2009. 辽宁省东部山区天然风景林单体景观美学评价［J］. 中国林副特产（1）：40−42.

孙冰，粟娟，谢左章，1997. 城市林业的研究现状与前景［J］. 南京林业大学学报，2.

孙冰，尹光天，廖绍波，等,2004. 深圳市生态风景林体系总体规划与布局研究［J］. 中国城市林业，2（4）：8−11.

王定跃，时波，陈世清，等，2019. 深圳梧桐山毛棉杜鹃风景林林分密度分析［J］. 亚热带植物科学，48（1）：31−35.

王美婷，2016. 广州市三个城市公园植物景观美景度研究［D］. 北京：中国林业科学研究院.

王美仙，陈婷，2015. 樱花园植物景观设计要点及樱花群落美景度评价研究 以北京和武汉为例［J］. 风景园林（3）：79−86.

王子，2021. 基于游客偏好的风景林景观色彩评价与优化经营方法研究［D］. 南京：南京林业大学.

王梓卓，马立辉，王海洋，2022. 重庆市阔柄杜鹃种群特征及其与环境因子的关系［J］. 植物资源与环境学报，31（1）：61−68.

徐乃雄，2001. 城市绿地与环境. 北京：中国建材工业出版社，9−20.

杨荣，夏慧慧，范志强，等，2021. 安庆皖江公园不同配置类型群落对温湿效应的影响［J］. 长春师范大学学报，40（10）：102−107.

杨曦坤，刘正先，胡佐胜，等，2013. 湖南野生樱花资源调查［J］. 中国园艺文摘，29（9）：145−148+167.

杨彦锋，2004. 旅游景区自然景观的保护与调控机制研究［D］. 云南师范大学.

杨玉灿，2014. 综合性大学校园植物景观美学评价［D］. 西南大学.

姚雪晗，丁童，杨帆，等，2020. 基于 SBE 法的合肥市翡翠湖公园植物群落美景度分析［J］. 长春师范大学学报，39（2）：104–108.

俞孔坚，李迪华，吉庆萍，2001. 景观与城市的生态设计：概念与原理［J］. 中国园林，(6)：3–10.

禹霖，李建挥，柏文富，等，2019. 湖南大熊山野生樱花资源调查与利用评价［J］. 林业与环境科学，35（6）：38–43.

张昶，王涵，王成，2020. 基于眼动的城市森林景观视觉质量评价及距离变化分析［J］. 中国城市林业，18（1）：6–12.

张喆，2017. 基于公众响应评价的森林色彩特征及其影响研究［D］. 中国林业科学研究院.

章志都，徐程扬，董建文，等，2008. 郁闭度对风景游憩林林下植被及林内景观的影响［J］. 中国城市林业（2）：10–13.

章志都，2010. 京郊低山风景游憩林质量评价及调控关键技术研究［D］. 北京林业大学.

郑晓程，2010. 乡土树种在长沙城市园林绿化中的应用及评价［D］. 中南林业科技大学.

周丽丽，2013. 杜鹃花植物景观调查研究［D］. 浙江农林大学.

JIN H Y, ZHU Z W, 2014. Design of household multi–function vacuum cleaner[J]. Advanced Materials Research,3227(945–949): 266–269.

MIALHE F, GUNNELL Y, IGNACIO J, et al., 2015. Monitoring land–use change by combining participatory land–use maps with standard remote sensing techniques: Showcase from a remote forest catchment on Mindanao, Philippines [J]. International Journal of Applied Earth Observations & Geoinformation, 36: 69–82.

QIN F Y, FUKAMACHI K, SHIBATA S, 2022. Land–use/landscape pattern changes and related environmental driving forces in a Dong Ethnic minority village in Southwestern China [J]. Land, 11(3), 349.

SANG A O, KNEZ I, GUNNARSSON B, et al., 2016. The effects of naturalness, gender, and age on how urban green space is perceived and used [J]. Urban Forestry & Urban Greening,18: 268–276.

SIERRO J, SCHLOESING E, PAVON I, et al., 2017. European blackbirds exposed to aircraft noise advance their chorus, modify their song and spend more time singing [J]. Front Ecol Evol, 5: 68.

SLABBEKOORN H, RIPMEESTER E A P, 2008. Birdsong and anthropogenic noise: implications and applications for conservation [J]. Molecular ecology, 17(1): 72−83.

TIAN X L, CHANG Y H, NEILSEN J, et al., 2019. A new species of Rhododendron (Ericaceae) from northeastern Yunnan, China[J]. Phytotaxa, 395(2): 066−070.

XUE J, GUI D W, ZENG F J, et al., 2022. Assessing landscape fragmentation in a desert−oasis region of Northwest China: patterns, driving forces, and policy implications for future land consolidation [J]. Environmental Monitoring and Assessment, 194(6): 394.

YI X, NING C, FENG S, et al., 2022. Urbanization−induced environmental changes strongly affect wetland soil bacterial community composition and diversity [J]. Environmental Research Letters, 17: 014027.

第2章

风景游憩林景观生态特征

2.1 风景游憩林景观生态特征的概念

近年来，随着专家学者们对风景游憩林的深入研究，逐渐出现了“生态环境林”“景观游憩林”“生态风景林”等专业名词（陈泽良，2015）。生态风景林作为风景林的一种特殊林种，强调其生态保护功能，既保证了生态保护功能，又实现了审美价值；景观游憩林不仅注重景观效果和游憩功能，还注重森林的健康问题。风景游憩林将森林景观风格的美学价值与森林本身的游憩功能结合起来，以追求两者的平衡发展。三者之间的联系在于，它们都以自然景观为主要载体，为森林旅游、游憩行业的可持续健康发展创造条件（陈泽良，2015）。风景游憩林作为生态公益林的一种常见林，具有调节气候、水土保持、防风固沙、生物多样性保护等森林普遍具有的生态服务功能（陈鑫峰和沈国舫，2000）。对风景游憩林的生态特征进行相关研究，有助于了解不同类型风景游憩林内部要素之间的相互联系，获得不同类型、不同时段森林群落的稳定性，为林分健康评价提供科学指导，同时也为风景游憩林的建设与科学管理提供理论依据（陈泽良，2015）。

2.1.1 城市生物多样性的变化特性

物种多样性是生态系统结构和功能的基础，物种多样性不仅是基因多样性的载体，也是系统多样性的最小组成部分，因此，物种多样性是生物多样性的核心（郭文月，2020）。城市生物多样性为城市提供了多种生态系统服务，在创造良好城市人居环境上有着重要的作用（宋晨晨，2020）。植物多样性是森林生物多样性的重要组成部分，除了承担着森林生物多样性的主要功能，还在人类社会生活诸多方面发挥着关键作用，如促进经济良性循环（马浩然和赵天忠，2021）、改善国家福祉（Rebecca et al., 2014）、传承与民族文化（张哲，2021）和维护生态安全等。植物多样性的减少或丧失必然会影响生态系统结构和功能的稳定，造成严重的生态、经济和社会后果。植物多样性的空间差异归因于生态系统资源利用率的异质性（Chesson, 2000）。目前绝大多数城市植物都受到人为干扰的影响，人类干扰不仅是直接的，如建筑结构和栖息地的变化与破碎，也是间接的，如温度和光照、噪声和空气污染的变化（Grimm et al., 2008）。因此，城市化改变了植物的生存环境，植物的生活史、形态、生理、繁殖等特征也会发生较大变化。城市化还导致城市景观完全被由人类创造的植物群落所占据，在城市及其周边地区，除了群落组成、结构受到影响，植物多样性也同样受到社会、经济和文化的影响（Hope et al., 2003）。Alfan 等（2014）调查了坦桑尼亚非洲热带大都市莫罗戈罗城乡梯度上的植物物种丰富度，并研究了城市内外人类物种移动的模式及其对城市生态系统栖息地同质化的潜在影响，其结果发现树种丰富度、树木密度、物种多样性在建成区、近郊区、远郊区呈现较大差异。在亚利桑那州的城市化进程中，生物多样性和植物群落组成发生了显著变化（Walker et al., 2009）。目前城市化进程对于植物群落多样性存在影响，但对于中亚热带地区长株潭城市群的研究较少，因此探究城市化进程对于中亚热带地区城市群生物多样性的影响，能完善城市生物多样性对于不同区域、不同林分景观质量评价的研究空缺。

2.1.2 城市植物群落稳定性的变化特征

植物群落是在一定的生物环境条件下由一些植物组成的，它具有一定的物种组成、种间数量比例、一定的结构和外观以及一定的生物环境条件，并具有一定的功能。群落中的物种不是孤立存在的，而是相互关联、相互依存、相互促进、相互制约、共同进化并与栖息地相互作用的，因此群落处于相对稳定的状态，即群落稳定性（涂洪润 等，2022；刘润红 等，2018；刘珏宏 等，2010）。群落稳定性通常与物种多样性、物种间相互作用的强度、群落的生态位多样性、群落的组成和结构等方面有关。物种多样性是影响群落稳定性的关键因素，群落的多样性为群落的稳定性提供了强有力的保障。对绝大多数的群落而论，群落中的物种数量越多，关系越错综复杂，越有利于提高群落的稳定性。此外，探讨不同生态位风景游憩林的优势树种和结构特征，及其对群落稳定性的影响机制，有助于揭示风景游憩林建设的规律和存在的问题（赵庆 等，2022）。城市化进程对植物群落稳定性的影响，主要体现在群落组成、结构等特征随城市区域变化表现出来的异质性：群落中各种空间结构中对于维持高度分散的城市景观中的生物多样性至关重要，进而影响群落稳定性（Dawid et al., 2017）；城市景观和区域尺度变量之间的复杂相互作用，影响着不同管理强度的各栖息地类型之间的群落组成特征（Sabine et al., 2018）；城市和城市边缘中森林的破碎化程度和内部森林面积的比例均存在一定差异（Hladnik et al., 2020）；建成区、近郊区、远郊区风景游憩林内树木的径级分布、林冠面积均存在一定差异，其径级与林冠面积随着城市建成区、近郊区、远郊区的过渡，风景游憩林的高度级分布差异逐渐减小（赵庆 等，2020）。

2.1.3 城市森林的环境效益

研究证实，城市绿地植物群落能通过遮阴和蒸散来缓解城市热岛效应，改善城市环境（Chen et al., 2020）。此外，在改善人类健康水平、促进社会互动、缓解精神疲劳等方面也具有积极作用（Fuller et al., 2007）。同时，城市绿地作为城市有机体的重要栖息地，在高度城市化地区维护生态平衡发挥着重要作用。在高度发展的现代城市中，如何合理配置城市植物，优化城市植物生态系统功能与服务，特别是改善环境功能，一直是城市生态研究关注的重要内容（宋晨晨，2020）。徐伟（2017）通过研究校园内几种常见常绿树种树冠的相关特性，验证了不同类型的树冠对降温效果的影响不同，特别是当游客靠近或在植物群落中时，他们会因为舒适的环境和新鲜空气而感到特别舒适。太阳辐射穿透树冠进入森林，树冠的枝叶在一定程度上阻挡了太阳辐射，森林内的太阳辐射明显低于森林外的太阳辐射；森林冠层覆盖地面，因此，森林内部的湿度显著高于森林外部的湿度（骆媛媛 等，2021）。侯贻菊 等（2017）通过研究针阔混交林内外空气颗粒物的变化，结果表明，森林对大气颗粒物有一定的净化作用，不同大气颗粒物的净化能力不同，其粒径越大，净化能力越大。

2.2 研究方法

2.2.1 物种多样性的测定

1. 木本植物多样性

根据植物群落调查结果，采用 Shannon–Wiener 指数计算不同优势物种风景游憩林的木本植物物种多样性，计算公式如（2.1 式）：

$$H' = -\sum_{i=1}^{n} P_i \ln P_i \qquad （2.1 式）$$

式中，H' 为 Shannon–Wiener 指数，n 为植物群落物种总数，P_i 为植物群落中物种 i 的相对频率。

2. 鸟类多样性

于 2022 年 1~5 月，采用样线法进行鸟类多样性调查，每周 3 次，调查时间分为两个时间段：7:00~10:00 和 16:00~18:30。同一林分每个固定样地沿对角线设置 1 条样线，每个林分至少 4 个重复。采用单反相机（索尼 ILCE–7M4\A7M4）、双筒望远镜（10 × 42 倍）和录音笔进行观察，并记录线路两侧各 30 m 内听见或看见的鸟类种类和数量。行进时，步行速度为 1~2 km/h，从后方飞过的鸟类不作记录。鸟类多样性计算公式如（2.1 式）。

2.2.2 群落稳定性的测定

采用群落稳定性指数（Community stability index，ICV）计算不同优势物种风景游憩林的群落稳定性，计算公式如（2.2 式）：

$$\mathrm{ICV} = \frac{\mu}{\sigma} \qquad （2.2 式）$$

式中，ICV 为群落稳定性指数，μ 为同一林分某一固定样方中所有植物物种相对多度的平均值，σ 为同一林分某一固定样方中所有植物物种相对多度平均值的标准差。

2.2.3 环境因子的测定

2022 年 4 月，根据局部控制和随机原则，在每个固定样地沿对角线分别设置 3 个监测点，采用 L95 智能温湿度记录仪（上海发泰）记录每个监测点的空气温度、相对湿度，采用 EP050 型便携式大气负离子监测仪（EPEX 美国）记录每个监测点的负氧离子浓度，采用 DUSTMATE 型手持式环境粉尘检测仪（Northwich 英国）测定各监测点的空气颗粒物组成（总悬浮颗粒物、PM_{10}、$PM_{2.5}$、PM_1）。为保证数据的可比性，观测时间均为 9:00~11:00，尽量保证同一林分观测时天气条件一致。

2.2.4 数据处理与统计分析

（1）使用 Microsoft Excel package（Office 2010）统计和计算各项指标的平均值和标准偏差、数据的常规计算。

（2）用 R 4.1.3 中的 ggplot2 包、ggsignif 包、tidyverse 包、gghalves 包、ggpubr 包进行制图。

2.3 不同区域风景游憩林物种多样性特征

2.3.1 风景游憩林木本植物多样性变化特征

随着区域变化，杜鹃林木本植物多样性表现为近郊区 > 建成区 > 远郊区；其中，建成区杜鹃林多样性变化幅度较大，随后依次为近郊区、远郊区。樱花林木本植物多样性表现为近郊区最大，建成区次之，远郊区最小。随着区域变化，樱花林多样性变化幅度差异较大，排序为建成区 > 近郊区 > 远郊区。从建成区到远郊区，枫香木本植物多样性逐步增加；不同区域樱花林多样性变异性不同，其中建成区变化幅度最大，其次为近郊区，最后为远郊区。马尾松木本植物多样性随着区域变化表现为近郊区 > 建成区 > 远郊区；其中建成区变化幅度最大，近郊区和远郊区较小。樟树林木本植物多样性呈逐步增加趋势，其中远郊区最大，近郊区次之，建成区最小；樟树林多样性变化幅度表现为近郊区 > 远郊区 > 建成区（图 2.1）。

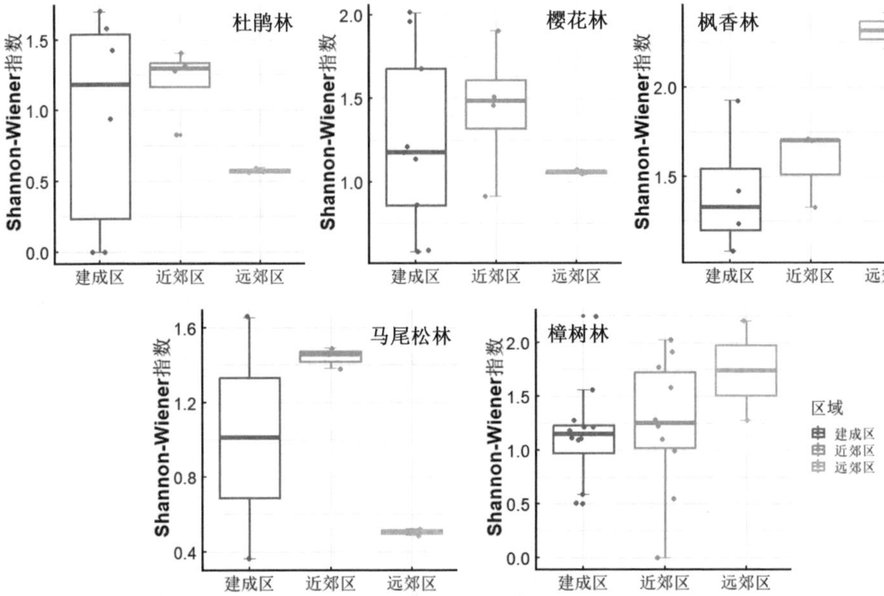

图 2.1　不同区域风景游憩林木本植物 Shannon-Wiener 指数

2.3.2　风景游憩林鸟类多样性变化特征

随着区域变化，杜鹃林鸟类多样性表现为近郊区最大，远郊区次之，建成区最小；近郊区、远郊区杜鹃林多样性变化幅度较大，建成区变化幅度较小。樱花林鸟类多样性呈增加趋势，具体表现为远郊区 > 近郊区 > 建成区；远郊区樱花林多样性变化幅度较大，建成区、近郊区变化幅度较小。枫香林鸟类多样性随着区域变化先增加后下降，近郊区最大，其次为远郊区，建成区最小；不同区域枫香林多样性变化幅度表现为近郊区 > 远郊区 > 建成区。近郊区马尾松林鸟类多样性最大，其次依次为建成区、远郊区；其中近郊区、远郊区变化幅度较大，建成区较小。樟树林鸟类多样性呈现先增加后下降趋势，其中近郊区最大，远郊区次之，建成区最小；远郊区樟树林多样性变化幅度最大，其次为建成区、远郊区（图 2.2）。

2.3.3　城市化对风景游憩林物种多样性特征的影响

在所有层次的生物多样性中，物种多样性是最基本的，城市中风景游憩林的物种多样性对其景观价值的评估具有重要意义。Shannon-Wiener 指数是衡量生态

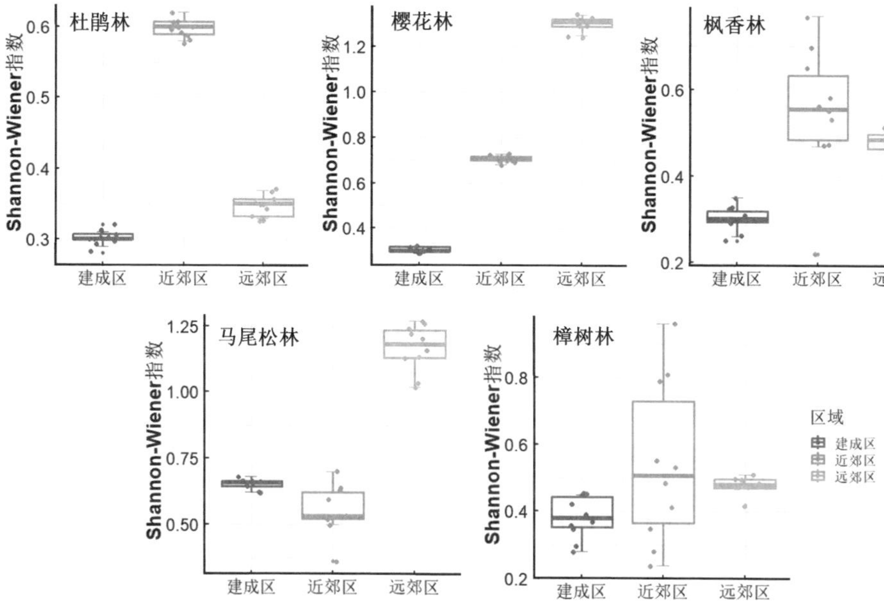

图 2.2　不同区域风景游憩林鸟类 Shannon-Wiener 指数

系统物种多样性的一个经典指标，既能够反映城市风景游憩林中的物种丰富度，同时也能够反映其物种的均匀度（王兵　等，2008）。一般来说，Shannon-Wiener 指数越高，生态系统中的物种越丰富，生态系统越稳定，其维持、繁殖和保护物种多样性的能力越强，其物种保护价值也就越高。同时，也要注意城市森林生态系统及其结构和功能受到人为破坏，这些森林中的本地和敏感物种可能会因为这种干扰而消失，（Aryal et al., 2021）。因此，分析生物多样性对维持风景游憩林生态系统服务功能的可持续性具有重要意义。

研究表明，城市化进程将导致植物多样性减少，并在一定程度上导致本地物种的丧失和外来物种的增加（Bertin, 2002; De Candido et al., 2004），本研究中枫香林、樟树林的 Shannon-Wiener 指数与城市化强度成反比证实了这一论点。而杜鹃林、樱花林和马尾松林的 Shannon-Wiener 指数在近郊区最高，其生态系统的物种最丰富，其次是建成区，远郊区最低，表明城市化和人为调控的综合作用是影响 3 种林分生物多样性的主要因素之一。

随着城市化进程的加快，能够为鸟类在城市环境中栖息和繁殖提供适宜条件的自然绿地逐渐丧失（李晓军，2022）。Marzluff（2001）总结了世界上许多城市鸟类多样性的分布格局，提出城市化是导致城市中心鸟类物种丰富度下降的主要驱动力之一，本研究结果与其相似，建成区内观测到的鸟类鸣叫次数和种类均比近郊区和远郊区少。由于城市建筑密集、路桥密度高等特点，容易引发热岛效应，因此，城市化改变了城市气候环境条件（高明新 等，2016；彭嘉栋 等，2017）；同时，城市中有大量的机动车和工业企业，导致大气中含有大量有害气体，如二氧化碳、二氧化硫、氮氧化物和臭氧等，空气污染现象明显（高明新 等，2016），鸟类的生存受到了很大的限制。栖息地破碎化也是鸟类多样性退化的主要原因之一，一方面，碎片化减少了大型栖息地斑块的数量，增加了区域敏感物种的灭绝概率（Rodrı´guez et al., 2003）；另一方面，斑块面积是决定鸟类多样性的关键因素。一般来说，面积大的斑块具有较高的生物多样性维持能力（Tscharntke et al., 2002；Krauss et al., 2004）。然而，Tzortzakaki 等（2018）表明，城市可以为鸟类提供更加多样化的食物资源和栖息地，冬季当天然食物资源耗尽时，靠近城市中心的地区反而支持着更丰富的鸟类物种。因此，鸟类多样性的研究存在一定的季节差异性，未来需要更加注重鸟类多样性与季节变化的关系。

综上所述，保护和增强城市生物多样性，需要在充分认识城市化的基础上，科学运用多学科、跨学科的原则和方法，从多个维度研究结构—过程—功能关系，并将研究成果应用到实际的城市生态保护、恢复和管理中（马远 等，2021）。

2.4 不同区域风景游憩林群落稳定性特征

2.4.1 风景游憩林群落稳定性指数变化情况

杜鹃林群落稳定性指数在近郊区表现最高，建成区次之，远郊区最低；其中建成区和近郊区杜鹃林群落稳定性的变化幅度较大，远郊区变化幅度较小。随着区域变化，樱花林群落稳定性指数大体呈增加趋势，表现为远郊区 > 建成区 > 近郊区；建成区樱花林群落稳定性变化幅度最大，其次依次为近郊区、远郊区。枫香林群落稳定性指数随着区域变化呈下降趋势，其中建成区最高，随后依次为近郊区、远郊区；枫香林群落稳定性变化幅度表现为建成区 > 近郊区 > 远郊区。不同区域马尾松林群落稳定性指数表现为近郊区 > 建成区 > 远郊区；建成区、远郊区马尾松林群落稳定性变化幅度较大，近郊区较小。樟树林群落稳定性指数在不同区域间的差异较小；近郊区樟树林群落稳定性变化幅度最大，其次为建成区，远郊区最小（图 2.3）。

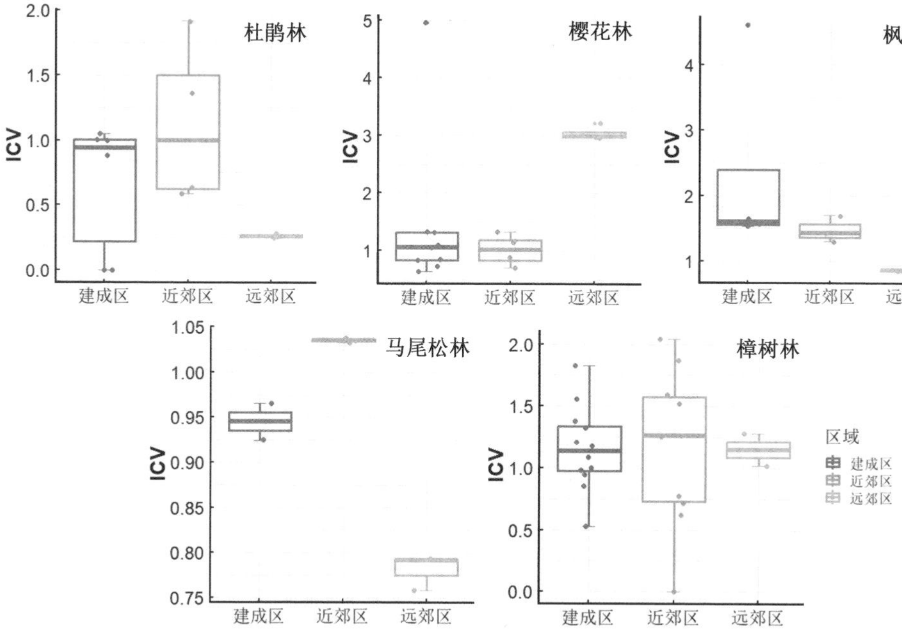

图 2.3　不同区域风景游憩林群落稳定性指数（ICV）

2.4.2 城市化对风景游憩林群落稳定性特征的影响

生态系统稳定性是指生态系统抵抗外界干扰并在干扰消除后恢复其初始状态的能力，自 20 世纪 50 年代初 MacArthur 和 Elton 提出生态系统稳定性概念以来，稳定性理论一直是森林生态系统研究的热点（宋文璐和张华，2022）。杜鹃林、樱花林由于更多地受到人为调控和配置的影响，植物种类较少，其中各种生物的关系较为简单，其短期内维持物种互相结合及各物种数量关系的能力未能达到平衡状态，群落稳定性较低。而枫香林、马尾松林、樟树林整体群落稳定性较高，乔木层作为森林生态系统的主体，其稳定存在对维持群落整体状况、林下生境和抵御外界不利干扰具有重要作用（郭其强 等，2021）。

2.5 不同区域风景游憩林环境特征

2.5.1 风景游憩林空气温湿度的变化规律

杜鹃林空气温度随着区域变化呈现逐步下降趋势，具体表现为建成区 > 近郊区 > 远郊区；建成区杜鹃林空气温度变化幅度最大，近郊区、远郊区变化幅度较小。杜鹃林空气湿度基本呈增加趋势，表现为近郊区最大，远郊区次之，建成区最小；杜鹃林空气湿度变化幅度表现为近郊区 > 建成区 > 远郊区（图 2.4a）。

随着区域变化，樱花林空气温度逐步增加，表现为远郊区最高，近郊区次之，建成区最低；樱花林空气温度变化幅度表现为建成区 > 远郊区 > 近郊区。建成区樱花林空气湿度最大，其次为远郊区，近郊区最小；建成区樱花林空气湿度变化幅度最大，其次依次为远郊区、近郊区（图 2.4b）。

枫香林空气温度随区域变化表现出基本下降趋势，其中建成区最高，其次依次为远郊区、近郊区；远郊区枫香林空气温度变化幅度最大，建成区、近郊区变化幅度较小。枫香林空气湿度表现为近郊区 > 远郊区 > 建成区；枫香林空气湿度变化幅度表现为远郊区最大，建成区、近郊区较小（图 2.4c）。

近郊区马尾松林空气温度最高，其次为建成区，远郊区最低；马尾松林空气温度变化幅度表现为建成区 > 远郊区 > 近郊区。随着区域变化，马尾松林空气湿度呈现先增加后下降趋势，具体表现为近郊区 > 建成区 > 远郊区；建成区马尾松林空气湿度变化幅度最大，其次依次为近郊区、远郊区（图 2.4d）。

随着区域变化，樟树林空气温度呈逐步下降趋势，其中建成区最高，近郊区次之，远郊区最低；不同区域樟树林空气温度变化幅度差异较少。樟树林空气湿度随着区域变化而增加，具体表现为远郊区 > 近郊区 > 建成区；远郊区樟树林空气湿度变化幅度最大，建成区、近郊区较小（图 2.4e）。

2.5.2 风景游憩林负氧离子浓度的变化规律

随着区域变化，杜鹃林负氧离子浓度呈先下降后增加趋势，其中远郊区最高，其次为建成区，近郊区最低；杜鹃林负氧离子浓度的变化幅度表现为远郊区最大，其次依次为建成区、近郊区。樱花林负氧离子浓度随着区域变化呈现逐步增加趋

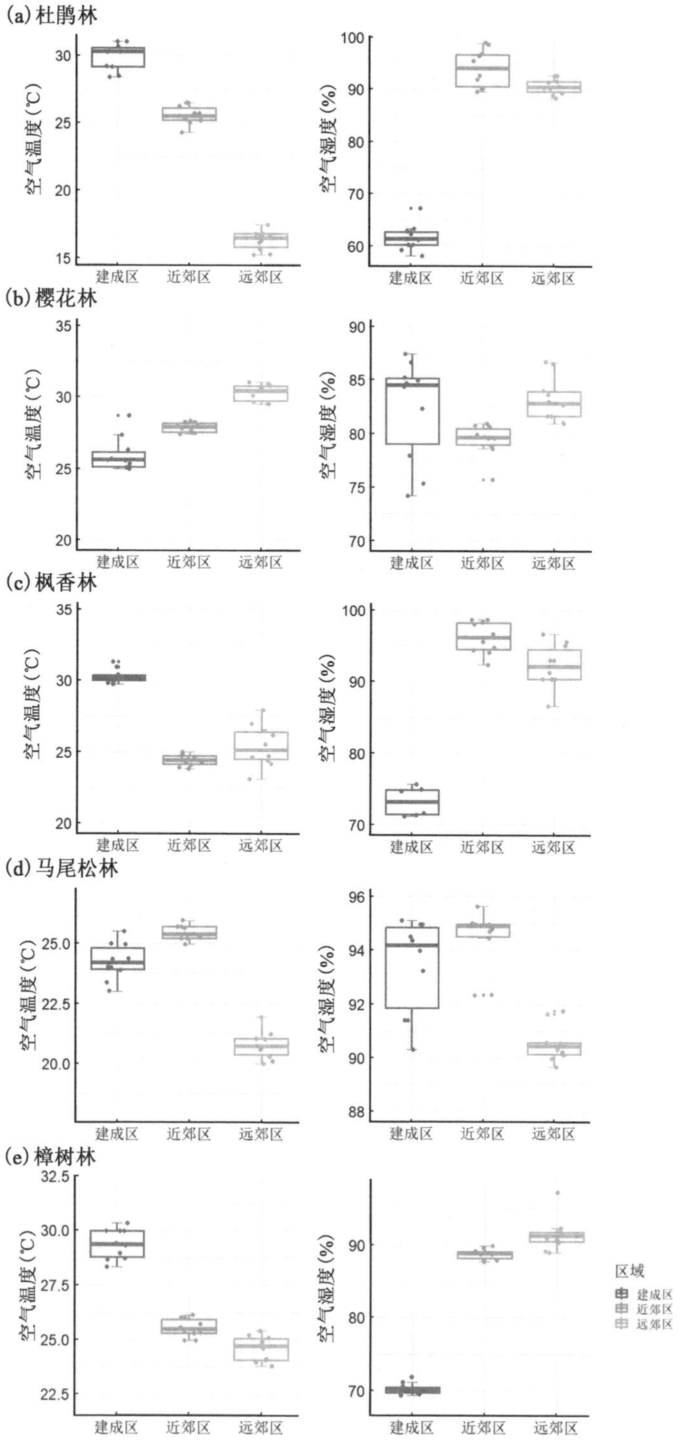

图 2.4　不同区域风景游憩林空气温度、湿度

势，具体表现为远郊区 > 近郊区 > 建成区；远郊区樱花林负氧离子浓度变化幅度最大，建成区次之，近郊区最小。枫香林负氧离子浓度基本随区域变化下降，建成区最高，其次依次为远郊区、近郊区；不同区域枫香林负氧离子浓度的变化幅度表现为远郊区 > 近郊区 > 建成区。随着区域变化，马尾松林负氧离子浓度逐步增加，表现为远郊区 > 近郊区 > 建成区；远郊区马尾松林负氧离子浓度变化幅度最大，建成区、近郊区较小。近郊区樟树林负氧离子浓度最高，其次依次为建成区、远郊区；樟树林负氧离子变化幅度表现为建成区 > 远郊区 > 近郊区（图 2.5）。

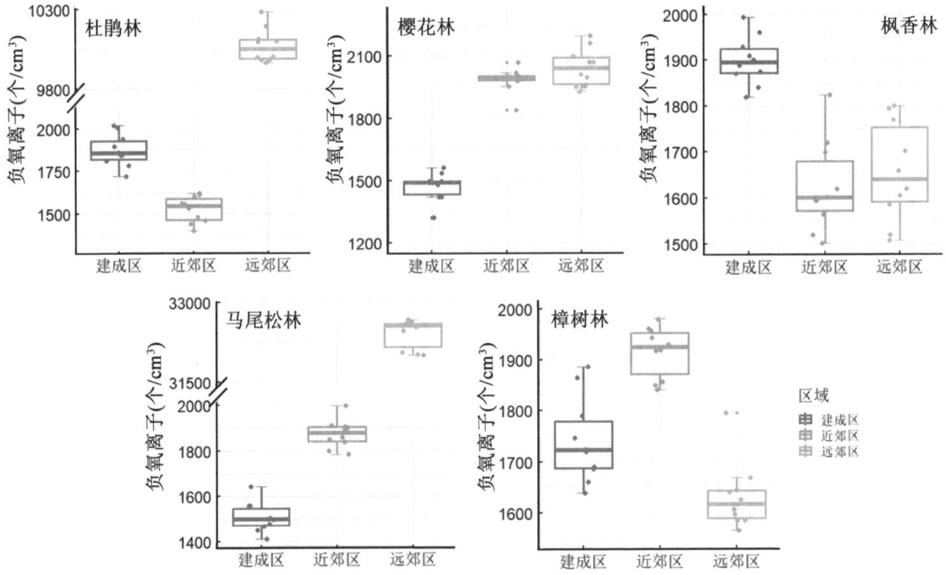

图 2.5　不同区域风景游憩林负氧离子浓度

2.5.3 风景游憩林空气颗粒物组成的变化规律

杜鹃林总悬浮颗粒物、PM_{10}、$PM_{2.5}$、PM_1 随着区域变化均呈现先增加后下降的趋势。其中，总悬浮颗粒物表现为近郊区 > 建成区 > 远郊区，近郊区变化幅度最大，建成区、远郊区变化幅度较小；PM_{10} 表现为近郊区 > 建成区 > 远郊区，不同区域变化幅度差异较小；$PM_{2.5}$ 表现为近郊区 > 建成区 > 远郊区，变化幅度为近郊区 > 建成区 > 远郊区；PM_1 表现为近郊区 > 建成区 > 远郊区，近郊区、远郊区变化幅度较大，建成区较小（图 2.6a）。

随区域变化，樱花林总悬浮颗粒物、PM_{10}、$PM_{2.5}$、PM_1 均呈逐步增加趋势。

其中，总悬浮颗粒物表现为远郊区 > 近郊区 > 建成区，变化幅度表现为建成区最大，其次依次为远郊区、近郊区；PM_{10} 表现为远郊区 > 近郊区 > 建成区，建成

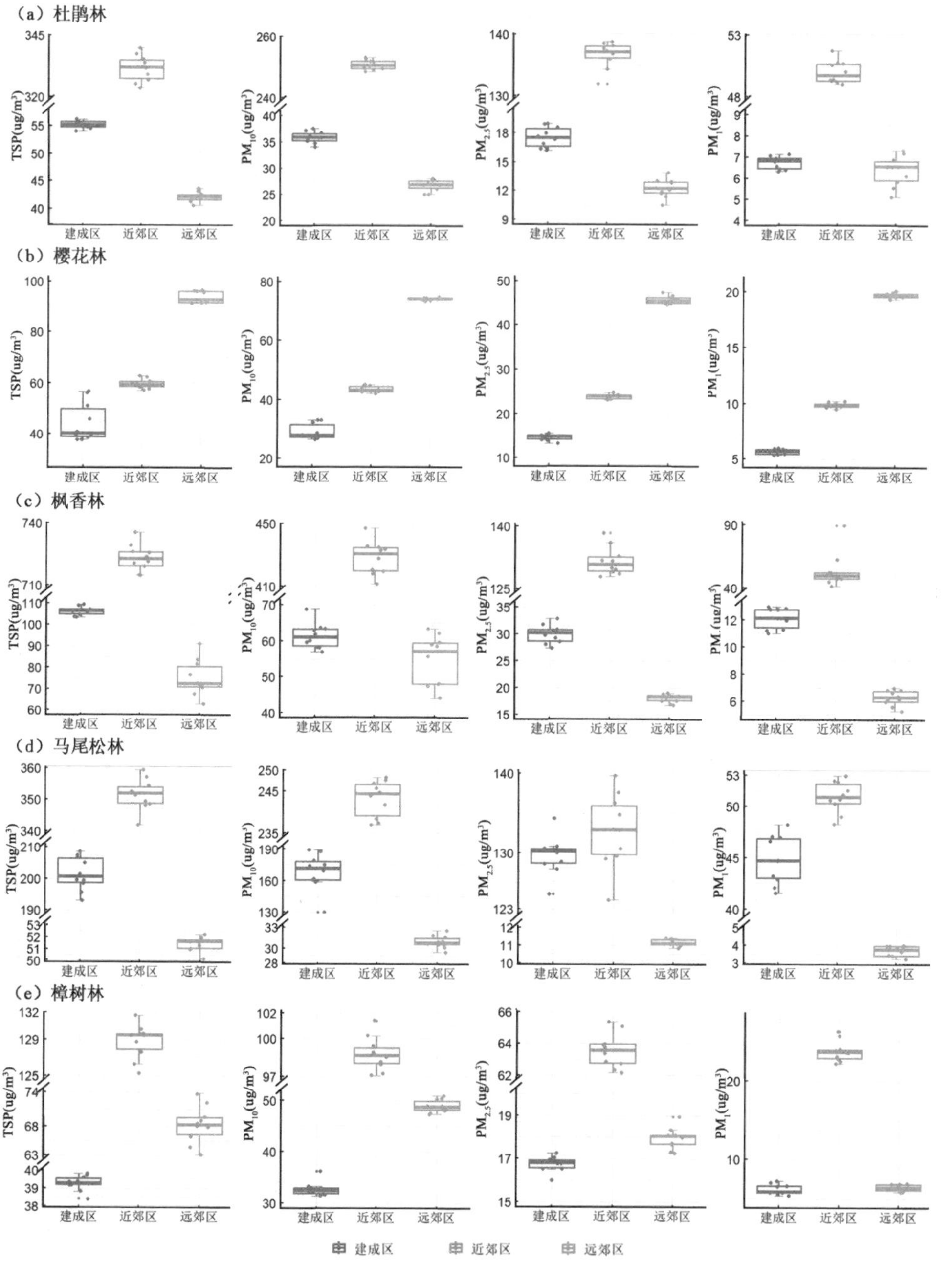

图 2.6　不同区域风景游憩林空气颗粒物组成

区变化幅度最大，近郊区次之，远郊区最小；$PM_{2.5}$ 表现为远郊区 > 近郊区 > 建成区，不同区域变化幅度差异较小；PM_1 表现为远郊区 > 近郊区 > 建成区，变化幅度在不同区域差异较小（图 2.6b）。

枫香林总悬浮颗粒物、PM_{10}、$PM_{2.5}$、PM_1 随着区域变化均表现为先增加后下降趋势。其中，总悬浮颗粒物表现为近郊区 > 建成区 > 远郊区，远郊区变化幅度最大，近郊区次之，建成区最小；PM_{10} 表现为近郊区 > 建成区 > 远郊区，变化幅度表现为近郊区 > 远郊区 > 建成区；$PM_{2.5}$ 表现为近郊区 > 建成区 > 远郊区，变化幅度在近郊区最大，其次依次为建成区、远郊区；PM_1 表现为近郊区 > 建成区 > 远郊区，近郊区变化幅度最大，建成区、远郊区变化幅度较小（图 2.6c）。

随着区域变化，马尾松林总悬浮颗粒物、PM_{10}、$PM_{2.5}$、PM_1 均为先增加后下降。其中，总悬浮颗粒物表现为近郊区 > 建成区 > 远郊区，建成区、近郊区变化幅度较大，远郊区最小；PM_{10} 表现为近郊区 > 建成区 > 远郊区，变化幅度在建成区最大，近郊区次之，远郊区最小；$PM_{2.5}$ 表现为近郊区 > 建成区 > 远郊区，变化幅度表现为近郊区 > 建成区 > 远郊区；PM_1 表现为近郊区 > 建成区 > 远郊区，建成区变化幅度最大，其次依次为近郊区、远郊区（图 2.6d）。

樟树林总悬浮颗粒物、PM_{10}、$PM_{2.5}$、PM_1 随着区域变化均呈现先增加后下降的趋势。其中，总悬浮颗粒物表现为近郊区 > 远郊区 > 建成区，远郊区变化幅度最大，其次依次为近郊区、建成区；PM_{10} 表现为近郊区 > 远郊区 > 建成区，不同区域变化幅度差异较小；$PM_{2.5}$ 表现为近郊区 > 远郊区 > 建成区，近郊区变化幅度最大，建成区、远郊区较小；PM_1 表现为近郊区 > 远郊区 > 建成区，变化幅度表现为近郊区 > 建成区 > 远郊区（图 2.6e）。

2.5.4 城市化对风景游憩林环境特征的影响

杜鹃林和樱花林中远郊区的负氧离子含量最高，近郊区和建成区相对较低。植物由于自身的光合作用、叶面光电效应、释放的芬多精等可以增加空气中负氧离子，这对负氧离子浓度的增加有显著影响，同时城市中人类的活动对负氧离子含量也有所影响，尤其是在傍晚起主导作用，这也解释了远郊区的负氧离子含量高于近郊区和建成区（胡梦玲 等，2021）。白天人类活动、汽车行驶等增加了空气中颗粒物浓度，从而降低了负氧离子浓度，因此在杜鹃林中，空气中总颗粒物含量在远郊区最低（胡梦玲 等，2021）。

枫香林、马尾松林和樟树林的温度均表现为建成区最高，远郊区和近郊区较低。植物是风景游憩林的重要组成部分，植物通过遮阴、蒸腾和叶片延迟对周围环境的小气候环境产生重要影响（Wong and Yu, 2005）。植物群落的冠层结构包括水平和垂直方向的结构特征，植物群落的落叶面积指数、冠层密度和天空视觉因子等冠层结构会影响群落的降温、增湿和防风。

参考文献

陈鑫峰，沈国舫，2000. 森林游憩的几个重要概念辨析［J］. 世界林业研究（1）：69–76.

陈泽良，2015. 厦门城郊森林公园不同林分风景游憩林健康评价及保健功能研究［D］. 福州：福建农林大学.

高明新，潮洛濛，阿斯茹，2016. 内蒙古地区城市化对生物多样性的影响及维护措施［J］. 环境与发展，28（4）：1–8.

郭其强，罗丝琼，刘志，等，2021. 草海国家自然保护区 4 种森林群落稳定性评价［J/OL］. 中南林业科技大学学报，（11）：120–128［2022–05–17］.. DOI:10.14067/j.cnki.1673–923x.2021.11.014.

郭文月，2020. 森林植物物种多样性价值：机理与评价［D］. 南京：南京林业大学.

侯贻菊，丁访军，刘延惠，等，2017. 贵阳东郊针阔混交林内外空气颗粒物不同季节的日变化［J］. 江苏农业科学，45（19）：280–285.

胡梦玲，庆涛，朱鑫君，等，2021. 江宁区负氧离子变化特征及其与气象因素关系［J］. 环境科学与技术，44（S2）：32–40.

李晓军，2022. 甘肃酒泉城市公园鸟类群落结构及多样性分析［J］. 干旱区资源与环境，36（6）：95–104.

刘珏宏，高慧，张丽红，等，2010. 内蒙古锡林郭勒草原大针茅——克氏针茅群落的种间关联特征分析［J］. 植物生态学报，34（9）：1016–1024.

刘润红，姜勇，常斌，等，2018. 漓江河岸带枫杨群落主要木本植物种间联结与相关分析［J］. 生态学报，38（19）：6881–6893.

骆媛媛，李明文，王慧，等，2021. 黑河森林生态站林内外主要气象因子月变化规律研究［J］. 中国林副特产（3）：25–26+30.

马浩然，赵天忠，2021. 森林生态效益补偿研究进展与展望［J］. 北京林业大学学报

（社会科学版），20（4）：90–99.

马远，李锋，杨锐，2021. 城市化对生物多样性的影响与调控对策［J］. 中国园林，37（5）：6–13.

彭嘉栋，赵辉，陈晓晨，2017. 长沙城市化进程对局地气候的影响［J］. 气象与环境科学，40（4）：42–48.

宋晨晨，2020. 深圳市建成区城市植物功能多样性及其受三类景观要素的影响［D］. 昆明：西南大学 .

宋文璐，张华，2022. 基于 CNKI 的森林生态系统稳定性研究现状与热点分析［J］. 林业科技通讯（3）：48–52.

涂洪润，农娟丽，朱军，等，2022. 桂林岩溶石山密花树群落主要物种的种间关联及群落稳定性［J］. 生态学报，42（9）：3688–3705.

王兵，郑秋红，郭浩，2008. 基于 Shannon–Wiener 指数的中国森林物种多样性保育价值评估方法［J］. 林业科学研究（2）：268–274.

徐伟，2017. 植物叶片温度下降系数及树冠周围温度场的研究［D］. 上海：东华大学 .

赵庆，许东先，杨清，等，2020. 广州城区公园风景游憩林径级和高度级结构分布［J］. 中南林业科技大学学，40（3）：13–21.

ALFAN A R, ABUBAKARI S, KURUTHUMU A M, et al., 2014. Urban sprawl and species movement may decimate natural plant diversity in an Afro–tropical city[J].Biodiversity and Conservation, 963 – 978.

BERTIN R I, 2002. LOSSES of native plant species from Worcester, Massachusetts[J]. Rhodora, 104(920): 325–349.

CHEN J K, JIN S G, DU P J, 2020. Roles of horizontal and vertical tree canopy structure in mitigating daytime and nighttime urban heat island effects[J]. international journal of apolied earth observation and geoinformation, 89.

CHESSON P, 2000. General Theory of Competitive Coexistence in Spatially–Varying Environments [J]. Theoretical Population Biology, 58, 211–237.

DAWID M, LUKASZ P, MARCIN N, et al., 2017. Do levees support diversity and affect spatial turnover of communities in plant–herbivore systems in an urban landscape[J]. Ecological Engineering,105:198–204.

FULLER R A, IRVINE K N, DEVINE W P, et al., 2007. Psychological benefits of greenspace increase with biodiversity[J]. Biology Letters, 3(4): 390−394.

GRIMM N B, FAETH S H, GOLUBIEWSKI N E, et al., 2008. Global change and the ecology of cities[J]. Science, 319(5864): 756−760.

GRIMM N B, FAETH S H, Golubiewski N E, et al., 2008. Global change and the ecology of cities[J]. Science, 319(5864): 756−760.

HLADNIK D, KOBLER A, PIRNAT J, 2020. Evaluation of Forest Edge Structure and Stability in Peri−Urban Forests[J]. Forests, 11(3):338.

HOPE D, GRIES C, ZHU W, et al., 2003. Socioeconomics Drive Urban Plant Diversity[J]. Proceedings of the National Academy of Sciences, 100(15):8788−8792.

KRAUSS V, Pecyna M, et al., 2004. Phylogenetic mapping of intronpositions: a case study of translation initiation factor eIF2 γ [J].Mol Biol Evol. 22:74−84.

MARZLUFF J M, 2001.Worldwide urbanization and its effects onbirds. In:Marzluff J M,eds.Avian Ecology in an Urbanizing World [C]. Norwell (MA): Kluwer,19−47.

REBECCA L, BENEDICT W W, SAHRAN L H, et al., 2014. Depledge.A Systematic Review of the Health and Well−Being Benefits of Biodiverse Environments[J]. Journal of Toxicology and Environmental Health, Part B, 17:11−20.

RODRı´GUEZ F, ESCALERA L, REGUERA B, et al., 2003. Morphological variability, toxinology and genetics of the dinoflagellate Dinophysis tripos (Dinophysiaceae, Dinophysiales) [J]. Harmful Algae.

SABINE S N, PATRICK S, JULES W, et al., 2018. What shapes plant and animal diversity on urban golf courses[J]. Urban Ecosystems. 21(3):565−576.

TSCHARNTKE T, STEFFAN−DEWENTER I, KRUESS A, et al., 2002. Characteristics of insect populations on habitat fragments: a minireview[J]. Ecol. Res. 17, 229−239.

TZORTZAKAKI O, KATI V, KASSARA C, et al., 2018. Seasonal patterns of urban bird diversity in a Mediterranean coastal city: the positive role of open green spaces[J]. Urban Ecosystems, 21(1): 27−39.

WALKER J S, GRIMM N B, BRIGGS J M, et al., 2009. Effects of urbanization on plant species diversity in central Arizona[J]. Front. Ecol. Environ, 7 (9), 465−470.

WONG N H, YU C, 2005. Study of green areas and urban heat island in a tropical city[J]. Habitat intenational, 29(3): 547−558.

第3章

风景游憩林景观游憩特征

3.1 风景游憩林景观游憩特征的概念

生态系统是人类生存的支持系统，它为人类提供了一系列至关重要的服务，即生态系统服务（廖菊阳 等，2019）。风景游憩林可以提供大量的生态系统服务，但对于一般公众而言，其游憩服务功能更为重要（Jennings et al., 2016）。游憩服务主要指“人们通过精神满足、认知发展、反思、娱乐和审美体验从生态系统中获得的非物质利益”（MEA, 2005）。不同游客个体由于其素质修养、心理体验、生活环境不同，对相同类型的风景游憩林能够体验到的内在意蕴，会产生偏好、共鸣、欣赏等不同的体验感（杨彦锋，2004）。而即便是同一游客，对不同风景游憩林的体验也完全不同（Stigsdotter et al., 2017; Stigsdotter et al., 2020）。随着生态系统的不断演化和发展，人们对自然景观方面的感知、评价和预测能力也不断加强，逐渐发展出了“满意生态环境”这一理论。风景游憩林的景观质量应当明显优于一般的日常生活、生产和工作等环境质量，不仅要能够满足人们较高的生理需求，更多的还要满足人们的心理需求。因此，一般风景游憩林需要满足空气清新、水质干净、环境良好、景观协调等要求，才能更好地服务于游客，使人感觉到舒适、轻松、自由、愉快。Vitters 等（2000）研究表明，来自不同国家的游客对旅游景点的感受和兴趣存在明显差异。Wickens（2002）通过对其研究区域度假游客的调查研究表明，即便在同一目的地，不同的游客也有不同的体验方式、度假选择、活动类型和目的地评价等。

森林康养是林业行业的一种新的商业模式，也是森林游憩功能的重要体现形式。目前森林康养还没有明确的定义，一般来说，狭义的森林健康是指在森林环境中通过体育活动改善人类身心健康的活动；广义的森林健康是指以森林生态产品为基础，通过人类视觉、听觉、嗅觉、味觉和触觉的“五感”体验到的一切有利于人类身心健康的活动，如参观自然环境中的文化景观，开展自然科普教育、工作体验、品尝药用食品等（束怡 等，2019）。尽管狭义和广义的森林保健范围不同，但它们都是森林游憩功能的延伸，旨在改善人类身心健康。

此外，人体对森林的舒适度体验与林内空气质量有关。森林中的空气负离子被称为“空气维生素和生长素”，对人体具有良好的保健作用，但其对人体保健作用的浓度范围尚未完全确定。世界卫生组织规定，新鲜空气中负离子的标准浓度为 1000~1500/cm^3（谭远军 等，2013）；吴楚材等（1998）发现，当空气中的负离子浓度超过 700/cm^3 时，有利于增强体质。当达到 10000/cm^3 以上时，可以达到治愈的效果，空气负离子的保健功能主要是间接和直接的。

人类舒适度还与森林的温湿度变化有关。植物可以起到较为明显的降温增湿作用，与植物的种类和排列分布方式有关（Babak et al., 2020）。Albari et al.（1997）探究了美国洛杉矶公园不同类型绿地的表面温度和城市地区的气温，结果验证了城市森林能很好地起到降温作用。Lu 等（2017）利用三维小气候模拟工具 ENVI–met，研究了湿热气候地区森林公园的降温效果，并讨论了风向和风速对公园气温的影响。骆媛媛等（2021）对林内外气象因子的研究结果表明，林外月平均气温高于林内月平均气温；林内月平均湿度高于林外月平均湿度；林外太阳辐射强度的月平均值总是高于林内太阳辐射强度的月平均值，因为林冠吸收太阳辐射能显著降低林地温度，同时森林冠层可以起到显著的阻风作用。盛超群和蒋文伟（2021）以临安博物馆公园绿地为研究对象，研究了小气候因子与人类舒适度的相关性，其结果表明，植物群落、水体和海拔高度都有降温增湿作用。郭浩轩等（2021）采用热舒适度预测不满意率（predictive dissatisfaction rate, PPD），研究结果表明，广州二沙岛内树木林冠覆盖越大，人体感觉越舒适；其 PPD 值与温度和风速呈正相关，与相对湿度呈负相关。

目前，我国对于城市风景游憩林游憩功能的研究大多集中在北京、上海、广州等一线城市，对中亚热带地区等中部内陆城市风景游憩林的游憩特征研究相对较少，因此，探究中亚热带地区风景游憩林的游憩质量，完善亚热带地区风景游憩林景观质量评价模型十分必要。

3.2 研究方法

3.2.1 游憩特征测定

为保证游憩特征指标能够代表和反映风景游憩林景观的真实性和科学性，邀请了林学、生态学和风景园林专业的专家，共 30 人，对景观感受、可达性、空间布局、氛围感受、出行便捷性、舒适度、视野开阔度、感官多样性 8 个初选指标的重要性进行评判和打分，经过汇总整理，最终选出 6 个游憩特征指标，分别代表空间适宜性特征（包括可达性、空间布局、出行便捷性）和感官体验性特征（包括舒适度、感官多样性、视野开阔度）。其中，可达性指的是公众进入植物景观环境的畅通性与便捷性；空间布局指的是为提供满足公众舒适、游憩、身心放松等需求的空间而对风景游憩林内部的结构和面积使用所做的设计规划；出行便捷性指的是公众对前往风景游憩林所在地的出行方式、距离及环境的体验感受；舒适度指的是公众内心对植物景观的认同与舒适程度（刘怡 等，2021）；感官多样性指的是公众视觉、听觉、嗅觉、触觉等多个感官能力对景观产生的综合审美感觉；视野开阔度指的是公众身处景观内视觉所能看见的空间范围。采用公众问卷调查方法对同一林分不同区位景观的 4 个游憩特征进行评价打分，评分等级设置为 1、2、3、4、5、6、7 共 7 个等级，评分越高，公众满意度越高。共邀请来自社会各界的评判者 50 人进行评价，主要以学校相关专业的研究生和部分社会工作人员为主，问卷发布方式采用问卷调查平台统一发布。

3.2.2 数据处理与统计分析

（1）使用 Microsoft Excel package（Office 2010）统计和计算各项指标的平均值和标准偏差、数据的常规计算。

（2）用 R 4.1.3 中的 ggplot2 包、tidyverse 包、gghalves 包、ggpubr 包制图。

3.3 不同区域风景游憩林空间适宜性特征

3.3.1 风景游憩林可达性的变化特征

随着区域变化，杜鹃林可达性呈下降趋势，其中建成区最高，近郊区次之，远郊区最小；3 个区域之间杜鹃林可达性变化幅度差异较小。樱花林可达性随着区域变化逐步下降，具体表现为建成区 > 近郊区 > 远郊区；远郊区樱花林可达性变化幅度大于建成区和近郊区。枫香林可达性从建成区到远郊区表现出下降趋势，建成区最大，其次依次为近郊区、远郊区；远郊区枫香林可达性变化幅度最大，建成区和近郊区变化幅度较小。近郊区马尾松林可达性最大，建成区次之，远郊区最小；马尾松林可达性变化幅度表现为远郊区最大，建成区、近郊区较小。随着区域变化，樟树林可达性逐步下降，其中建成区最大，近郊区次之，远郊区最小；樟树林可达性变化幅度为远郊区 > 建成区 > 近郊区（图 3.1）。

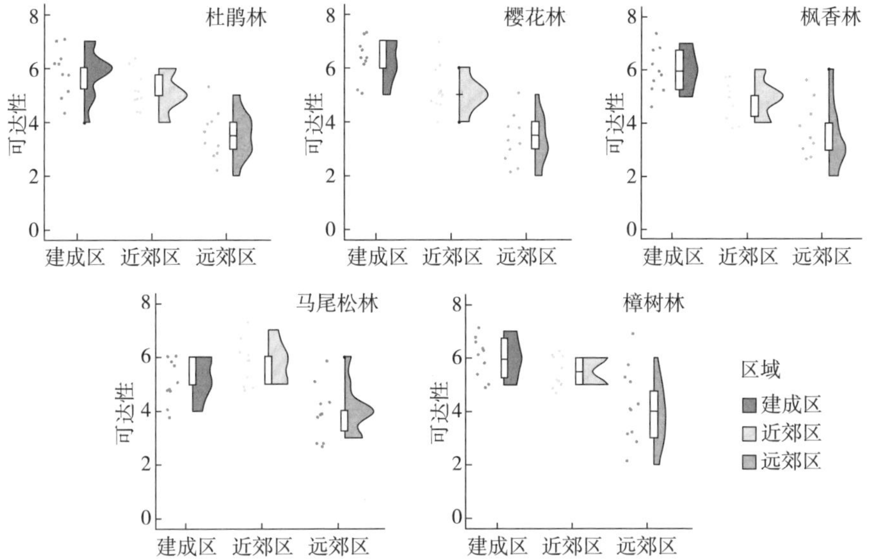

图 3.1 不同区域风景游憩林可达性

3.3.2 风景游憩林空间布局的变化特征

杜鹃林空间布局随着区域变化逐渐增加，具体表现为远郊区 > 近郊区 > 建成区；远郊区杜鹃林空间布局的变化幅度最大，其次依次为建成区、近郊区。随着区域变化，樱花林空间布局呈先增加后下降趋势，其中近郊区最好，其次为建成区，远郊区最差；3 个区域之间樱花林空间布局变化幅度差异较小。近郊区枫香林空间布局最好，建成区次之，远郊区最差；远郊区枫香林空间布局的变化幅度大于建成区和近郊区。马尾松林空间布局从建成区到远郊区表现出逐步下降的趋势，具体为建成区 > 近郊区 > 远郊区；建成区、远郊区马尾松林空间布局的变化幅度高于近郊区。樟树林空间布局随着区域变化呈现为近郊区 > 建成区 > 远郊区；近郊区樟树林空间布局变化幅度最大，其次为建成区、远郊区（图 3.2）。

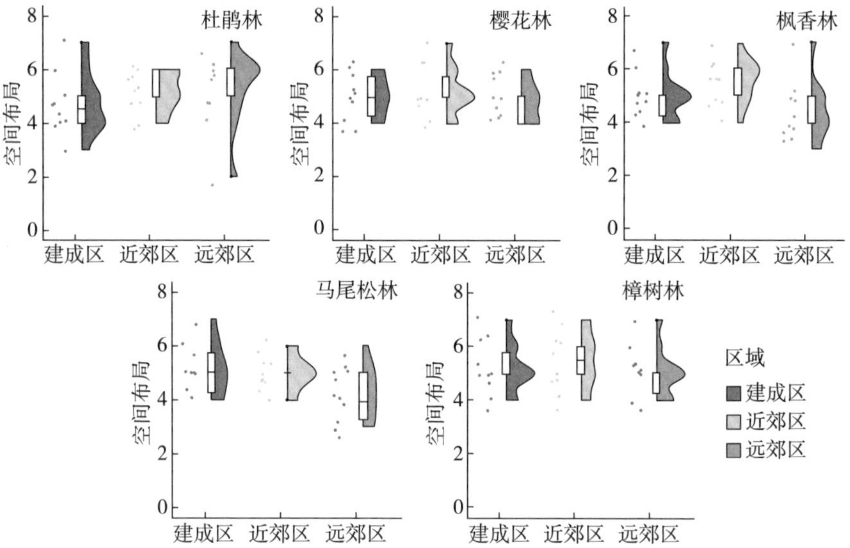

图 3.2　不同区域风景游憩林空间布局

3.3.3 风景游憩林出行便捷性的变化特征

随着区域变化，杜鹃林出行便捷性表现出下降趋势，建成区最高，近郊区次之，远郊区最低；远郊区杜鹃林出行便捷性的变化幅度大于建成区、近郊区。樱花林出行便捷性随着区域变化逐渐下降，其中建成区最高，其次依次为近郊区、远郊区；不同区域樱花林出行便捷性变化幅度表现为远郊区 > 建成区 > 近郊区。枫香林出行便捷性随着区域变化下降，具体表现为建成区 > 近郊区 > 远郊区；不同区域枫香林出行便捷性变化幅度差异较小。不同区域马尾松林出行便捷性表现出建成区 > 近郊区 > 远郊区的趋势；远郊区马尾松林出行便捷性变化幅度大于建成区和近郊区。随着区域变化，樟树林出行便捷性呈现逐步下降的趋势，建成区最高，其次为近郊区，最低为远郊区；建成区和远郊区樟树林出行便捷性变化幅度高于近郊区（图 3.3）。

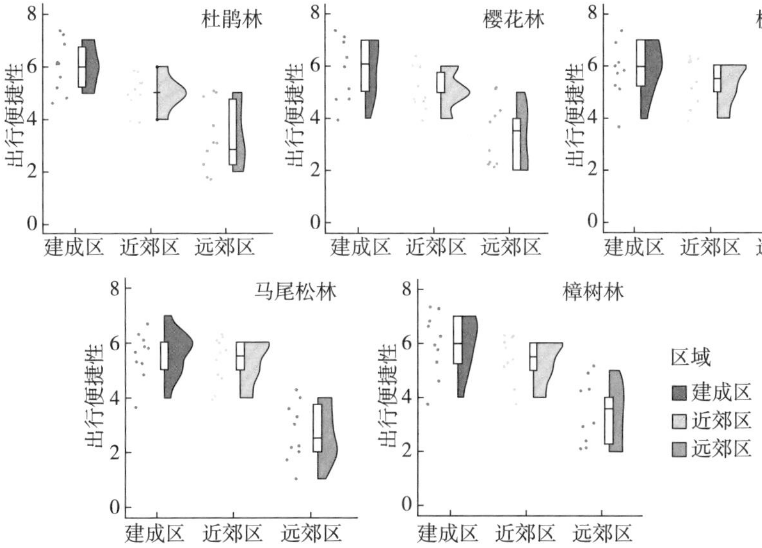

图 3.3　不同区域风景游憩林出行便捷性

3.3.4 城市化对风景游憩林空间适宜性特征的影响

可达性概念有助于理解土地利用、交通和人类行为之间的复杂关系（黄玖菊 等，2022）。桂国敏（2019）的研究结果表明，5~10 hm² 中小型公园绿地可达性最好，可达服务人口最多，路网密集；而中型、大型公园绿地靠近郊区，可达服务面积小，周边人口密度低，路网稀疏，即城市绿地可达性与人口密度、道路交通、高程等指标有直接相关关系。本研究结果与其一致，随着城乡梯度变化，杜鹃林、樱花林、枫香林和樟树林的可达性均呈下降趋势，且不同区位之间差异显著，主要原因可能是受到不同区位的环境特点和人为干扰强度所造成的林分结构和微环境差异影响；而马尾松林的可达性在近郊区最大，可能原因是近郊区对马尾松林下灌草和枯枝落叶的人为管理更为频繁有关。

公众对风景游憩林环境的要求一般比较高，期待能在自然生态条件比较好的环境里交流感情、放松身心、陶冶情操。而风景游憩林要想满足游客的需求，就必须在森林的生态维护和可持续发展方面下功夫。因此，丰富的空间布局和多元化的功能布局对风景游憩林的可持续发展客观上会起到较大的推动作用（张彦炜，2023）。本研究发现，除马尾松林外，杜鹃林、樱花林、枫香林和樟树林的空间布局均以郊区效果最好，究其原因可能与郊区的空间布局更接近自然生态型的森林效果有关，呈现出地域性、物种多样性和自我演替能力高的特征，便于提升公众体验亲近自然、与自然互动的感官享受。因此，在规划风景游憩林空间布局时，应在合理有效地利用和保护森林自有资源的同时，因地制宜，进行合理的空间划分和增加富于吸引性和参与性的游憩功能，提升公众的体验度和感受度，提高风景游憩林自然生态环境空间的特色性和使用性。

风景游憩林的出行便捷性很大程度上会影响公众的出行意愿，主要体现在驾车、公共交通及步行的出行环境、静态交通环境（停车环境）等方面。5 种林分的出行便捷性均与城市化强度呈正比，公众游憩出行的便捷性和效率随着城市化强度增加大幅提升，尤其是在建成区，各级路网的衔接性、周边公交地铁站点及线路的数量和分布情况、步行覆盖的周边小区范围、停车的区域和位置等均优于郊区。因此，从出行便捷性考虑郊区风景游憩林的出行环境优化时，应根据现有的出行环境质量，优化和整合各类出行方式，扩展停车资源和提升停车效率。

3.4 不同区域风景游憩林感官体验性特征

3.4.1 风景游憩林舒适度的变化规律

杜鹃林舒适度随着区域变化表现出逐步增加趋势，具体为远郊区 > 近郊区 > 建成区；远郊区杜鹃林舒适度变化幅度较大，建成区、近郊区次之。远郊区樱花林舒适度最大，其次为建成区和近郊区；樱花林舒适度的变化幅度表现为建成区 > 远郊区 > 近郊区。枫香林舒适度在近郊区表现最大，建成区、远郊区次之；远郊区枫香林舒适度变化幅度最大，其次依次为建成区、近郊区。随着区域变化，马尾松林舒适度逐步增加，具体表现为：远郊区 > 近郊区 > 建成区；建成区马尾松林舒适度变化幅度大于近郊区和远郊区。樟树林舒适度随着区域变化逐步增加，其中远郊区最大，近郊区次之，建成区最小；随着区域变化，樟树林舒适度变化幅度逐步下降，表现为建成区 > 近郊区 > 远郊区（图 3.4）。

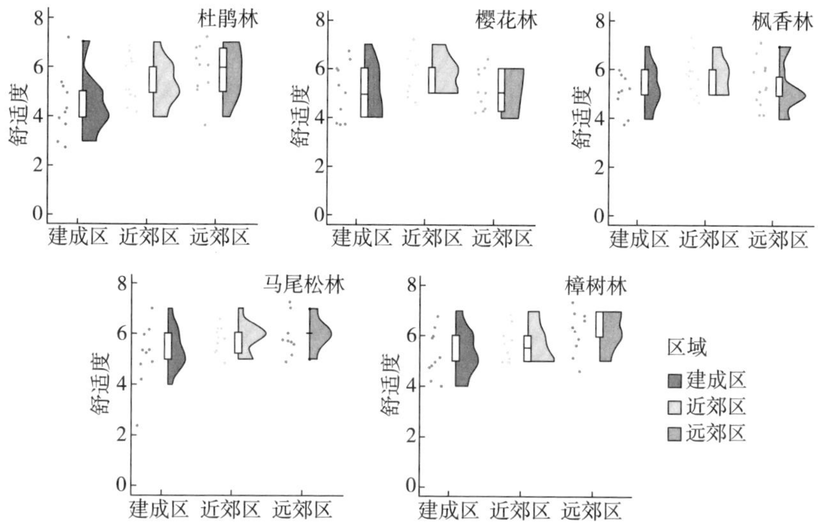

图 3.4　不同区域风景游憩林舒适度

3.4.2 风景游憩林感官多样性的变化规律

随着区域变化，杜鹃林感官多样性呈现逐步增加趋势，表现为远郊区 > 近郊区 > 建成区；不同区域杜鹃林感官多样性变化幅度差异较小。近郊区樱花林感官多样性最大，远郊区次之，建成区最小；各区域樱花林感官多样性变化幅度间差异较小。枫香林感官多样性随着区域变化表现为远郊区 > 近郊区 > 建成区；枫香林感官多样性变化幅度在不同区域的差异较小。随着区域变化，马尾松林感官多样性表现出增加趋势，远郊区最大，其次为近郊区，建成区最小；马尾松林感官多样性变化幅度表现为近郊区 > 远郊区 > 建成区。樟树林感官多样性随着区域变化而增加，具体表现为远郊区 > 近郊区 > 建成区；远郊区樟树林感官多样性变化幅度最大，其次为建成区、近郊区（图 3.5）。

3.4.3 风景游憩林视野开阔度的变化规律

随着区域变化，杜鹃林视野开阔度逐步递增，远郊区最大，其次依次为近郊区、建成区；不同区域杜鹃林视野开阔度变化幅度差异较小。樱花林视野开阔度随着区域变化逐步增加，表现为远郊区 > 近郊区 > 建成区；建成区樱花林视野开阔度变化幅度最大，近郊区、远郊区次之。远郊区枫香林视野开阔度最大，其次为远郊

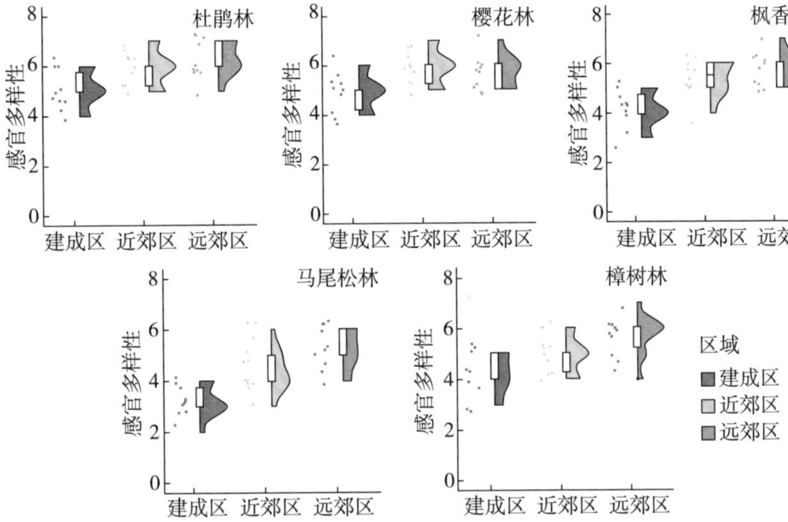

图 3.5　不同区域风景游憩林感官多样性

区，建成区最小；枫香林视野开阔度变化幅度在远郊区最大，建成区、近郊区次之。随着区域变化，马尾松林视野开阔度逐步增加，具体表现为远郊区 > 近郊区 > 建成区；建成区马尾松林视野开阔度变化幅度最大，其次依次为远郊区、近郊区。樟树林视野开阔度随着区域变化表现出递增趋势，其中远郊区最大，近郊区次之，建成区最小；不同区域樟树林视野开阔度变化幅度之间差异较小（图 3.6）。

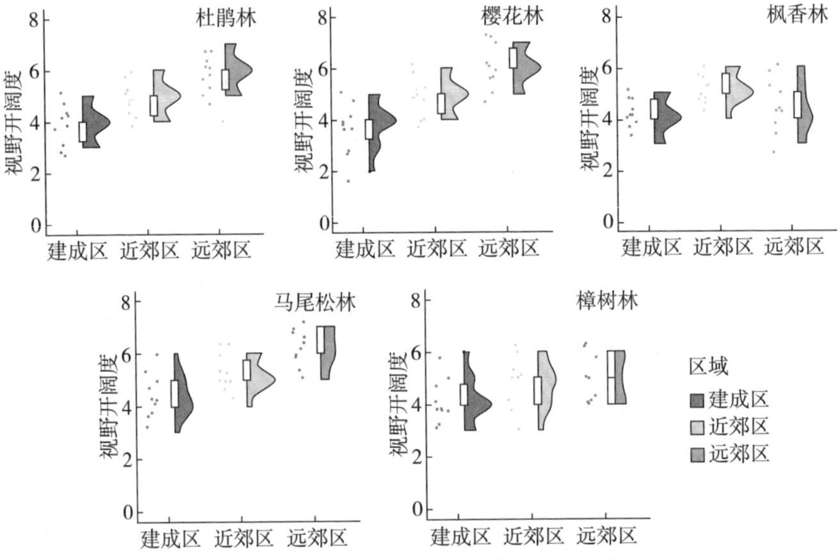

图 3.6　不同区域风景游憩林视野开阔度

3.4.4 城市化对风景游憩林感官体验性特征的影响

森林拥有丰富的保健资源，其中森林游憩环境对人类身心健康有着巨大的影响。人的体感环境舒适度不仅反映在客观生理层面上的环境参数的物理量上，而且还来源于与长期区域气候相关的主观心理层面上的环境舒适度的基本经验（潘剑彬 等，2021）。本研究中，杜鹃林、樱花林、马尾松林和樟树林的舒适度表现出逐步增加趋势，其中建成区和远郊区的差异更为显著，表明风景游憩林的公众舒适度随着城市化进程的增加逐渐降低；而枫香林舒适度在近郊区最大，主要与林分密度、郁闭度造成的气候和环境差异有关。研究表明，城市风景游憩林中植物数量并不是影响区域环境舒适性的主要原因，但植物形态尤其是乔木形态是影响其舒适改善功能的最重要因素（潘剑彬 等，2021）。因此，应根据区域气候特点、植物形态特征和游客对于舒适度的需求，有针对性地进行功能性绿地景观设计。

人类的感官体验表现为视觉、听觉、嗅觉、触觉和味觉等感官与外部环境之间的物质和信息交互（Gentile et al., 2007；Krishna., 2012），这五种感官在形成整体体验方面具有不同的权重，在游憩体验中发挥着重要作用。感官多样性体验是公众体验最直接、最基本的形式，在体验经济时代逐渐受到游憩市场的青睐（Mehraliyev et al., 2020）。本研究中，杜鹃林、枫香林、马尾松林和樟树林的感官多样性均随着城乡梯度变化逐步增加，主要是受到不同梯度的环境差异和人为干扰强度影响；而樱花林在近郊区最大，可能与不同树种风景游憩林的层次结构有关，例如，远郊区杜鹃林以灌木为主，与天空等周围环境相互融合，建成区、近郊区则容易受到周围建筑、高大乔木的影响，而樱花林在近郊区受人为调控影响，相较于远郊区，其垂直结构层次更为丰富。因此，未来还需要利用植物丰富的色彩、形态和功能与自然植物空间相匹配，营造风景游憩林自然环境的多样化景观，“因此，未来应结合植物丰富的色彩、形态与功能特性，营造多样化的自然植物空间，构建层次丰富的社区景观体系，以提升居民的视觉感知体验。”（王志强 等，2022）。

城市视野开阔度与各类空间的分布有关，城区内部道路视野较低，空间闭塞，而郊区外部道路视野较高，空间较宽（武润宇 等，2019）。本研究结果发现，5 种林分的视野开阔度随着城乡梯度变化逐步递增，同样与不同城乡梯度的环境特点和人为干扰强度差异有关。不同树种视野开阔度在建成区与远郊区均存在显著差异，表明公众更偏向于远郊区视野较高空间较宽的道路，这也为未来城市风景游憩林道路规划提供了较有利的依据。

参考文献

桂国敏，2019. 昆明市主城区公园绿地可达性研究［D］. 昆明：昆明理工大学.

郭浩轩，易慧琳，吴友炉，等，2021. 广州 3 种树冠覆盖度绿地的微气候与人体舒适度研究［J］. 热带农业科学，41（12）：123–130.

黄玖菊，林伊婷，陶卓霖，等，2022. 社会公平视角下深圳公园绿地可达性研究［J］，42 (5): 896–906.

廖菊阳，祁承经，冯贵祥，等，2019. 国外生态系统服务的科学意义及其价值评估研究进展［J］. 中南林业科技大学学报，39（12）：77–85.

刘怡，钟毅，何飞阳，等，2021. 基于 AHP 法的城郊游憩林景观及环境质量评价体系构建［J］. 四川林业科技，42（2）：66–70.

骆媛媛，李明文，王慧，等，2021. 黑河森林生态站林内外主要气象因子月变化规律研究［J］. 中国林副特产（3）：25–26+30.

潘剑彬，王若晨，田云，等，2021. 基于主观体感环境舒适度的居住小区景观偏好研究以北京为例［J］. 城市建筑，18（25）：171–175.

盛超群，蒋文伟，2021. 秋季城市公园绿地小气候环境与人体舒适度实测研究［J］. 现代农业研究，27（12）：93–94.

束怡，楼毅，张宏亮，等，2019. 我国森林康养产业发展现状及路径探析—基于典型地区研究［J］. 世界林业研究，32（4）：51–56.

谭远军，王恩，张鹏翀，等，2013. 空气负离子时空变化及保健功能研究［J］. 北方园艺（9）：208–211.

王志强，张思伟，王磊，等，2022. 多感官体验下草原城镇社区绿地景观空间恢复性潜力测度——以纳林高勒社区为例［J］. 小城镇建设，40（2）：59–68.

武润宇，侯鑫，2019. 基于深度学习的城市空间视野开阔度研究——以天津市中心城区为例［C］. 2019 中国城市规划年会论文集（05 城市规划新技术应用）：1048–1059.

杨彦锋，2004. 旅游景区自然景观的保护与调控机制研究［D］. 云南师范大学.

张彦炜，2023. 浅谈城市森林公园空间布局以上海滨江森林公园二期为例［J］. 城市建设理论研究（电子版）(27)：214–216.

BABAK A, AHMAD H, DAVOUD Z, 2020. Impact of small−scale tree planting patterns on outdoor cooling and thermal comfort[J]. Sustainable Cities and Society, 56: 102065.

GENTILE C, SPILLER N, NOCI G, 2007. How to sustain the customer experience: An overview of experience components that co−create value with the customer[J]. European Management Journal, 25(5): 395−410.

JENNINGS V, LARSON L, YUN J, 2016. Advancing sustainability through urban green space: cultural ecosystem services, equity, and social determinants of health[J]. Int. J. Environ. Res. Public Health,13 (2): 196.

KRIDHNA A, 2012. An integrative review of sensory marketing: Engaging the senses to affect perception, judgment and behavior[J]. Journal of Consumer Psychology, 22(3): 332−351.

LU J, LI Q, ZENG L, et al., 2017. A micro−climatic study on cooling effect of an urban park in a hot and humid climate[J]. Sustainable cities and society, 32: 513−522.

MEA [Millennium Ecosystem Assessment], 2005. Ecosystems and Human Well− Being: Synthesis Report[R]. Island Press, Washington, DC.

MEHRALIYEV F, KIRILENKO A P, CHOI Y, 2020. From measurement scale to sentiment scale: Examining the effect of sensory experiences on online review rating behavior[J]. Tourism Management, 79: 1−11.

STIGSDOTER U K, SIDENIUS U, GRAHN P, 2020. From research to practice: operationalisation of the eight perceived sensory dimensions into a health−promoting design tool[J]. Alam Cipta,13: 57−70.

STIGSDOTTER U K, CORAZON S S, SIDENIUS U, et al., 2017. Forest design for mental health promotion—Using perceived sensory dimensions to elicit restorative responses[J]. Landscape and Urban Planning, 160: 1−15.

VITTERS J, VORKINN M, VISTAD O I, et al., 2000. Tourist Experiences and Attractions [J]. Annals of Tourism Re−search, 27(2): 432−450.

WICKENS E, 2002. The Sacred and the Profane: A Tourist Typology[J]. Annals of Tourism Research, 29(3): 834−851.

第 4 章

风景游憩林景观特征间的关系

4.1 风景游憩林景观特征间相互关系的研究概述

风景游憩林景观特征之间相互依赖、相互制约，研究各景观特征间的关系有利于揭示不同景观特征耦合的动态变化对景观质量的指示作用，进而可以从多个层面对景观质量进行调节和优化。研究表明，景观格局指标之间、景观群落结构之间显著相关（卢杨，2010；潘端云 等，2019）；景观格局特征分别与群落特征（如物种丰富度、林分结构、物种多样性等）之间也存在显著相关关系（刘宏文，2007；杨艳波，2020）。

现有研究主要在风景游憩林林分景观要素和景观质量间的关系方面开展了许多研究，所采用的生长指标包括胸径、树高、枝下高、冠幅等（Brown, 1987），结构指标主要有树种组成（Kaplan and Herbert, 1987; Qi et al., 2017）、林分密度（杨程，2009）、郁闭度（章志都 等，2008）、林木水平分布格局（李苹 等，2018）、灌层高度以及林下植被层盖度（史琛媛 等，2016；王娜 等，2017）、枯树倒木和枯枝落叶的数量与分布（袁铁象 等，2014）。研究发现，较高的林分郁闭度、林下层总盖度、平均林下层郁闭度以及总盖度会降低美学质量（武锋 等，2014）。由于研究对象、研究指标数量及研究地植被特点的差异，众多学者对风景游憩林景观质量主要影响因素的研究结果不尽相同。多数研究结果证明，林分密度或郁闭度、林下灌草高度和盖度是影响林外近景景观的主要因素，游憩者更加喜欢具有低矮且覆盖率高的林下植被特征的森林景观（杨鑫霞 等，

2012）。较高的林分郁闭度之所以对林内景观具有负面影响，与郁闭度引起光强和光质变化制约了林内植物的生长、分布有关（章志都　等，2008），即光环境明暗程度可能对森林景观视觉效果产生较为显著影响。另外，李俊英等（2011）对地带性植被广泛分布的城市公园进行了景观美学质量评价，发现森林林内景观美学质量还受乔木树种比例、针叶树种比例、平均胸径、灌木数量、灌木频度、灌木盖度、草本盖度等因素的影响。也有研究结果表明，除了林分密度、凋落物分布以外，冠下高度和平均树高、林木大小及其排列也是影响林内景观质量的主要因素（袁铁象　等，2014）。通常来说，密度较小的林分具有树体高大、林木大小变异明显等特点，而林木排列整齐、林下层高度较低且能够覆盖凋落物的林分美景度值通常也较高。从林外近景和中景角度出发，群落外貌特征对林外景观质量有显著影响，林冠线起伏不大和林缘线自然流畅的植物景观美景度较高（张凯旋　等，2012）。森林类型对景观美景度有显著影响，通常人工阔叶混交林和疏林草地美景度较高，针阔混交林次之，而常绿针叶林和落叶针叶林的视觉效果反而相对较低（宋亚男　等，2011），这可能与林分的密度、混交度以及空间混交格局有关。周璞等（2017）通过对湘东中山区风景游憩林林内景观质量进行评价，得到林下层统一度和枯树倒木及林内趣味性对景观质量有较大的影响，树干通直而整齐、枝下高统一、视野开阔、活动范围适宜且具有趣味性的林内环境具有较高的景观质量。

然而，有关全面考虑风景游憩林美学、生态及游憩特征之间相互关系的研究未见报道，严重阻碍了从多层次、多角度了解景观特征对景观质量的提升机制。为此，本部分通过系统分析不同区域风景游憩林景观特征间的关系，明确区域变化下景观特征间的相互作用机理，为亚热带地区制定全面、系统、科学的风景游憩林调控技术体系以及管理措施提供理论依据。

4.2 研究方法

数据处理与统计分析如下：

（1）使用 Microsoft Excel package（Office 2010）进行数据的常规计算。

（2）用 R 4.1.3 中的 gpairs 包绘制单木形态指标间的 Pearson 相关性图；PerformanceAnalytics 包绘制林分特征指标间的 Pearson 相关性图；pheatmap 包、

psych 包绘制景观格局指标间的 Pearson 相关性图；Corrplot 包绘制单木形态、林分特征、景观格局与美景度特征的 Pearson 相关性图；circlize 包、RColorBrewer 包绘制鸟类声音景观特征间、生态特征间、游憩特征间的 Pearson 相关性图；corrgram 包绘制单木形态、林分特征、景观格局与鸟类声音景观特征的 Pearson 相关性图；ggcorrplot 包绘制美学特征、生态特征与游憩特征间 Pearson 相关性图。

（3）用 R 4.1.3 中的 lars 包进行 LASSO 回归分析（主要单木形态指标与单木 SBE 值、主要林分特征指标与林内 SBE 值的关系）。

（4）用 R 4.1.3 中的 PerformanceAnalytics 包、MASS 包进行逐步回归分析（主要景观格局指标与林外 SBE 值的关系）。

（5）用 R 4.1.3 中的 tidyverse 包、forestplot 包、readxl 包绘制单木形态、林分特征、景观格局与美景度特征回归关系的森林图。

4.3 风景游憩林美学特征间的相互关系

4.3.1 风景游憩林单木形态指标间的相关性

1. 杜鹃林

随着区域变化，杜鹃林叶片密度与花色之间，枝条密度与轮廓清晰度、花色之间，轮廓清晰度与花色、花冠对称度、花冠均匀度之间，花冠对称度与花冠均匀度之间，枯枝数量与枝条混乱度之间呈显著或极显著正相关关系（$P < 0.05$ 或 $P < 0.01$）。叶片密度与开花率之间为显著负相关关系（$P < 0.05$）。其中，轮廓清晰度与花冠对称度之间、轮廓清晰度与花冠均匀度之间、花冠对称度与花冠均匀度之间的相关性较强（附图 4a）。

2. 樱花林

随着区域变化，樱花林枝条密度分别与轮廓清晰度、花冠对称度、花冠均匀度、枯枝数量、冠幅、枝条混乱度之间，轮廓清晰度分别与开花密集度、花冠对称度、花冠均匀度、枯枝数量、冠幅、枝条混乱度之间，开花密集度分别与花冠对称度、花冠均匀度、冠幅、枝条混乱度之间，花冠对称度分别与花冠均匀度、冠幅、枝条混乱度之间，花冠均匀度分别与枯枝数量、枝条混乱度之间呈显著或极显著正相关关系（$P < 0.05$ 或 $P < 0.01$）。轮廓清晰度与花色之间，花色分别与开花密集度、花冠对称度、花冠均匀度、冠幅之间为显著或极显著负相关关系（$P < 0.05$ 或 $P < 0.01$）。其中，枝条密度与轮廓清晰度之间、轮廓清晰度与花冠对称度之间、花冠对称度与花冠均匀度之间的相关性较强（附图 4b）。

3. 枫香林

随着区域变化，枫香林树冠形态与冠幅、枝条舒展度之间，树干挺拔度分别与树冠完整度、枯枝数量、枝条密度、枝条舒展度之间，树冠完整度分别与树冠对称度、树冠均匀度、枯枝数量、枝条密度、枝条混乱度、枝条舒展度、叶片密度、叶片变色率之间，树冠对称度分别与树冠均匀度、枝条密度、枝条混乱度、叶片变色率之间，树冠均匀度分别与枯枝数量、枝条密度、枝条混乱度、枝条舒展度之间，冠幅分别与枯枝数量、枝条舒展度之间，枯枝数量分别与枝条混乱度、枝条舒展度、叶片变色率之间，枝条密度与枝条混乱度、叶片密度之间呈显著或极显著正相关关系（$P < 0.05$ 或 $P < 0.01$）。树冠比例与冠幅、枝条舒展度之间为显著负相关关系（$P < 0.05$）。其中，树冠形态与冠幅之间、树冠形态与枝条舒展度之间、树干挺拔度与枯枝数量之间、树冠完整度与树冠对称度之间、树冠完整度与树冠均匀度之间、树冠完整度与枯枝数量之间、树冠对称度与树冠均匀度之间的相关性较强（附图 4c）。

4. 马尾松林

随着区域变化，马尾松林树冠形态分别与冠幅、枝条舒展度、质感度之间，轮廓清晰度与枝条密度之间，树冠完整度分别与树冠对称度、树冠均匀度之间，树冠对称度与质感度之间，树冠均匀度与枝条混乱度、质感度之间，树冠比例与冠幅、枝条舒展度之间，冠幅与枝条舒展度之间，枯枝数量与枝条混乱度之间，枝条密度与叶片密度之间，枝条混乱度与质感度之间呈显著或极显著正相关关系（$P < 0.05$ 或 $P < 0.01$）。其中，树冠完整度与树冠对称度之间、树冠完整度与树冠均匀度之间、冠幅与枝条舒展度之间的相关性较强（附图 4d）。

5. 樟树林

随着区域变化，樟树林树冠形态分别与轮廓清晰度、树干挺拔度、树冠完整度、树冠均匀度、冠幅、枯枝数量、枝条密度、枝条混乱度、枝条舒展度、叶片密度之间，轮廓清晰度分别与树干挺拔度、树冠对称度、树冠均匀度、枝条混乱度、枝条舒展度之间，树干挺拔度分别与树冠对称度、树冠均匀度、枝条混乱度、枝条舒展度之间，树冠完整度分别与树冠对称度、树冠均匀度、冠幅、枯枝数量、枝条舒展度、叶片密度之间，树冠均匀度与枝条混乱度、枝条舒展度之间，树冠比例与枯枝数量、枝条密度之间，冠幅与枯枝数量、枝条密度、枝条舒展度、叶片密度之间，枯枝数量与枝条密度、枝条舒展度、叶片密度之间，枝条密度与枝条舒展度、叶片密度之间，枝条混乱度与枝条舒展度、叶片密度之间，枝条舒展度与叶片密度之间呈显著或极显著正相关关系（$P < 0.05$ 或 $P < 0.01$）。其中，树冠形态与冠幅之间、枝条舒展度之间，轮廓清晰度与树干挺拔度之间，冠幅与枝条密度之间，枝条密度与叶片密度之间，枝条混乱度与枝条舒展度之间，枝条舒展度与叶片密度之间的相关性较强（附图 4e）。

4.3.2 风景游憩林林分特征指标间的相关性

1. 杜鹃林

随着区域变化，杜鹃林花冠饱满度与层次对比度，林分密度分别与郁闭度、生活型构成、灌草盖度、绿色比例、色彩丰富度之间，郁闭度与生活型构成、灌草盖度、枯树倒木、色彩丰富度之间，生活型构成分别与灌草盖度、绿色比例、色彩丰富度之间，灌草分布均匀度与枯树倒木之间，灌草盖度分别与绿色比例、色彩丰富度之间，枯树倒木与枯枝落叶之间，绿色比例与色彩丰富度之间，层次对比度与树干显示度之间呈显著或极显著正相关关系（$P < 0.05$、$P < 0.01$ 或 $P < 0.001$）。花冠饱满度与林分密度、灌草盖度、绿色比例之间，林分密度分别与层次对比度、树干显示度之间，郁闭度与层次对比度之间，生活型构成与层次对比度之间，灌草盖度与层次对比度之间，色彩丰富度与层次对比度之间呈显著或极显著负相关关系（$P < 0.05$、$P < 0.01$ 或 $P < 0.001$）。其中，林分密度与郁闭度之间、林分密度与生活型构成之间、林分密度与灌草盖度之间、林分密度与层次对比度之间、郁闭度与生活型构成之间、郁闭度与层次对比度之间、生活型构成与层次对比度之间的相关性较强（图 4.1a）。

2. 樱花林

随着区域变化，樱花林树木平均高与绿色比例之间，树冠饱满度与层次对比度之间，林分密度分别与郁闭度、灌木高度、草本高度之间，郁闭度分别与灌草盖度、灌木高度、草本高度、枯枝落叶之间，林木分布方式与绿色比例之间，灌草分布均匀度与草本高度、绿色比例之间，灌木高度与枯枝落叶之间，层次对比度与树干显示度之间呈显著或极显著正相关关系（$P < 0.05$ 或 $P < 0.01$）。树冠饱满度与草本高度、色彩丰富度之间，树干形态与生活型构成、层次对比度之间，树种组成与林木分布方式、绿色比例之间，林分密度与林木分布方式、绿色比例之间，林木分布方式与生活型构成之间，生活型构成与绿色比例之间，灌草分布均匀度与枯枝落叶之间，草本高度与层次对比度、树干显示度之间呈显著或极显著负相关关系（$P < 0.05$、$P < 0.01$ 或 $P < 0.001$）。其中，树木平均高与绿色比例之间、树冠饱满度与草本高度之间、树种组成与林木分布方式之间、林分密度与郁闭度之间、林分密度与林木分布方式之间、林分密度与灌木高度之间、郁闭度与枯枝落叶之间、草本高度与层次对比度之间的相关性较强（图 4.1b）。

3. 枫香林

随着区域变化，枫香林平均胸径分别与林木分布方式、枯枝落叶之间，树木平均高分别与林木分布方式、枯树倒木、枯枝落叶、绿色比例之间，林分密度分别与郁闭度、草本高度之间，生活型构成与灌木高度之间，灌草分布均匀度与层次对比度之间，灌草盖度与层次对比度之间，枯树倒木与层次对比度之间，层次对比度与树干显示度之间呈显著或极显著正相关关系（$P < 0.05$、$P < 0.01$ 或 $P < 0.001$）。平均胸径与树干形态、灌木高度之间，树木平均高与树干形态、郁闭度之间，树干形态与绿色比例、色彩丰富度之间，林分密度与枯树倒木、层次对比度、树干显示度之间，郁闭度与枯树倒木、层次对比度、树干显示度之间，生活型构成与枯枝落叶之间，灌草分布均匀度与草本高度之间，灌木高度与枯枝落叶之间，草本高度与层次对比度、树干显示度之间呈显著或极显著负相关关系（$P < 0.05$、$P < 0.01$ 或 $P < 0.001$）。其中，树木平均高与树干形态之间、林分密度与枯树倒木之间、灌草分布均匀度与层次对比度之间、灌木高度与枯枝落叶之间、草本高度与层次对比度之间的相关性较强（图 4.1c）。

4. 马尾松林

随着区域变化，马尾松林枝下高与树木平均高、灌草盖度之间，树冠饱满度与灌草盖度、色彩丰富度之间，树种组成与色彩对比度之间，郁闭度与草本高度、枯树倒木之间，灌草分布均匀度与树干显示度之间，草本高度与色彩对比度之间，绿色比例与层次对比度之间呈显著正相关关系（$P < 0.05$）。枝下高分别与郁闭度、草本高度、绿色比例、色彩对比度之间，平均胸径与郁闭度、层次对比度之间，树木平均高与郁闭度、色彩对比度之间，树冠饱满度与林分密度、草本高度之间，树干形态与树干显示度之间，林分密度与灌草分布均匀度、灌草盖度、色彩丰富度之间，郁闭度与灌草盖度之间，生活型构成与灌木高度之间，灌草盖度与灌木高度、枯树倒木之间，灌木高度与树干显示度之间，色彩丰富度与层次对比度之间为显著或极显著负相关关系（$P < 0.05$、$P < 0.01$ 或 $P < 0.001$）。其中，枝下高与郁闭度之间、林分密度与灌草分布均匀度之间、灌草盖度与枯树倒木之间的相关性较强（图 4.1d）。

5. 樟树林

随着区域变化，樟树林枝下高与平均胸径、树木平均高，平均胸径与树木平均高之间，树木平均高与林木分布方式、灌草分布均匀度之间，树冠饱满度与色彩对比度，林分密度与郁闭度、草本高度、绿色比例之间，郁闭度与绿色比例、色彩丰富度之间，林木分布方式与灌草分布均匀度、层次对比度、树干显示度之间，灌草分布均匀度与层次对比度、树干显示度之间，灌草盖度与草本高度之间，枯树倒木与绿色比例、色彩丰富度之间，绿色比例与色彩丰富度之间，层次对比度与树干显示度之间呈显著或极显著正相关关系（$P < 0.05$、$P < 0.01$ 或 $P < 0.001$）。树干形态与林木分布方式之间，林分密度与层次对比度、树干显示度之间，郁闭度分别与林木分布方式、灌草分布均匀度、层次对比度、树干显示度之间，林木分布方式与绿色比例、色彩丰富度之间，灌草分布均匀度与枯树倒木、绿色比例、色彩丰富度之间，灌木高度与层次对比度之间，枯树倒木与树干显示度之间，绿色比例与层次对比度、树干显示度之间为显著或极显著负相关关系（$P < 0.05$ 或 $P < 0.001$）。其中，枝下高与平均胸径之间，郁闭度与绿色比例之间，灌草分布均匀度与绿色比例之间的相关性较强（图 4.1e）。

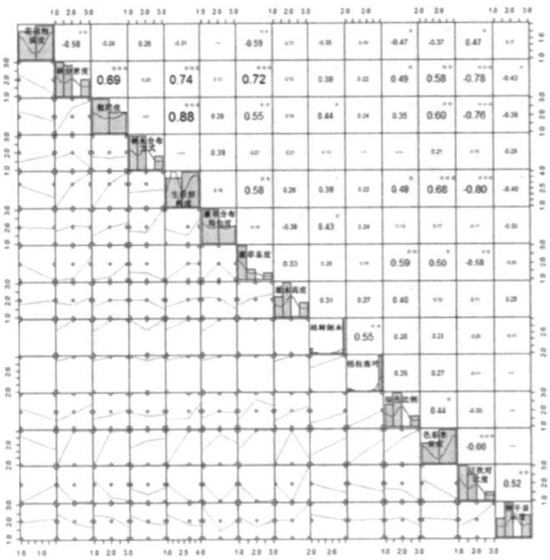

（a）杜鹃林

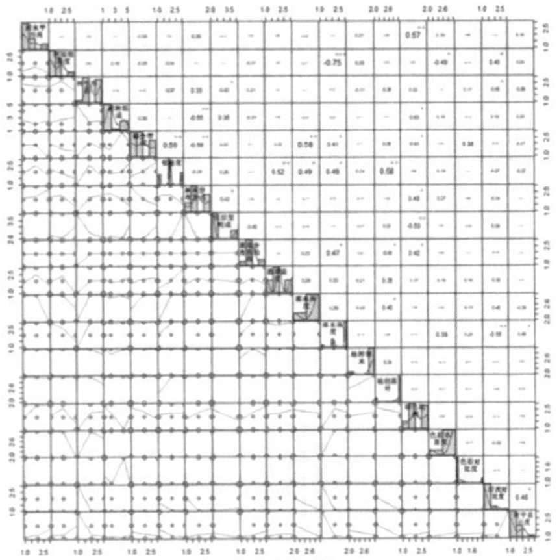

（b）樱花林

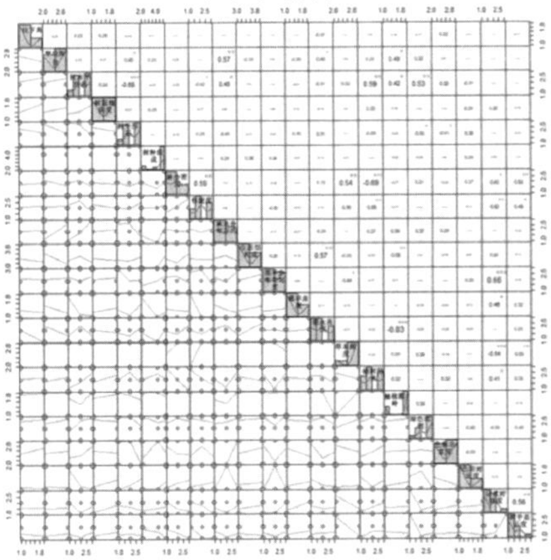

（c）枫香林

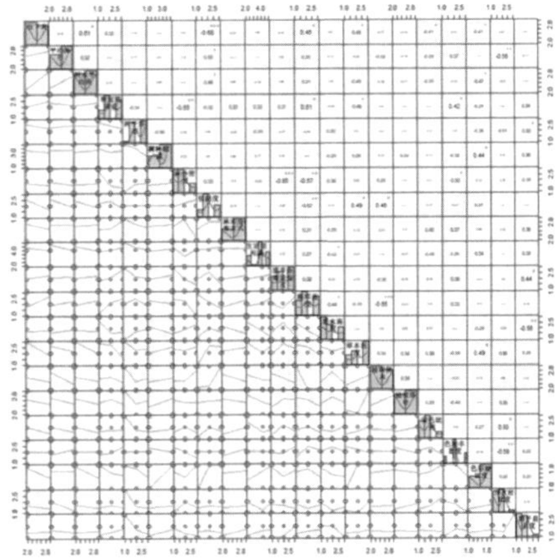

（d）马尾松林

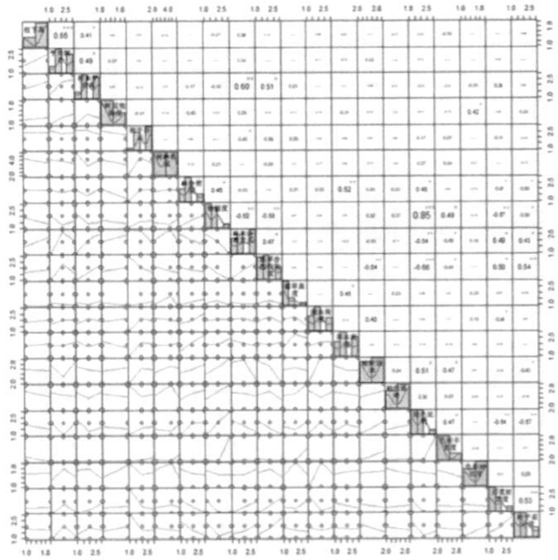

（e）樟树林

图 4.1　区域变化下风景游憩林林分特征指标间的相关性分析

注：各项指标之间的显著相关性以皮尔逊相关系数和星号表示（*：$P<0.05$，**：$P<0.01$，***：$P<0.001$）。

4.3.3 风景游憩林景观格局指标间的相关性

1. 杜鹃林

随着区域变化，杜鹃林景观格局指标两两之间表现出显著相关，主要表现为黑色斑块面积占比、红色斑块面积占比、红色斑块面积 / 绿色斑块面积、平均周长面积比、斑块密度、景观分割指数、分离度指数、Simpson 多样性指数、香农均匀度指数、香农多样性指数、Simpson 均匀度指数两两之间，绿色斑块面积占比、绿色斑块面积、蔓延度、景观面积、最大斑块指数、斑块凝集度指数、平均形状指数、平均近圆形形状指数、平均邻近指数、景观形状指数、黑色斑块面积、斑块数量、红色斑块面积、绿色斑块面积 / 黑色斑块面积、相似临近百分比、聚集指数两两之间呈显著或极显著正相关关系（$P < 0.05$ 或 $P < 0.01$）。黑色斑块面积占比、红色斑块面积占比、红色斑块面积 / 绿色斑块面积、平均周长面积比、斑块密度、景观分割指数、分离度指数、Simpson 多样性指数、香农均匀度指数、香农多样性指数、Simpson 均匀度指数分别与绿色斑块面积占比、绿色斑块面积、蔓延度、景观面积、最大斑块指数、斑块凝集度指数、平均形状指数、平均近圆形形状指数、平均邻近指数、景观形状指数、黑色斑块面积、斑块数量、红色斑块面积、绿色斑块面积 / 黑色斑块面积、相似临近百分比、聚集指数两两之间存在显著或极显著负相关关系（$P < 0.05$ 或 $P < 0.01$）（附图 5a）。

2. 樱花林

随着区域变化，大部分樱花林景观格局指标两两之间显著相关，主要表现为蔓延度、红色斑块面积占比、最大斑块指数两两之间，黑色斑块面积、黑色斑块面积占比、景观面积、平均邻近指数、红色斑块面积、斑块凝集度指数、平均近圆形形状指数、相似临近百分比、聚集指数两两之间，香农多样性指数、Simpson 多样性指数、景观分割指数、分离度指数、香农均匀度指数、Simpson 均匀度指数两两之间，红色斑块面积 / 黑色斑块面积、平均斑块分形维数、周长面积分维、斑块密度、平均周长面积比两两之间呈显著或极显著正相关关系（$P < 0.05$ 或 $P < 0.01$）。蔓延度、红色斑块面积占比、最大斑块指数分别与香农多样性指数、Simpson 多样性指数、景观分割指数、分离度指数、香农均匀度指数、Simpson 均匀度指数两两之间，黑色斑块面积、黑色斑块面积占比、景观面积、平均邻近指数、红色斑块面积、斑块凝集度指数、平均近圆形形状指数、相似临

近百分比、聚集指数分别与香农多样性指数、Simpson 多样性指数、景观分割指数、分离度指数、香农均匀度指数、Simpson 均匀度指数、红色斑块面积 / 黑色斑块面积、平均斑块分形维数、周长面积分维、斑块密度、平均周长面积比两两之间具有显著或极显著负相关关系（$P < 0.05$ 或 $P < 0.01$）（附图 5b）。

3. 枫香林

随着区域变化，枫香林景观格局指标两两之间普遍具有显著相关性，主要表现为景观形状指数、黑色斑块面积、平均周长面积比、蔓延度、斑块凝集度指数、斑块数量、景观面积、绿色斑块面积、红色斑块面积、相似临近百分比、聚集指数两两之间，景观分割指数、分离度指数、香农多样性指数、香农均匀度指数、Simpson 多样性指数、Simpson 均匀度指数两两之间，平均近圆形形状指数、平均邻近指数、绿色斑块面积占比、绿色斑块面积 / 黑色斑块面积、黑色斑块面积占比、斑块密度、周长面积分维、平均斑块分形维数、红色斑块面积占比、红色斑块面积 / 绿色斑块面积、红色斑块面积 / 黑色斑块面积、平均形状指数两两之间表现出显著或极显著正相关关系（$P < 0.05$ 或 $P < 0.01$）。黑色斑块面积、平均周长面积比、蔓延度、斑块凝集度指数、斑块数量、景观面积、绿色斑块面积、红色斑块面积、相似临近百分比、聚集指数分别与香农多样性指数、香农均匀度指数、Simpson 多样性指数、Simpson 均匀度指数、平均近圆形形状指数、平均邻近指数、绿色斑块面积占比、绿色斑块面积 / 黑色斑块面积、黑色斑块面积占比、斑块密度、周长面积分维、平均斑块分形维数、红色斑块面积占比、红色斑块面积 / 绿色斑块面积、红色斑块面积 / 黑色斑块面积、平均形状指数两两之间存在显著或极显著负相关关系（$P < 0.05$ 或 $P < 0.01$）（附图 5c）。

4. 马尾松林

随着区域变化，大部分马尾松林景观格局指标两两之间存在显著相关性，主要表现为黑色斑块面积占比、景观分割指数、分离度指数、Simpson 均匀度指数、香农多样性指数、Simpson 多样性指数、香农均匀度指数、平均形状指数、平均邻近指数两两之间，绿色斑块面积占比、绿色斑块面积 / 黑色斑块面积、最大斑块指数、蔓延度、斑块密度两两之间，平均斑块分形维数、斑块数量、平均周长面积比、景观形状指数、周长面积分维、景观面积、黑色斑块面积、绿色斑块面积、斑块凝集度指数两两之间具有显著或极显著正相关关系（$P < 0.05$ 或 $P <$

0.01）。黑色斑块面积占比、景观分割指数、分离度指数、Simpson 均匀度指数、香农多样性指数、Simpson 多样性指数、香农均匀度指数、平均形状指数分别与绿色斑块面积占比、绿色斑块面积 / 黑色斑块面积、最大斑块指数、蔓延度、平均斑块分形维数、斑块数量、平均周长面积比两两之间，平均近圆形形状指数、平均邻近指数分别与平均斑块分形维数、斑块数量、平均周长面积比、景观形状指数、周长面积分维、景观面积、黑色斑块面积、绿色斑块面积两两之间呈显著或极显著负相关关系（$P < 0.05$ 或 $P < 0.01$）（附图 5d）。

5. 樟树林

随着区域变化，樟树林大部分景观格局指标两两之间呈显著相关性，主要表现为黑色斑块面积占比、景观分割指数、分离度指数、香农均匀度指数、Simpson 均匀度指数、香农多样性指数、Simpson 多样性指数两两之间，平均邻近指数、平均形状指数、平均近圆形形状指数两两之间，相似临近百分比、聚集指数、最大斑块指数、蔓延度、绿色斑块面积占比、绿色斑块面积 / 黑色斑块面积、斑块凝集度指数、景观面积、绿色斑块面积两两之间，平均斑块分形维数、斑块密度、周长面积分维、黑色斑块面积、平均周长面积比、斑块数量、景观形状指数两两之间，斑块凝集度指数、景观面积、绿色斑块面积、黑色斑块面积、平均周长面积比、斑块数量、景观形状指数两两之间呈显著或极显著正相关关系（$P < 0.05$ 或 $P < 0.01$）。黑色斑块面积占比、景观分割指数、分离度指数、香农均匀度指数、Simpson 均匀度指数、香农多样性指数、Simpson 多样性指数分别与相似临近百分比、聚集指数、最大斑块指数、蔓延度、绿色斑块面积占比、绿色斑块面积 / 黑色斑块面积、斑块凝集度指数、景观面积、绿色斑块面积两两之间，平均邻近指数、平均形状指数、平均近圆形形状指数分别与平均斑块分形维数、斑块密度、周长面积分维、斑块凝集度指数、景观面积、绿色斑块面积、黑色斑块面积、平均周长面积比、斑块数量、景观形状指数两两之间表现出显著或极显著负相关关系（$P < 0.05$ 或 $P < 0.01$）（附图 5e）。

4.3.4 单木形态、林分特征、景观格局与美景度特征的相关性

1. 杜鹃林

随着区域变化，杜鹃林单木 SBE 值与枝条密度、花色、开花率呈显著或极

显著正相关（$P < 0.05$ 或 $P < 0.01$）（附图 6A）。采用 LASSO 回归分析进一步建立了区域变化下杜鹃林单木 SBE 值与主要单木形态指标的回归模型（图 4.2a）。结果表明，回归模型的调整判定系数（R^2）为 0.425，模拟效果较好，其回归方程为：$y_{SBE} = -0.410x_{叶片密度} + 0.228x_{枝条密度} + 0.350x_{花色} - 0.024$。表明随区域变化，杜鹃林单木美景度的变化受到叶片密度、枝条密度和花色的综合影响。

随着区域变化，杜鹃林林内 SBE 值与林分密度、郁闭度、生活型构成、灌草盖度、枯树倒木、绿色比例、色彩丰富度呈显著或极显著正相关（$P < 0.05$ 或 $P < 0.01$）；与花冠饱满度、层次对比度呈显著或极显著负相关（$P < 0.05$ 或 $P < 0.01$）。其中与林分密度、生活型构成的相关性最强（附图 6A）。采用 LASSO 回归分析进一步建立了区域变化下杜鹃林林内 SBE 值与主要林分特征指标的回归模型（图 4.2b）。结果表明，回归模型的调整判定系数（R^2）为 0.999，模拟效果较好，其回归方程为：$y_{SBE} = 0.001x_{花冠饱满度} + 2.306x_{林分密度} + 0.221x_{郁闭度} - 0.158x_{林木分布方式} + 0.534x_{生活型构成} - 0.001x_{灌草分布均匀度} - 0.001x_{灌草盖度} - 0.093x_{绿色比例} - 0.001x_{色彩丰富度} + 1.724x_{层次对比度} - 8.046$。表明随着区域变化，杜鹃林林内美景度的变化受到花冠饱满度、林分密度、郁闭度、林木分布方式、生活型构成、灌草分布均匀度、灌草盖度、绿色比例、色彩丰富度和层次对比度的综合影响。

随着区域变化，杜鹃林林外 SBE 值与红色斑块面积占比、黑色斑块面积占比、红色斑块面积 / 绿色斑块面积、斑块密度、平均周长面积比、景观分割指数、分离度指数、香农多样性指数、Simpson 多样性指数、香农均匀度指数、Simpson 均匀度指数呈显著或极显著正相关（$P < 0.05$ 或 $P < 0.01$）。与景观面积、红色斑块面积、绿色斑块面积、黑色斑块面积、绿色斑块面积占比、斑块数量、最大斑块指数、景观形状指数、平均形状指数、平均斑块分形维数、平均近圆形形状指数、平均邻近指数、蔓延度、相似临近百分比、斑块凝集度指数、聚集指数呈极显著负相关（$P < 0.01$），其中与红色斑块面积占比、绿色斑块面积占比、最大斑块指数、蔓延度、景观分割指数、香农多样性指数、Simpson 多样性指数、香农均匀度指数、Simpson 均匀度指数的相关性最强（附图 6A）。随着区域变化，杜鹃林林外 SBE 值与主要景观格局指标的逐步回归模型调整判定系数（R^2）为 0.999，且模拟效果达到显著水平（$P < 0.001$），其回归方程为：$y_{SBE} = -0.002x_{景观面积} + 0.002x_{绿色斑块面积} - 0.038x_{绿色斑块面积占比} - 0.050x_{黑色斑块面积占比} + 0.000x_{斑块密度} + 0.000x_{平均周长面积比} + 6.653x_{平均邻近指数} + 0.141x_{蔓延度} - 0.562x_{斑块凝集度指数} - 2.518x_{景观分割指数} + 5.019x_{香农均匀度指数} + 4.106x_{Simpson均匀度指数} + 38.090$（图 4.2c）。表明

随着区域变化，杜鹃林林外美景度的变化是景观面积、绿色斑块面积、绿色斑块面积占比、黑色斑块面积占比、斑块密度、平均周长面积比、平均邻近指数、蔓延度、斑块凝集度指数、景观分割指数、香农均匀度指数和 Simpson 均匀度指数综合作用的结果。

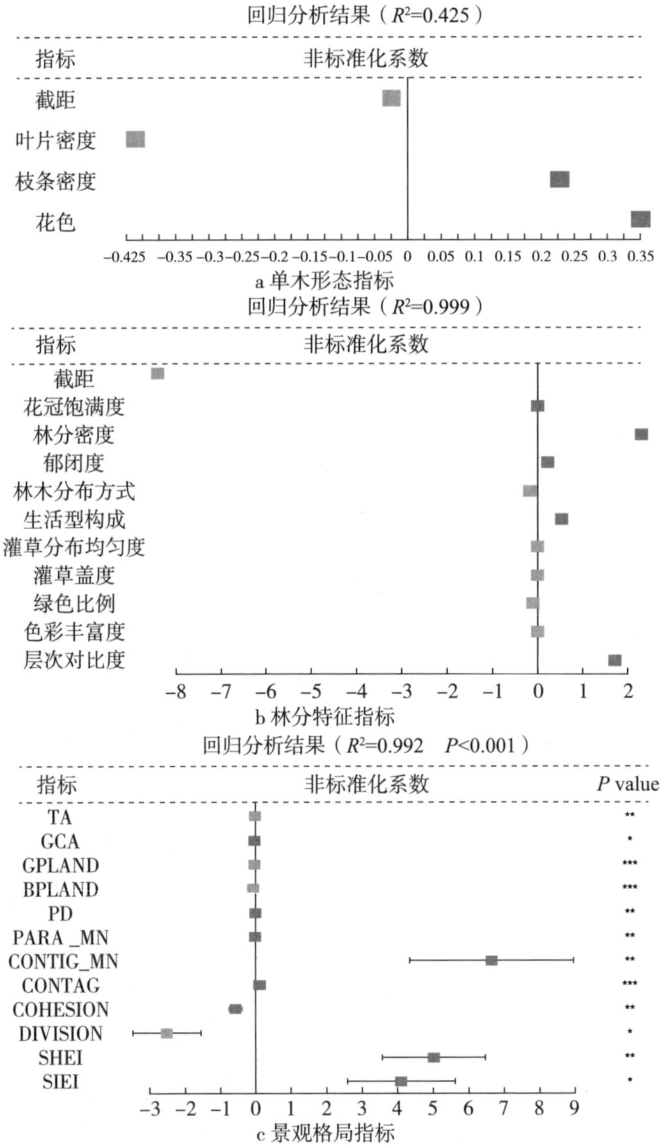

图 4.2 区域变化下杜鹃林各尺度 SBE 值与主要美学指标的回归分析结果

注：R^2 代表模型调整判定系数；深灰色代表正向影响，浅灰色代表负向影响。P 代表模拟方程和指标的显著性水平（*：$P<0.05$，**：$P<0.01$，***：$P<0.001$）。下同。

2. 樱花林

随着区域变化，樱花林单木 SBE 值与枝条密度、轮廓清晰度、开花密集度、花冠对称度、冠幅、枝条混乱度呈显著或极显著正相关（$P < 0.05$ 或 $P < 0.01$）；与花色呈显著负相关（$P < 0.05$）。其中与轮廓清晰度、开花密集度的相关性最强（附图 6B）。采用 LASSO 回归分析进一步建立了区域变化下樱花林单木 SBE 值与主要单木形态指标的回归模型（图 4.3a）。结果表明，回归模型的调整判定系数（R^2）为 0.466，模拟效果较好，其回归方程为：$y_{\mathrm{SBE}} = -0.154x_{\text{叶片密度}} + 0.130x_{\text{枝条密度}} + 0.489x_{\text{花冠对称度}} - 0.489$。表明随着区域变化，樱花林单木美景度的变化受到叶片密度、枝条密度和花冠对称度的综合影响。

随着区域变化，樱花林林内 SBE 值与林木分布方式、绿色比例呈极显著正相关（$P < 0.01$）；与树种组成呈极显著负相关（$P < 0.01$）。其中与树种组成的相关性最强（附图 6B）。采用 LASSO 回归分析进一步建立了区域变化下樱花林林内 SBE 值与主要林分特征指标的回归模型（图 4.3b）。结果表明，回归模型的调整判定系数（R^2）为0.361，模拟效果较好，其回归方程为：$y_{\mathrm{SBE}} = 0.189x_{\text{树木平均高}} - 0.126x_{\text{树冠饱满度}} - 0.170x_{\text{生活型构成}} - 0.153x_{\text{树干显示度}} + 0.667$。表明远郊区樱花林林内美景度的变化受到树木平均高、树冠饱满度、生活型构成和树干显示度的综合影响。

随着区域变化，樱花林林外 SBE 值与景观面积、红色斑块面积、黑色斑块面积、红色斑块面积占比、黑色斑块面积占比、最大斑块指数、平均邻近指数、蔓延度、相似临近百分比、斑块凝集度指数、聚集指数呈显著或极显著负相关（$P < 0.05$ 或 $P < 0.01$）；与斑块密度、平均斑块分形维数、平均周长面积比、景观分割指数、分离度指数、香农多样性指数、Simpson 多样性指数、香农均匀度指数、Simpson 均匀度指数呈显著或极显著负相关（$P < 0.05$ 或 $P < 0.01$）。其中与红色斑块面积、分离度指数、香农多样性指数的相关性最强（附图 6B）。随着区域变化，樱花林林外 SBE 值与主要景观格局指标的逐步回归模型调整判定系数（R^2）为 0.947，且模拟效果达到显著水平（$P < 0.001$），其回归方程为：$y_{\mathrm{SBE}} = 0.236x_{\text{黑色斑块面积}} + 11.470x_{\text{红色斑块面积占比}} - 31.930x_{\text{黑色斑块面积占比}} - 0.001x_{\text{斑块数量}} - 0.332x_{\text{最大斑块指数}} - 2.653x_{\text{平均邻近指数}} + 2.783x_{\text{相似临近百分比}} - 23.320x_{\text{景观分割指数}} - 15.490x_{\text{Simpson 多样性指数}} + 19.820x_{\text{香农均匀度指数}} - 3.268x_{\text{聚集指数}} + 69.050$（图 4.3c）。表明随着区域变化，樱花林林外美景度的变化是黑色斑块面积、红色斑块面积占比、黑色斑块面积占比、

斑块数量、最大斑块指数、平均邻近指数、相似临近百分比、景观分割指数、Simpson 多样性指数、香农均匀度指数和聚集指数综合作用的结果。

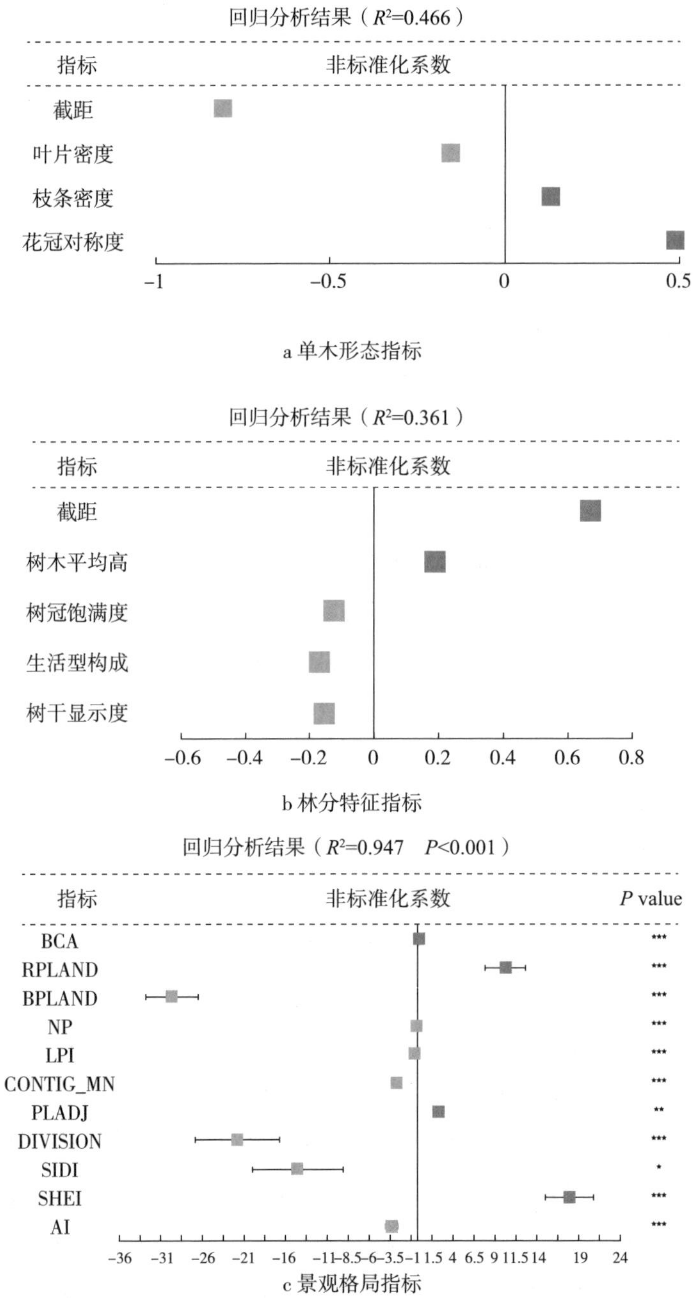

图 4.3　区域变化下樱花林各尺度 SBE 值与主要美学指标的回归分析结果

3. 枫香林

随着区域变化，枫香林单木 SBE 值与树冠形态、树干挺拔度、树冠完整度、树冠对称度、冠幅、枯枝数量、枝条密度、枝条混乱度、枝条舒展度、叶片变色率呈显著或极显著正相关（$P < 0.05$ 或 $P < 0.01$），其中与树冠完整度、叶片变色率的相关性最强（附图 6C）。采用 LASSO 回归分析进一步建立了区域变化下枫香林单木 SBE 值与主要单木形态指标的回归模型（图 4.4a）。结果表明，回归模型的调整判定系数（R^2）为 0.746，模拟效果较好，其回归方程为：$y_{\text{SBE}} = 0.186x_{\text{树干挺拔度}} + 0.163x_{\text{树冠对称度}} + 0.115x_{\text{冠幅}} + 0.172x_{\text{枝条密度}} + 0.062x_{\text{枝条舒展度}} + 0.427x_{\text{叶片变色率}} - 2.042$。表明随着区域变化，枫香林单木美景度的变化受到树干挺拔度、树冠对称度、冠幅、枝条密度、枝条舒展度和叶片变色率的综合影响。

随着区域变化，枫香林林内SBE值与平均胸径、枯树倒木、枯枝落叶呈显著或极显著正相关（$P < 0.05$ 或 $P < 0.01$）；与林分密度、生活型构成、灌木高度呈显著或极显著负相关（$P < 0.05$ 或 $P < 0.01$）。其中与灌木高度、枯枝落叶的相关性最强（附图 6C）。采用 LASSO 回归分析进一步建立了区域变化下枫香林林内 SBE 值与主要林分特征指标的回归模型（图 4.4b）。结果表明，回归模型的调整判定系数（R^2）为 0.761，模拟效果较好，其回归方程为：$y_{\text{SBE}} = -0.956x_{\text{生活型构成}} - 0.157x_{\text{灌草盖度}} + 0.354x_{\text{色彩丰富度}} + 0.184x_{\text{色彩对比度}} + 0.081x_{\text{层次对比度}} + 1.974$。表明随着区域变化，枫香林林内美景度的变化受到生活型构成、灌草盖度、色彩丰富度、色彩对比度和层次对比度的综合影响。

随着区域变化，枫香林林外 SBE 值与红色斑块面积占比、红色斑块面积 / 绿色斑块面积、红色斑块面积 / 黑色斑块面积、绿色斑块面积 / 黑色斑块面积、平均斑块分形维数、景观分割指数、分离度指数呈显著或极显著正相关（$P < 0.05$ 或 $P < 0.01$），与最大斑块指数呈极显著负相关（$P < 0.01$），其中与红色斑块面积 / 绿色斑块面积的相关性最强（附图 6C）。随着区域变化，枫香林林外 SBE 值与主要景观格局指标的逐步回归模型调整判定系数（R^2）为 0.990，且模拟效果达到显著水平（$P < 0.001$），其回归方程为：$y_{\text{SBE}} = -0.002x_{\text{景观面积}} + 0.003x_{\text{红色斑块面积}} + 0.001x_{\text{绿色斑块面积}} - 0.063x_{\text{红色斑块面积占比}} - 0.089x_{\text{黑色斑块面积占比}} + 0.028x_{\text{红色斑块面积/绿色斑块面积}} + 0.022x_{\text{最大斑块指数}} + 0.017x_{\text{景观形状指数}} - 5.242x_{\text{平均斑块分形维数}} + 2.671x_{\text{平均邻近指数}} - 0.231x_{\text{蔓延度}} + 0.071x_{\text{相似临近百分比}} + 2.512x_{\text{景观分割指数}} - 7.066x_{\text{香农均匀度指数}} - 3.245x_{\text{Simpson 均匀度指数}} - 0.945$（图 4.4c）。表明随着区域变化，枫香林林外美景度的变化是景观面积、红色斑块

面积、绿色斑块面积、红色斑块面积占比、黑色斑块面积占比、红色斑块面积 / 绿色斑块面积、最大斑块指数、景观形状指数、平均斑块分形维数、平均邻近指数、蔓延度、相似临近百分比、景观分割指数、香农均匀度指数和 Simpson 均匀度指数综合作用的结果。

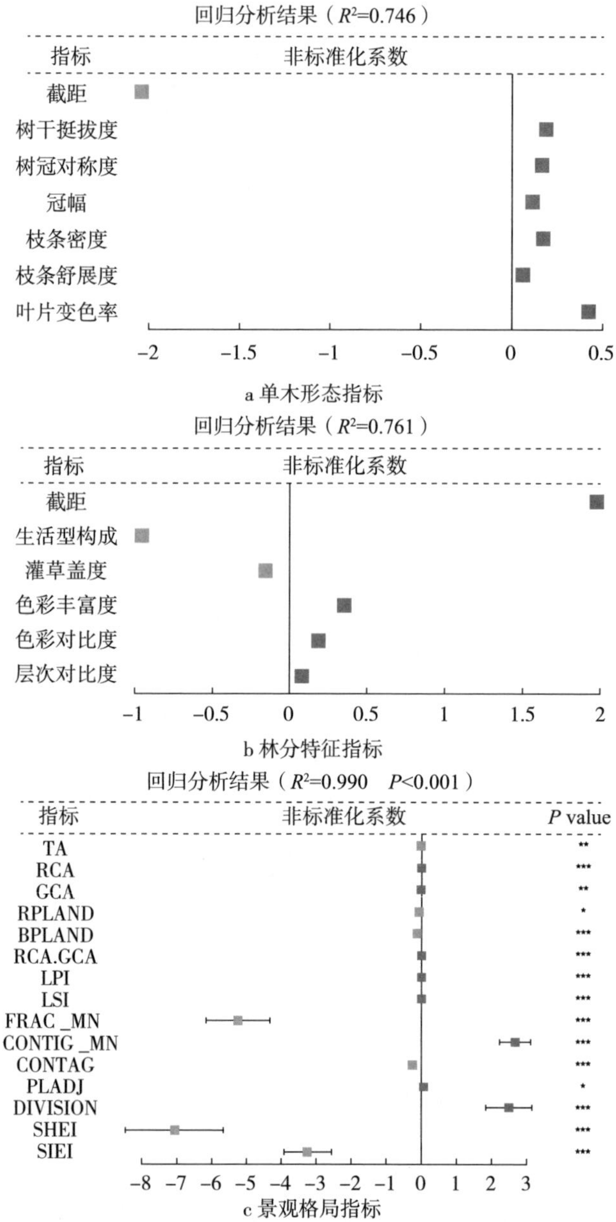

图 4.4　区域变化下枫香林各尺度 SBE 值与主要美学指标的回归分析结果

4. 马尾松林

随着区域变化，马尾松林单木 SBE 值与树干挺拔度、树冠完整度、树冠对称度、树冠均匀度、树冠比例、冠幅、枝条舒展度呈显著或极显著正相关（$P < 0.05$ 或 $P < 0.01$），其中与树冠对称度、枝条舒展度的相关性最强（附图 6D）。采用 LASSO 回归分析进一步建立了区域变化下马尾松林单木 SBE 值与主要单木形态指标的回归模型（图 4.5a）。结果表明，回归模型的调整判定系数（R^2）为 0.678，模拟效果较好，其回归方程为：$y_{\text{SBE}} = 0.345x_{\text{树冠对称度}} + 0.342x_{\text{树冠比例}} + 0.045x_{\text{冠幅}} - 0.077x_{\text{枯枝数量}} - 1.423$。表明随着区域变化，马尾松林单木美景度的变化受到树冠对称度、树冠比例、冠幅和枯枝数量的综合影响。

随着区域变化，马尾松林林内SBE值与郁闭度、灌木高度、枯树倒木呈显著正相关（$P < 0.05$）；与树冠饱满度、灌草盖度呈显著或极显著负相关（$P < 0.05$ 或 $P < 0.01$）。其中与灌草盖度的相关性最强（附图 6D）。采用 LASSO 回归分析进一步建立了区域变化下马尾松林林内 SBE 值与主要林分特征指标的回归模型（图 4.5b）。结果表明，回归模型的调整判定系数（R^2）为 0.733，模拟效果较好，其回归方程为：$y_{\text{SBE}} = -0.249x_{\text{枝下高}} - 0.217x_{\text{树木平均高}} + 0.127x_{\text{林分密度}} + 0.162x_{\text{灌木高度}} + 0.318x_{\text{枯树倒木}} - 0.298x_{\text{层次对比度}} + 0.449$。表明随着区域变化，马尾松林林内美景度的变化受到枝下高、树木平均高、林分密度、灌木高度、枯树倒木和层次对比度的综合影响。

随着区域变化，马尾松林林外 SBE 值与绿色斑块面积占比、绿色斑块面积/黑色斑块面积、斑块密度、最大斑块指数、蔓延度呈显著或极显著正相关（$P < 0.05$ 或 $P < 0.01$）；与黑色斑块面积、黑色斑块面积占比、景观形状指数、景观分割指数、分离度指数、香农多样性指数、Simpson 多样性指数、香农均匀度指数、Simpson 均匀度指数呈显著或极显著负相关（$P < 0.05$ 或 $P < 0.01$）。其中与景观分割指数、香农多样性指数、Simpson 多样性指数、香农均匀度指数、Simpson 均匀度指数的相关性最强（附图 6D）。随着区域变化，马尾松林林外 SBE 值与主要景观格局指标的逐步回归模型调整判定系数（R^2）为 0.976，且模拟效果达到显著水平（$P < 0.001$），其回归方程为：$y_{\text{SBE}} = 0.881x_{\text{绿色斑块面积占比}} + 0.000x_{\text{斑块数量}} + 0.000x_{\text{斑块密度}} + 0.254x_{\text{最大斑块指数}} + 0.009x_{\text{景观形状指数}} - 4.053x_{\text{平均斑块分形维数}} - 3.619x_{\text{平均邻近指数}} + 3.211x_{\text{分离度指数}} - 12.640x_{\text{Simpson 多样性指数}} - 30.580$（图 4.5c）。表明随着区域变化，马尾松林林外美景度的变化是绿色斑块面积占比、斑块数量、斑块

密度、最大斑块指数、景观形状指数、平均斑块分形维数、平均邻近指数、分离度指数和 Simpson 多样性指数综合作用的结果。

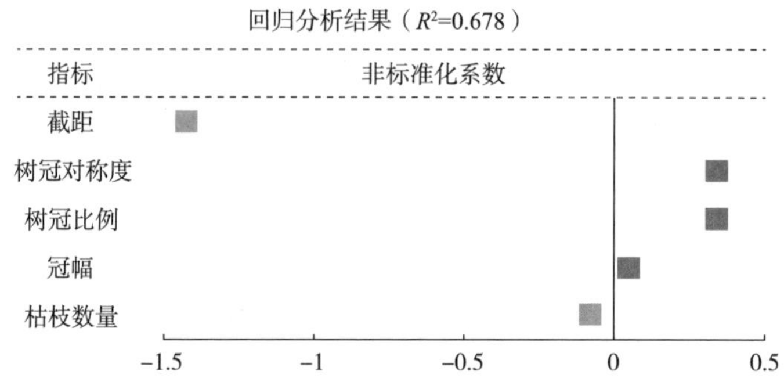

a 单木形态指标

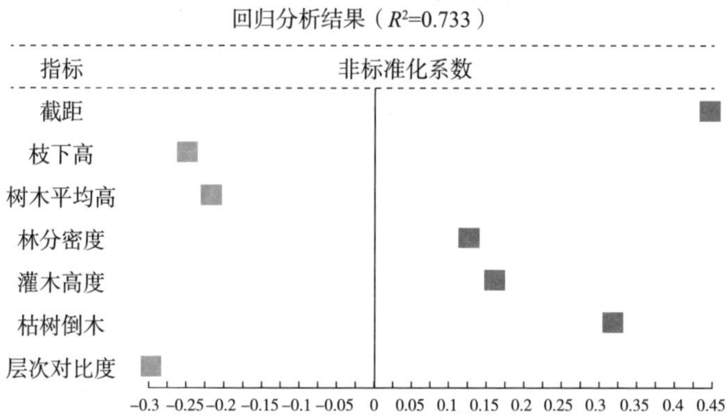

b 林分特征指标

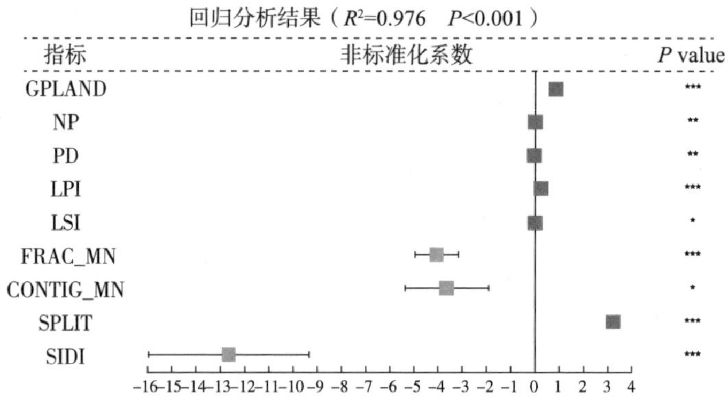

c 景观格局指标

图 4.5 区域变化下马尾松林各尺度 SBE 值与主要美学指标的回归分析结果

5. 樟树林

随着区域变化，樟树林单木 SBE 值与树干形态、轮廓清晰度、树干挺拔度、树冠完整度、树冠对称度、树冠比例、冠幅、枯枝数量、枝条密度、枝条舒展度、叶片密度呈显著或极显著正相关（$P < 0.05$ 或 $P < 0.01$），其中与冠幅、枯枝数量的相关性最强（附图 6E）。采用 LASSO 回归分析进一步建立了区域变化下樟树林单木 SBE 值与主要单木形态指标的回归模型（图 4.6a）。结果表明，回归模型的调整判定系数（R^2）为 0.720，模拟效果较好，其回归方程为：$y_{SBE} = 0.028x_{树干挺拔度} + 0.276x_{树冠对称度} + 0.068x_{树冠比例} + 0.357x_{冠幅} + 0.053x_{叶片密度} - 1.634$。表明随着区域变化，樟树林单木美景度的变化受到树干挺拔度、树冠对称度、树冠比例、冠幅和叶片密度的综合影响。

随着区域变化，樟树林林内SBE值与树木平均高、灌草盖度、层次对比度呈显著或极显著正相关（$P < 0.05$ 或 $P < 0.01$）；与灌木高度、枯树倒木、绿色比例呈显著或极显著负相关（$P < 0.05$ 或 $P < 0.01$）。其中与灌草盖度、灌木高度的相关性最强（附图 6E）。采用 LASSO 回归分析进一步建立了区域变化下樟树林林内 SBE 值与主要林分特征指标的回归模型（图 4.6b）。结果表明，回归模型的调整判定系数（R^2）为 0.785，模拟效果较好，其回归方程为：$y_{SBE} = -0.026x_{郁闭度} + 0.431x_{灌草盖度} - 0.324x_{枯树倒木} + 0.282x_{层次对比度} - 0.320$。表明随着区域变化，樟树林林内美景度的变化受到郁闭度、灌草盖度、枯树倒木和层次对比度的综合影响。

随着区域变化，樟树林林外 SBE 值与绿色斑块面积占比、绿色斑块面积 / 黑色斑块面积、最大斑块指数、蔓延度、相似临近百分比、斑块凝集度指数、聚集指数呈极显著正相关（$P < 0.01$）；与黑色斑块面积占比、平均形状指数、平均斑块分形维数、景观分割指数、分离度指数、香农多样性指数、Simpson 多样性指数、香农均匀度指数、Simpson 均匀度指数呈显著或极显著负相关（$P < 0.05$ 或 $P < 0.01$）。其中与绿色斑块面积占比、黑色斑块面积占比的相关性最强（附图 6E）。随着区域变化，樟树林林外 SBE 值与主要景观格局指标的逐步回归模型调整判定系数（R^2）为 0.749，且模拟效果达到显著水平（$P < 0.001$），其回归方程为：$y_{SBE} = -0.994x_{黑色斑块面积占比} - 7.868x_{平均斑块分形维数} + 0.000x_{平均周长面积比} + 12.850x_{平均邻近指数} - 7.207x_{景观分割指数} + 1.060x_{分离度指数} + 17.410x_{香农均匀度指数} - 14.640x_{Simpson均匀度指数} - 3.960$（图 4.6c）。表明随着区域变化，樟树林林外美景度的变化是黑色斑块面积占比、平均斑块分形维数、平均周长面积比、平均邻近指数、景观分割指数、分

离度指数、香农均匀度指数和 Simpson 均匀度指数综合作用的结果。

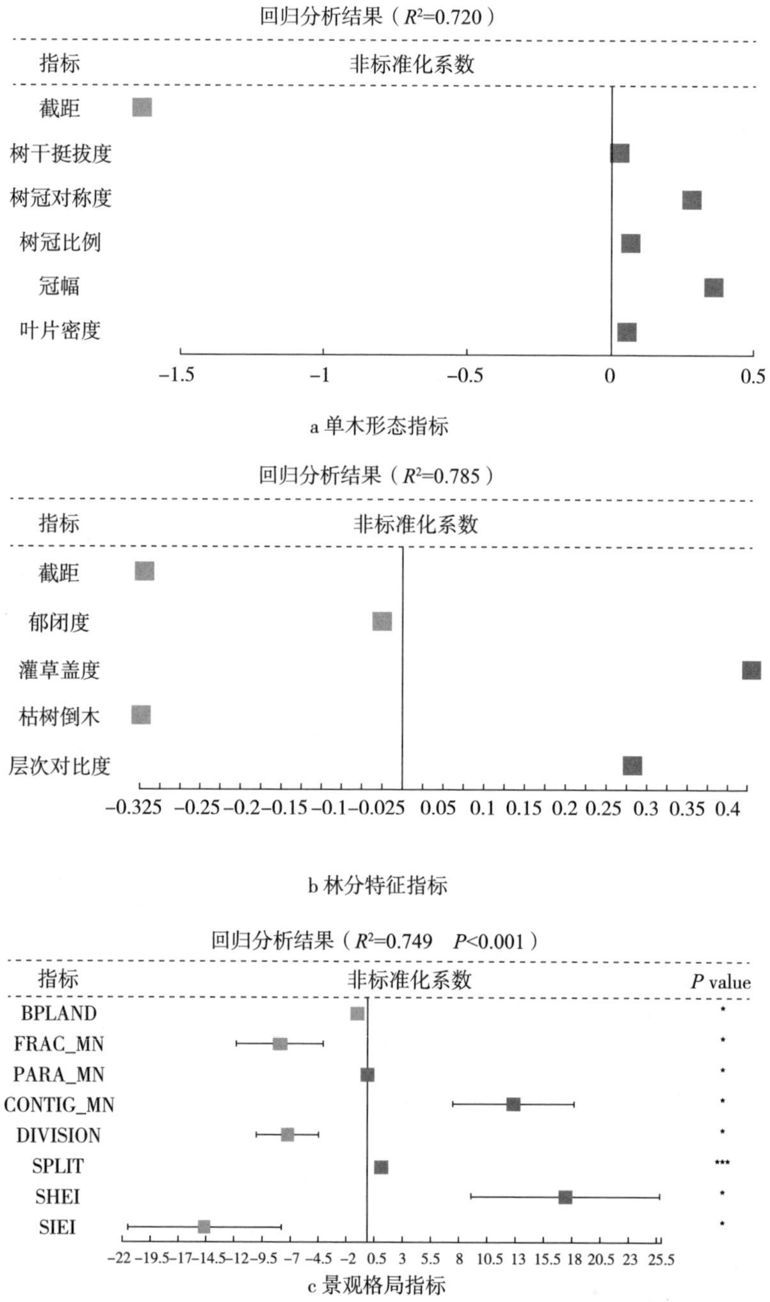

图 4.6 区域变化下樟树林各尺度 SBE 值与主要美学指标的回归分析结果

4.3.5 风景游憩林鸟类声音景观特征间的相关性

随着区域变化，杜鹃林鸟类声音景观特征间表现出极显著正相关（$P < 0.01$），其中，鸟类种类与鸟鸣次数之间的相关系数最高，其次依次为鸟鸣次数与鸟类声音和景观的谐和度之间、鸟类种类与鸟类声音和景观的谐和度之间（附图 7a）。

随着区域变化，樱花林鸟类声音景观特征间具有一定的正相关关系，其中，鸟类种类与鸟鸣次数之间的相关系数最高，其次为鸟鸣次数与鸟类声音和景观的谐和度之间，且均达到显著或极显著水平（$P < 0.05$ 或 $P < 0.01$），鸟类种类与鸟类声音和景观的谐和度之间最低（附图 7b）。

随着区域变化，枫香林鸟类声音景观特征间存在一定的正相关关系，其中，相关系数在鸟类种类与鸟鸣次数之间最高，且达到极显著水平（$P < 0.01$），其次为鸟类种类与鸟类声音和景观的谐和度之间、鸟鸣次数与鸟类声音和景观的谐和度之间（附图 7c）。

随着区域变化，马尾松林鸟类声音景观特征间呈极显著正相关关系（$P < 0.01$），其中，相关系数在鸟类种类与鸟鸣次数之间最高，其次依次为鸟鸣次数与鸟类声音和景观的谐和度之间、鸟类种类与鸟类声音和景观的谐和度之间（附图 7d）。

随着区域变化，樟树林鸟类声音景观特征间呈一定的正相关关系，其中，鸟类种类与鸟鸣次数之间的相关系数最高，且达到极显著水平（$P < 0.01$），其次为鸟类种类与鸟类声音和景观的谐和度之间、鸟鸣次数与鸟类声音和景观的谐和度之间（附图 7e）。

4.3.6 单木形态、林分特征、景观格局与鸟类声音景观特征的相关性

1. 杜鹃林

随着区域变化，杜鹃林单木形态与鸟类种类之间，景观格局分别与鸟鸣次数、鸟类声音和景观的谐和度之间为正相关关系；单木形态分别与鸟鸣次数、鸟类声音和景观的谐和度之间，林分特征分别与鸟类种类、鸟鸣次数、鸟类声音和景观的谐和度之间，景观格局与鸟类种类之间存在负相关关系。其中，林分特征与鸟类种类之间的相关系数最大，其次为林分特征与鸟鸣次数之间，均达到极显

著水平（$P<0.01$）（附图 8a）。

2. 樱花林

随着区域变化，樱花林单木形态分别与鸟类种类、鸟鸣次数、鸟类声音和景观的谐和度之间，林分特征与鸟类声音和景观的谐和度之间，景观格局分别与鸟类种类、鸟鸣次数、鸟类声音和景观的谐和度之间表现出正相关关系；林分特征分别与鸟类种类、鸟鸣次数之间具有负相关关系。其中，单木形态与鸟类种类之间的相关系数最大，其次为景观格局与鸟类声音和景观的谐和度之间、单木形态与鸟鸣次数之间，均达到极显著水平（$P<0.01$）（附图 8b）。

3. 枫香林

随着区域变化，枫香林单木形态分别与鸟类种类、鸟鸣次数、鸟类声音和景观的谐和度之间，林分特征分别与鸟类种类、鸟鸣次数、鸟类声音和景观的谐和度之间，景观格局分别与鸟类种类、鸟鸣次数、鸟类声音和景观的谐和度之间为正相关关系。其中，景观格局与鸟鸣次数之间的相关系数最大，其次为景观格局与鸟类声音和景观的谐和度之间、景观格局与鸟类种类之间、单木形态与鸟类声音和景观的谐和度之间，均达到极显著水平（$P<0.01$）（附图 8c）。

4. 马尾松林

随着区域变化，马尾松林单木形态分别与鸟类种类、鸟鸣次数、鸟类声音和景观的谐和度之间，景观格局分别与鸟类种类、鸟鸣次数、鸟类声音和景观的谐和度之间呈正相关关系；林分特征分别与鸟类种类、鸟鸣次数、鸟类声音和景观的谐和度之间为负相关关系。其中，景观格局与鸟鸣次数之间的相关系数最大，其次依次为景观格局与鸟类种类之间、景观格局与鸟类声音和景观的谐和度之间、单木形态与鸟类声音和景观的谐和度之间、林分特征与鸟类种类之间、单木形态与鸟鸣次数之间、林分特征与鸟鸣次数之间，均达到显著或极显著水平（$P<0.05$ 或 $P<0.01$）（附图 8d）。

5. 樟树林

随着区域变化，樟树林单木形态分别与鸟类种类、鸟鸣次数、鸟类声音和景观的谐和度之间，林分特征分别与鸟鸣次数、鸟类声音和景观的谐和度之间，景观格局分别与鸟类种类、鸟鸣次数、鸟类声音和景观的谐和度之间具有正相关关系；林分特征与鸟类种类之间存在负相关关系。其中，景观格局与鸟鸣次数之间的相关系数最大，其次依次为景观格局与鸟类种类之间、单木形态与鸟类声音和景观的谐和度之间、景观格局与鸟类声音和景观的谐和度之间、单木形态与鸟鸣次数之间，均达到显著或极显著水平（$P < 0.05$ 或 $P < 0.01$）（附图 8e）。

4.3.7 风景游憩林美学特征间的相互作用机制

植物不同于其他园林设计元素，它们具有生命力，其密度、质地和颜色会随着时间的推移和季节的变化而发生不同程度的变化。例如，落叶植物在一年中会经历春季花朵、夏季树荫、秋季叶子和冬季形状的变化，而沙漠植物在春季和冬季会经历形态的变化（诺曼，1989）。由于其显著的季节变化，植物往往成为人们在自然规律中寻找时间和空间的线索（Stobbelaar et al., 2007）。杜鹃和樱花中，花相关单木指标（花色、花冠对称度）与其他单木指标相关性较高；而枫香、马尾松和樟树的相关单木指标（树干挺拔度、树冠完整度、树冠对称度）与其他单木指标相关性较高。SBE 与植物的单木特征相关性分析结果表明，杜鹃林中 SBE 值与开花率在不同区域均有较强的相关关系，樱花林中 SBE 值与开花密集度、轮廓清晰度有较强的相关关系。对于乔木类观花植物，人们更喜欢具有生长良好、花枝繁茂、先花后叶的生长习性，且花色通常为白色和红色的植株。因此，在春季观花植物的配置中，对于乔木树种的选择，可以选择先花后叶的白色和红色植物，如樱花、李、豆梨等（洪畅翔 等，2021）。对于灌木类观花植物，SBE 值高的灌木均表现出枝干优雅、花密、生长势强的特点，因此，在春季木本观花植物的选择中，可以选择植物形态优美、生长潜力强、花朵数量大的植物物种进行植物景观配置（洪畅翔 等，2021）。不同区域内枫香、马尾松和樟树的 SBE 值与树干挺拔度、树冠轮廓完整度之间呈较强的相关关系，在枫香林中，更是与树片变色率呈较强的正相关关系。相比于观花树种，观叶植物的变化更为稳定（张芬，2013）。在后续风景游憩林建设过程中，对于观叶树种更需要考虑其单木树形形态特征，以及树叶的季相变化。

在不同区域内，杜鹃林 SBE 值与林分密度相关性较强，樱花林 SBE 值与林分郁闭度和树种组成相关性较强，而 SBE 值与观叶树种林分指标之间相关关系较为复杂。风景游憩林的林内美景度受各种林分结构指标的相互作用影响，而不是单个指标的结果（赵凯 等，2019）。史琛媛等（2016）研究结果表明，当林内林分密度小、树干直、树冠完好、林下草本覆盖率在 90% 以上、林下层高度大于 25cm、枝下高在 6m 左右时，其森林景观效果较好。因此，需要定期清理影响景观效果的凋落物，改善森林健康状况，定期修枝，提高树枝下高度。合理调整林分密度，将林分分为上、中、下层，提高下层的统一性。选择几个胸径较大的树作为目标树。适当降低林分郁闭度，增加林分渗透性。通过选择性采伐措施，降低竞争指数，减少树木之间的竞争。根据适树、多样性和季节变化的原则，对形态或颜色发生变化的适宜树种进行再植，以增加林分的物种多样性，提高林分的景观质量（张今朝，2018）。

本研究结果表明，不同区域风景游憩林内景观格局指标之间相关性较为显著。这与崔义（2020）提出的色彩斑块指数并不单独影响森林景观的美景度，且各指标之间存在相互作用的研究结果一致。不同区域不同林分的 SBE 值和景观格局指标之间相关性较为明显，主要集中在不同色彩斑块面积及其占比上，说明色彩斑块对风景游憩林的美景度影响较大。崔义（2020）研究结果表明，裸地比例与森林美景度呈显著负相关关系。土地覆盖对城市森林的美丽程度有重要影响，大量裸露的土地将严重影响景观效果（李翠翠，2010）。因此，在建设风景游憩林时，应适当增加林下灌丛和草丛，控制裸地面积比例（史琛媛 等，2016）。

4.4 风景游憩林生态特征间的相互关系

4.4.1 风景游憩林生态特征间的相关性

1. 杜鹃林

随区域变化，杜鹃林生态特征间相关关系普遍达到显著或极显著水平（$P < 0.05$ 或 $P < 0.01$），其中，正相关系数较大的指标有鸟类多样性分别与总悬浮颗粒物、PM_{10}、$PM_{2.5}$、PM_1 之间，总悬浮颗粒物分别与 PM_{10}、$PM_{2.5}$、PM_1 之间，PM_{10} 分别与 $PM_{2.5}$、PM_1 之间，$PM_{2.5}$ 与 PM_1 之间；负相关系数较大的指标有空气温度与负氧离子浓度之间（附图 9a）。

2. 樱花林

随着区域变化，樱花林生态特征间相关关系大部分达到显著或极显著水平

（$P < 0.05$ 或 $P < 0.01$），其中，正相关系数较大的指标有鸟类多样性分别与空气温度、总悬浮颗粒物、PM_{10}、$PM_{2.5}$、PM_1 之间，空气温度分别与总悬浮颗粒物、PM_{10}、$PM_{2.5}$、PM_1 之间，总悬浮颗粒物分别与 PM_{10}、$PM_{2.5}$、PM_1 之间，PM_{10} 分别与 $PM_{2.5}$、PM_1 之间，$PM_{2.5}$ 与 PM_1 之间；负相关系数较大的指标有木本植物多样性与群落稳定性之间（附图 9b）。

3. 枫香林

随着区域变化，大多数枫香林生态特征间相关关系达到显著或极显著水平（$P < 0.05$ 或 $P < 0.01$），其中，正相关系数较大的指标有总悬浮颗粒物分别与 PM_{10}、$PM_{2.5}$、PM_1 之间，PM_{10} 分别与 $PM_{2.5}$、PM_1 之间，$PM_{2.5}$ 与 PM_1 之间；负相关系数较大的指标有空气温度与空气湿度之间（附图 9c）。

4. 马尾松林

随着区域变化，马尾松林生态特征间相关关系普遍达到显著或极显著水平（$P <0.05$ 或 $P < 0.01$），其中，正相关系数较大的指标有木本植物多样性分别与总悬浮颗粒物、PM_{10} 之间，鸟类多样性与负氧离子浓度之间，空气温度分别与总悬浮颗粒物、PM_{10}、$PM_{2.5}$、PM_1 之间，总悬浮颗粒物分别与 PM_{10}、PM_1 之间，PM_{10} 分别与 $PM_{2.5}$、PM_1 之间，$PM_{2.5}$ 与 PM_1 之间；负相关系数较大的指标有鸟类多样性分别与空气温度、总悬浮颗粒物、PM_{10}、$PM_{2.5}$、PM_1 之间，空气温度与负氧离子浓度之间，负氧离子浓度分别与 PM_{10}、$PM_{2.5}$、PM_1 之间（附图 9d）。

5. 樟树林

随着区域变化，部分樟树林生态特征间相关关系达到显著或极显著水平（$P < 0.05$ 或 $P < 0.01$），其中，正相关系数较大的指标有空气温度与 PM_1 之间，总悬浮颗粒物分别与 PM_{10}、$PM_{2.5}$ 之间，PM_{10} 与 $PM_{2.5}$ 之间；负相关系数较大的指标有空气温度与空气湿度之间，空气湿度与 PM_1 之间（附图 9e）。

4.4.2 风景游憩林生态特征间的相互作用机制

负氧离子浓度与空气温度建成区杜鹃林、近郊区樱花林、远郊区马尾松林、远郊区樱花林表现出正相关关系，而在近郊区杜鹃林和远郊区枫香林内表现出负相关关系；负氧离子浓度与空气湿度在近郊区樱花林呈负相关关系，而在远郊区的枫香林内呈正相关关系，这是由于本次调查的环境因子数据集中在3~5月采集，而负氧离子浓度的变化是多种因素共同作用的结果。朱峰（2020）提出春季和秋季的负氧离子浓度因研究区域的地理位置和研究对象的差异而不同，而在出现峰值浓度的月份，由于地表植被类型的差异和其他原因，目前研究尚未得出相对一致的结论（随金明 等，2022）。

生物多样性和群落稳定性一直是生态学研究的重点，但对两者之间的关系一直没有统一的认识（Huston et al., 2000; Wardle, 2001）。本研究结果表明，在建成区杜鹃林中，木本植物多样性与群落稳定性呈正相关关系，而在建成区枫香林和近郊区枫香林中，木本植物多样性与群落稳定性呈负相关关系。自20世纪90年代以来，世界各地开展了一系列生物多样性控制实验和观测研究。这些研究表明，生物多样性可以促进生态系统功能的稳定性，但对种群或功能群的稳定性可能有不同的影响（Tilman and Isbell, 2014；李周园 等，2021）。总之，过去30年对多样性稳定性的研究作出了一个重要预测，即物种多样性的丧失可能会削弱生态系统的稳定性，这一结论在目前全球气候变化的大背景下有重要意义（李周园 等，2021），因此还需要关注生态系统稳定性与生物多样性之间的联系。

木本植物多样性与鸟类多样性在远郊区杜鹃林和远郊区樟树林中呈显著正相关关系。多样性的植被对鸟类物种多样性有积极影响（Sukopp et al., 1982），这与本研究结果一致。乔木和灌木是鸟类的重要栖息地（Heyman, 2010），不同植物栖息地类型其鸟类种类差异很大（徐诗 等，2022）。与传统绿地相比，近自然绿地具有更丰富的鸟类食物来源、蜜源植物和更复杂的植被垂直结构，因此近自然绿地具有更显著的生物多样性优势。建议在城市绿地建设中，增加植被结构复杂的近自然绿地的比例，增加绿地中灌木和草本植物的多样性（王沫 等，2022）。

4.5 风景游憩林游憩特征间的相互关系

4.5.1 风景游憩林游憩特征间的相关性

随着区域变化，杜鹃林游憩特征间呈现出一定的相关关系，其中，正相关性在可达性与出行便捷性之间最大，其次依次为感官多样性与视野开阔度之间、舒适度与视野开阔度之间、舒适度与空间布局之间，均达到极显著水平（$P < 0.01$）；负相关性在视野开阔度与出行便捷性之间最大，其次依次为可达性与视野开阔度之间、舒适度与出行便捷性之间，均达到显著或极显著水平（$P < 0.05$ 或 $P < 0.01$）（附图 10a）。

随着区域变化，樱花林游憩特征间存在一定的相关关系，其中，正相关性在可达性与出行便捷性之间最大，且达到极显著水平（$P < 0.01$），其次为可达性与空间布局之间、感官多样性与视野开阔度之间；负相关性在视野开阔度与出行便捷性之间最大，其次为可达性与视野开阔度之间，均达到极显著水平（$P < 0.01$）（附图 10b）。

随着区域变化，枫香林游憩特征间相关关系有所差异，其中，正相关性在可达性与出行便捷性之间最大，其次依次为舒适度与空间布局之间、可达性与空间布局之间，均达到极显著水平（$P < 0.01$）；负相关性在感官多样性与出行便捷性之间最大，其次为可达性与感官多样性之间最大，均达到显著或极显著水平（$P < 0.05$ 或 $P < 0.01$）（附图 10c）。

随着区域变化，马尾松林游憩特征间相关关系各异，其中，正相关性在可达性与出行便捷性之间最大，其次依次为感官多样性与视野开阔度之间、空间布局与出行便捷性之间，均达到显著或极显著水平（$P < 0.05$ 或 $P < 0.01$）；负相关性在视野开阔度与出行便捷性之间最大，其次为感官多样性与出行便捷性之间、感官多样性与空间布局之间、可达性与视野开阔度之间，均达到显著或极显著水平（$P < 0.05$ 或 $P < 0.01$）（附图 10d）。

随着区域变化，樟树林游憩特征间表现出一定的相关关系，其中，正相关性在可达性与出行便捷性之间最大，达到极显著水平（$P < 0.01$），其次为感官多样性与视野开阔度之间；负相关性在可达性与感官多样性之间最大，其次为舒适度与出行便捷性之间，均达到显著或极显著水平（$P < 0.05$ 或 $P < 0.01$）（附图 10e）。

4.5.2 风景游憩林游憩特征间的相互作用机制

在不同区域内的不同林分中，风景游憩林的游憩特征之间相关性较为复杂。综合不同区域内的风景游憩林指标，结果表明，在五个林分中，感官多样性与视野开阔度呈正相关关系，可达性与视野开阔度之间呈负相关关系。居民对风景游憩林的舒适度、感官多样性均存在一定的差异，老年人、中年人和青少年三类人群对于环境偏好也存在一定的差异，对于环境的敏感度也有所不同（徐亭亭，2020）；而本地游客和外地游客的行为偏好也存在一定的差异。杨载田（1999）将游客的空间行为模式按空间大小分为大、中、小三个尺度，外地游客倾向于选择高水平的景点进行观光，而对其他低水平的景点不感兴趣；低级别景区由于游客数量少、环境优雅，而对当地居民具有吸引力，能满足其健身吸氧、休闲娱乐等需求。本研究选择的建成区大多为社区公园或者街头绿地，近郊区和远郊区多为大型公园，因此这也解释了为什么不同区域的游憩特征相关性存在差异。

在日常生活中，人们会将嗅觉与经验联系起来，喜欢自然事物的气味，如瓜果、花木和新鲜空气；在气味学中，植物散发的香气属于天然有益型，土香属于天然无用型。因此，大多数游客喜欢花草的香味。同时，花香是花粉和花蜜的气味，这符合人们对食物的本能倾向（黄淑萍，2015）。感官多样性在风景游憩林中也有至关重要的作用，因此，在风景游憩林的设计和管理中，应考虑游客的偏好，合理规划景区布局，加大风景林培育力度，为游客提供优质景区，以满足森林游憩的需要（Koo et al., 2013）。

4.6 风景游憩林美学特征、生态特征与游憩特征间的相互关系

4.6.1 风景游憩林景观特征间的相关性

1. 杜鹃林

随着区域变化，杜鹃林美学特征、生态特征与游憩特征各指标两两之间存在着较为显著的相关关系。其中，美学特征与生态特征间呈显著或极显著正相关关系（$P < 0.05$ 或 $P < 0.01$）的指标，有林分特征分别与木本植物多样性、鸟类多样性、群落稳定性、空气温度、总悬浮颗粒物、PM_{10}、$PM_{2.5}$、PM_1 之间，景观格局分别与木本植物多样性、鸟类多样性、群落稳定性、空气湿度、总悬浮颗粒物、PM_{10}、$PM_{2.5}$、PM_1 之间，单木美景度与负氧离子浓度之间，林内美景度与空气温度之间，林外美景度分别与木本植物多样性、鸟类多样性、群落稳定性、

空气温度、总悬浮颗粒物、PM_{10}、$PM_{2.5}$、PM_1 之间，鸟类种类分别与空气湿度、负氧离子浓度之间，鸟鸣次数分别与空气湿度、负氧离子浓度之间。鸟类声音和景观的谐和度分别与鸟类多样性、空气湿度、负氧离子浓度之间，呈显著或极显著负相关关系（$P < 0.05$ 或 $P < 0.01$）的指标，有单木形态分别与鸟类多样性、群落稳定性、空气湿度、总悬浮颗粒物、PM_{10}、$PM_{2.5}$、PM_1 之间，林分特征与负氧离子浓度之间，单木美景度与空气温度之间，林内美景度分别与空气湿度、负氧离子浓度之间，林外美景度与负氧离子浓度之间，鸟类种类分别与木本植物多样性、群落稳定性、空气温度、总悬浮颗粒物、PM_{10}、$PM_{2.5}$、PM_1 之间，鸟鸣次数分别与木本植物多样性、群落稳定性、空气温度之间，鸟类声音和景观的谐和度与空气温度之间（附图 11a）。

美学特征与游憩特征间呈显著或极显著正相关关系（$P < 0.05$ 或 $P < 0.01$）的指标，有林分特征与可达性、出行便捷性之间，林内美景度与可达性、出行便捷性之间，鸟类种类分别与舒适度、感官多样性、视野开阔度之间，鸟鸣次数分别与舒适度、感官多样性、视野开阔度之间。鸟类声音和景观的谐和度分别与舒适度、感官多样性、视野开阔度之间，呈显著或极显著负相关关系（$P < 0.05$ 或 $P < 0.01$）的指标，有林分特征与视野开阔度之间，单木美景度与可达性、出行便捷性之间，林内美景度分别与感官多样性、视野开阔度之间，鸟类种类与可达性、出行便捷性之间，鸟鸣次数与可达性、出行便捷性之间，鸟类声音和景观的谐和度与可达性、出行便捷性之间（附图 11a）。

生态特征与游憩特征间呈显著或极显著正相关关系（$P < 0.05$ 或 $P < 0.01$）的指标，有可达性分别与木本植物多样性、群落稳定性、空气温度之间，出行便捷性分别与木本植物多样性、空气温度之间，舒适度分别与空气湿度、负氧离子浓度之间，感官多样性分别与空气湿度、负氧离子浓度之间，视野开阔度分别与空气湿度、负氧离子浓度之间。呈显著或极显著负相关关系（$P < 0.05$ 或 $P < 0.01$）的指标，有可达性分别与空气湿度、负氧离子浓度之间，出行便捷性分别与空气湿度、负氧离子浓度之间，空气温度分别与舒适度、感官多样性、视野开阔度之间，木本植物多样性与视野开阔度之间（附图 11a）。

2. 樱花林

随着区域变化，樱花林美学特征、生态特征与游憩特征各指标两两之间具有较为显著的相关关系。其中，美学特征与生态特征间呈显著或极显著正相关关系

（$P < 0.05$ 或 $P < 0.01$）的指标，有单木形态分别与鸟类多样性、群落稳定性、空气温度、总悬浮颗粒物、PM_{10}、$PM_{2.5}$、PM_1 之间，景观格局与负氧离子浓度之间，单木美景度分别与鸟类多样性、群落稳定性、空气温度、负氧离子浓度、总悬浮颗粒物、PM_{10}、$PM_{2.5}$、PM_1 之间，林内美景度分别与鸟类多样性、空气温度、负氧离子浓度、总悬浮颗粒物、PM_{10}、$PM_{2.5}$、PM_1 之间，林外美景度分别与鸟类多样性、空气温度、负氧离子浓度之间，鸟类种类分别与鸟类多样性、群落稳定性、空气温度、负氧离子浓度、总悬浮颗粒物、PM_{10}、$PM_{2.5}$、PM_1 之间，鸟鸣次数分别与鸟类多样性、群落稳定性、空气温度、负氧离子浓度、总悬浮颗粒物、PM_{10}、$PM_{2.5}$、PM_1 之间，鸟类声音和景观的谐和度分别与空气温度、负氧离子浓度、总悬浮颗粒物、PM_{10}、$PM_{2.5}$、PM_1 之间。呈显著负相关关系（$P < 0.05$）的指标有鸟类声音和景观的谐和度与空气湿度之间（附图 11b）。

美学特征与游憩特征间呈显著或极显著正相关关系（$P < 0.05$ 或 $P < 0.01$）的指标有景观格局与感官多样性之间，单木美景度分别与感官多样性、视野开阔度之间，林外美景度与感官多样性之间，鸟类种类与视野开阔度之间，鸟鸣次数分别与感官多样性、视野开阔度之间。鸟类声音和景观的谐和度分别与感官多样性、视野开阔度之间，呈显著或极显著负相关关系（$P < 0.05$ 或 $P < 0.01$）的指标，有单木形态与可达性、出行便捷性之间、单木美景度与可达性、出行便捷性之间、林内美景度与可达性之间、鸟类种类与可达性、出行便捷性之间、鸟鸣次数与可达性、出行便捷性之间、鸟类声音和景观的谐和度与可达性之间（附图 11b）。

生态特征与游憩特征间呈显著或极显著正相关关系（$P < 0.05$ 或 $P < 0.01$）的指标，有感官多样性分别与鸟类多样性、空气温度、负氧离子浓度之间，视野开阔度分别与鸟类多样性、群落稳定性、空气温度、负氧离子浓度、总悬浮颗粒物、PM_{10}、$PM_{2.5}$、PM_1 之间。呈极显著负相关关系（$P < 0.01$）的指标，有可达性分别与鸟类多样性、群落稳定性、空气温度、负氧离子浓度、总悬浮颗粒物、PM_{10}、$PM_{2.5}$、PM_1 之间，空间布局与空气湿度之间，出行便捷性分别与鸟类多样性、群落稳定性、空气温度、负氧离子浓度、总悬浮颗粒物、PM_{10}、$PM_{2.5}$、PM_1 之间（附图 11b）。

3. 枫香林

随着区域变化，枫香林美学特征、生态特征与游憩特征各指标两两之间表现出较为显著的相关关系。其中，美学特征与生态特征间呈显著或极显著正相关关系（$P < 0.05$ 或 $P < 0.01$）的指标，有单木形态分别与木本植物多样性、鸟类多样性、空气湿度之间，林分特征分别与木本植物多样性、鸟类多样性、空气湿度之间，景观格局分别与鸟类多样性、空气湿度、总悬浮颗粒物、PM_{10}、$PM_{2.5}$、PM_1 之间，单木美景度分别与木本植物多样性、空气湿度之间，林内美景度分别与鸟类多样性、空气湿度之间，林外美景度分别与木本植物多样性、鸟类多样性、空气湿度之间，鸟类种类分别与鸟类多样性、空气湿度、总悬浮颗粒物、PM_{10}、$PM_{2.5}$、PM_1 之间，鸟鸣次数分别与鸟类多样性、空气湿度、总悬浮颗粒物、PM_{10}、$PM_{2.5}$、PM_1 之间，鸟类声音和景观的谐和度分别与木本植物多样性、鸟类多样性、空气湿度之间。呈显著或极显著负相关关系（$P < 0.05$ 或 $P < 0.01$）的指标，有群落稳定性分别与单木形态、林分特征、景观格局、单木美景度、林外美景度、鸟类声音和景观的谐和度之间，空气温度分别与单木形态、林分特征、景观格局、单木美景度、林内美景度、林外美景度、鸟类种类、鸟鸣次数、鸟类声音和景观的谐和度之间，负氧离子浓度分别与单木形态、林分特征、景观格局、单木美景度、林外美景度、鸟类种类、鸟鸣次数、鸟类声音和景观的谐和度之间（附图 11c）。

美学特征与游憩特征间呈显著或极显著正相关关系（$P < 0.05$ 或 $P < 0.01$）的指标，有空间布局与鸟鸣次数之间，感官多样性分别与林分特征、景观格局、单木美景度、林内美景度、林外美景度、鸟类声音和景观的谐和度之间，视野开阔度分别与景观格局、鸟类种类、鸟鸣次数之间。呈极显著负相关关系（$P < 0.01$）的指标，有可达性分别与单木形态、林分特征、景观格局、单木美景度、林外美景度、鸟类声音和景观的谐和度之间，出行便捷性分别与单木形态、林分特征、单木美景度、林外美景度之间（附图 11c）。

生态特征与游憩特征间呈显著或极显著正相关关系（$P < 0.05$ 或 $P < 0.01$）的指标，有可达性分别与群落稳定性、空气温度、负氧离子浓度之间，空间布局分别与总悬浮颗粒物、PM_{10}、$PM_{2.5}$、PM_1 之间，出行便捷性分别与空气温度、负氧离子浓度之间，感官多样性分别与木本植物多样性、鸟类多样性、空气湿度之间，视野开阔度分别与空气湿度、总悬浮颗粒物、PM_{10}、$PM_{2.5}$、PM_1 之间。呈显著或极显著负相关关系（$P < 0.05$ 或 $P < 0.01$）的指标，有可达性分别与木本植物多样性、鸟类多样性、空气湿度之间，空间布局与木本植物多样性之间，出行便捷性分别与木本植物多样性、空气湿度之间，感官多样性分别与群落稳定

性、空气温度、负氧离子浓度之间（附图 11c）。

4. 马尾松林

随着区域变化，马尾松林美学特征、生态特征与游憩特征各指标两两之间呈较为显著的相关关系。其中，美学特征与生态特征间呈显著或极显著正相关关系（$P < 0.05$ 或 $P < 0.01$）的指标，有林分特征分别与木本植物多样性、群落稳定性、空气温度、空气湿度、总悬浮颗粒物、PM_{10}、$PM_{2.5}$、PM_1 之间，景观格局分别与鸟类多样性、负氧离子浓度之间，单木美景度分别与鸟类多样性、负氧离子浓度之间，林外美景度分别与鸟类多样性、负氧离子浓度之间，鸟类种类分别与鸟类多样性、负氧离子浓度之间，鸟鸣次数分别与鸟类多样性、负氧离子浓度之间，鸟类声音和景观的谐和度分别与鸟类多样性、负氧离子浓度之间。呈显著或极显著负相关关系（$P < 0.05$ 或 $P < 0.01$）的指标，有林分特征分别与鸟类多样性、负氧离子浓度之间，景观格局分别与木本植物多样性、群落稳定性、空气温度、空气湿度、总悬浮颗粒物、PM_{10}、$PM_{2.5}$、PM_1 之间，单木美景度分别与空气湿度、$PM_{2.5}$、PM_1 之间，林外美景度分别与木本植物多样性、群落稳定性、空气温度、空气湿度、总悬浮颗粒物、PM_{10}、$PM_{2.5}$、PM_1 之间，鸟类种类分别与木本植物多样性、群落稳定性、空气温度、空气湿度、总悬浮颗粒物、PM_{10}、$PM_{2.5}$、PM_1 之间，鸟鸣次数分别与木本植物多样性、群落稳定性、空气温度、空气湿度、总悬浮颗粒物、PM_{10}、$PM_{2.5}$、PM_1 之间，鸟类声音和景观的谐和度分别与空气温度、PM_{10}、$PM_{2.5}$、PM_1 之间（附图 11d）。

美学特征与游憩特征间呈显著或极显著正相关关系（$P < 0.05$ 或 $P < 0.01$）的指标，有可达性与林分特征之间，感官多样性分别与单木形态、景观格局、单木美景度、林外美景度、鸟类种类、鸟鸣次数、鸟类声音和景观的谐和度之间，视野开阔度分别与单木形态、景观格局、单木美景度、林外美景度、鸟类种类、鸟鸣次数、鸟类声音和景观的谐和度之间。呈显著或极显著负相关关系（$P < 0.05$ 或 $P < 0.01$）的指标，有可达性分别与林外美景度、鸟类种类、鸟鸣次数之间，感官多样性与林内美景度之间（附图 11d）。

生态特征与游憩特征间呈显著或极显著正相关关系（$P < 0.05$ 或 $P < 0.01$）的指标，有可达性分别与木本植物多样性、群落稳定性、空气温度、空气湿度、总悬浮颗粒物、PM_{10}、$PM_{2.5}$、PM_1 之间，感官多样性分别与鸟类多样性、负氧离子浓度之间，视野开阔度分别与鸟类多样性、负氧离子浓度之间。呈显著或

极显著负相关关系（$P < 0.05$ 或 $P < 0.01$）的指标，有可达性分别与鸟类多样性、负氧离子浓度之间，空间布局分别与鸟类种类、鸟鸣次数、鸟类声音和景观的谐和度之间，出行便捷性分别与景观格局、单木美景度、林外美景度、鸟类种类、鸟鸣次数、鸟类声音和景观的谐和度之间，感官多样性分别与群落稳定性、空气温度、空气湿度、PM_{10}、$PM_{2.5}$、PM_1 之间，视野开阔度分别与群落稳定性、空气温度、空气湿度、总悬浮颗粒物、PM_{10}、$PM_{2.5}$、PM_1 之间（附图 11d）。

5. 樟树林

随着区域变化，樟树林美学特征、生态特征与游憩特征各指标两两之间呈现出较为显著的相关关系。其中，美学特征与生态特征间呈显著或极显著正相关关系（$P < 0.05$ 或 $P < 0.01$）的指标，有单木形态分别与空气湿度、总悬浮颗粒物、PM_{10}、$PM_{2.5}$ 之间，景观格局分别与空气湿度、负氧离子浓度、总悬浮颗粒物、PM_{10}、$PM_{2.5}$ 之间，单木美景度与空气湿度之间，林外美景度分别与木本植物多样性、空气湿度、总悬浮颗粒物、PM_{10} 之间，鸟类种类分别与鸟类多样性、空气湿度、负氧离子浓度、总悬浮颗粒物、PM_{10}、$PM_{2.5}$ 之间，鸟鸣次数分别与负氧离子浓度、总悬浮颗粒物、PM_{10}、$PM_{2.5}$ 之间，鸟类声音和景观的谐和度分别与木本植物多样性、空气湿度、总悬浮颗粒物、PM_{10} 之间。呈显著或极显著负相关关系（$P < 0.05$ 或 $P < 0.01$）的指标，有空气温度分别与单木形态、景观格局、单木美景度、林外美景度、鸟类声音和景观的谐和度之间，PM_1 分别与单木形态、单木美景度、林外美景度、鸟类声音和景观的谐和度之间（附图 11e）。

美学特征与游憩特征间呈显著或极显著正相关关系（$P < 0.05$ 或 $P < 0.01$）的指标，有单木美景度与感官多样性之间，林外美景度分别与感官多样性、视野开阔度之间，鸟类声音和景观的谐和度分别与舒适度、感官多样性之间。呈极显著负相关关系（$P < 0.01$）的指标，有可达性分别与单木美景度、林外美景度、鸟类声音和景观的谐和度之间，出行便捷性分别与林分特征、单木美景度、林外美景度、鸟类声音和景观的谐和度之间（附图 11e）。

生态特征与游憩特征间呈显著或极显著正相关关系（$P < 0.05$ 或 $P < 0.01$）的指标，有可达性分别与空气温度、负氧离子浓度、PM_1 之间，出行便捷性分别与空气温度、负氧离子浓度、PM_1 之间，舒适度与空气湿度之间，感官多样性分别与木本植物多样性、空气湿度之间。呈显著或极显著负相关关系（$P < 0.05$ 或 $P < 0.01$）的指标，有可达性分别与木本植物多样性、空气湿度之间，出行便捷

性分别与木本植物多样性、空气湿度之间，舒适度与空气温度、PM_1 之间，感官多样性分别与空气温度、PM_1 之间（附图 11e）。

4.6.2 风景游憩林景观特征间的相互作用机制

不同区位风景游憩林的景观特征指标差异较为显著，景观特征之间的关系也较为复杂，主要由环境因素（Mihalic, 2000）、资源差异（Dwyer, 2003）、区域的基础设施以及规划管理（Ritchie and Crouch, 2000）等因素决定。本研究发现，樱花林的可达性与单木景观质量存在显著线性关系，而枫香林的可达性、马尾松林感官多样性和视野开阔度与单木景观质量有显著线性关系，主要原因可能是对单木景观的管理更多考虑其美学价值，较少涉及公众的游憩体验。

林内景观质量主要影响杜鹃林的可达性和视野开阔度，与樱花林无显著线性回归关系。枫香林的可达性和感官多样性、马尾松林的可达性与林内景观质量有显著线性关系，究其原因，主要与目前城市风景游憩林对林内的提质和改造更多关注视觉效果，而忽视了公众的游憩体验有关。

林外尺度上，樱花林的感官多样性与景观色彩斑块有显著关系。而林外景观综合质量显著影响着枫香林的可达性、感官多样性和视野开阔度，影响马尾松林的感官多样性和视野开阔度，表明风景游憩林的游憩质量与林外景观综合质量、空间结构和分布密切相关。因此，从林外尺度制定提升景观游憩质量改造措施时，应从景观色彩斑块大小、分配比例、分布及空间组合等方面进行合理调控。

从整体上看，风景游憩林景观质量与游憩特征之间相对独立，在未来风景游憩林景观质量提升和改造时，建议统筹考虑景观美学和游憩质量。因此，本研究建议充分发挥风景游憩林的自然资源优势，积极开发，合理保护；充分利用当地优势和特色，同步增强其美学特征和游憩特征，提高对旅游者的吸引力。此外，还需建设和完善基础设施，定期检查和维护旅游目的地的服务设施，以提高旅游目的地接待水平，从而增强旅游目的地的竞争力（何伊，2019）。

综上所述，在风景游憩林的设计和管理中，应统筹考虑各层次景观特征以及公众偏好，合理规划景区布局，加大风景林培育和管理力度，提高休闲游憩功能，为公众提供优质景区，以满足森林游憩的需要（Koo et al., 2013）。

参考文献

崔义，2020. 城市森林林内景观质量通用评价指标体系及量化评价技术研究［D］. 北京：北京林业大学.

何伊，2019. 基于层次分析法的杜鹃花旅游地竞争力评价研究［D］. 长沙：中南林业科技大学.

洪畅翔，陈芷怡，卢毅军，2021. 杭州城市公园春季木本观花植物美景度评价［J］. 江苏林业科技，48（4）：33−38.

黄淑萍，阙晨曦，吴晶晶，等，2015. 风景游憩林林内景观的游客游憩偏好研究［J］. 现代园艺（3）：3−6.

李翠翠，2010. 京郊典型风景游憩林林内景观质量评价技术研究［D］. 北京：北京林业大学.

李俊英，闫红伟，唐强，等，2011. 沈阳森林植物群落结构与其林内景观美学质量关系研究［J］. 西北林学院学报，26（2）：212−219.

李周园，叶小洲，王少鹏，2021. 生态系统稳定性及其与生物多样性的关系［J］. 植物生态学报，45（10）：1127−1139.

刘宏文，2007. 山西省庞泉沟森林群落特征与景观格局特征分析的研究［D］. 北京：北京林业大学.

卢杨，2010. 太湖源森林公园风景林景观结构分析与优化研究［D］. 杭州：浙江农林大学.

诺曼・布思，1989. 风景园林设计要素［M］. 曹礼昆，曹德鲲译. 北京：中国林业出版社.

潘端云，安明态，徐建，等，2019. 贵州百里杜鹃自然保护区景观格局特征分析［J］. 中国农学通报，35（16）：61−68.

史琛媛，路亚星，刘佳，等，2016. 抚育间伐对冀北山地华北落叶松生态景观林林内美景度的影响［J］. 河北农业大学学报，39（3）：66−72.

随金明，张会，刘红坤，等，2022. 易县主要景区负氧离子变化规律及影响因素分析［J］. 甘肃科技，38（1）：40−43.

王沫，刘畅，李晓璐，等，2022. 近自然社区公园的生物多样性特征研究——以北京市中心城区为例［J］. 生态学报（20）：1−11.

王娜，钟永德，黎森，2017. 基于AHP的森林公园科普旅游资源评价体系构建［J］. 中南林业科技大学学报，35（9）：139-143.

武锋，郑松发，陆钊华，2014. 珠海淇澳岛红树林景观质量评价［J］. 东北林业大学学报，42（9）：48-51.

徐诗，王成，孙振凯，2022. 北京综合性社区鸟类与植物的关系［J］. 中国城市林业，20（2）：15-22.

徐亭亭，2020. 整合微气候因素的多主体模拟方法在城市公共空间使用效率评价中的应用［D］. 南京：南京大学.

杨程，2009. 北京山区油松侧柏人工风景林林分密度确定［D］. 北京：北京林业大学.

袁铁象，张合平，谭一波，等，2014. 广西花山喀斯特峰丛洼地风景林林内景观质量［J］. 中南林业科技大学学报，34（1）：72-77.

杨鑫霞，亢新刚，杜志，等，2012. 基于SBE法的长白山森林景观美学评价［J］. 西北农林科技大学学报（自然科学版），40（6）：86-90+98.

杨艳波，2020. 城镇化对东北典型区域树木谱系多样性的影响及其与景观特征关系［D］. 哈尔滨：东北林业大学.

杨载田，1999. 中国旅游地理［M］. 北京：科学出版社.

张芬，2013. 珠三角地区观叶花镜的配置研究［D］. 广州：仲恺农业工程学院.

张今朝，2018. 基于目标树法的风景林林分结构优化调整研究［D］. 福州：福建农林大学.

张凯旋，凌焕然，达良俊，2012. 上海环城林带景观美学评价及优化策略［J］. 生态学报，32（17）：5521-5531.

章志都，徐程扬，董建文，等，2008. 郁闭度对风景游憩林林下植被及林内景观的影响［J］. 中国城市林业（2）：10-13.

赵凯，李金航，刘海轩，等，2019. 北京山区侧柏人工林林内景观质量分级技术［J］. 浙江农林大学学报，36（3）：557-564.

周璞，王瑞辉，周阳超，等，2017. 湘东中山区风景游憩林林内景观质量评价与分析［J］. 林业资源管理（3）：91-97.

朱峰，2020. 阿尔山地区负氧离子浓度变化规律及对气象因子的反馈［D］. 呼和浩特：内蒙古大学.

BROWN T C, 1987. Production and cost of scenic beauty: examples for a Ponderosa Pine forest[J]. Forest Science, 33(2): 394–410.

DWYER L, LIVAIC Z, MELLOR R, 2003. Competitiveness of Australia as a Tourist Destination[J]. Journal of Hospitality & Tourism Management, 10(1):60–78.

HEYMAN E, 2010. Clearance of understory in urban woodlands: assessing impact on bird abundance and diversity[J]. Forest Ecology and Management, 260(1):125–131.

HUSTON M A, AARSSENT L W, AUSTIN M P, 2000. No consistent effect of plant diversity on productivity[J]. Science, 289: 1255 –1257.

KAPLAN R, HERBERT E J, 1987. Cultural and sub–cultural comparisons in preferences for natural settings[J]. Landscape & Urban Planning, 14(4): 281–293.

KOO J C, PARK M S, YOUN Y C, 2013. Preferences of urban dwellers on urban forest recreational services in South Korea [J]. Urban Forestry &Urban Greening, 12(2), 200–210.

MIHALIC T, 2000. Environmental management of a tourist destination: A factor of tourism competitiveness[J], 21(1):65–78.

QI T, ZHANG G, WANG Y, et al., 2017. Research on landscape quality of country parks in Beijing as based on visual and audible senses[J]. Urban Forestry & Urban Greening, 26:124–138.

RITCHIE B, CROUCH G I, 2000. The competitive destination: A sustainability perspective[J].Tourism Management, 21(1):1–7.

STOBBELAAR D J, HENDRIKS K, 2007. Seasonality of agricultural landscapes : reading time and place by colours and shapes[J].Landscape Research, 29(2): 153–179

SUKOPP H, ELVERS H, MATTES H, 1982. Studies in urban ecology of Berlin (Wset)[M]. Wroclaw: Wydawnistwo Polskiej Akademii nauk: 115–127.

TILMAN D, ISBELL F, COWLES J M, 2014. Biodiversity and ecosystem functioning[J]. Annual Review of Ecology, Evolution, and Systematics, 45, 471–493.

WARDLE D A, 2001. Experimental demonstration that plant diversity reduces invisibility–evidence of a biological mechanism or a consequence of sampling effect[J]. Oikos, 95(1):161–170.

第 5 章

风景游憩林景观质量评价模型构建

5.1 风景游憩林景观质量评价的研究概述

受人类活动对自然环境的加剧破坏，景观资源的完整性和可持续性成为资源保护的重要部分，而景观质量评价是实现景观资源可持续开发与保护的关键手段之一（Aşur, 2019）。风景游憩林是城市森林景观的重要组成部分，对其进行景观质量评价，有助于为区域风景游憩林的经营维持与提升改造提供美学、生态价值评估和衡量的依据，进而为制定有效的保护和利用措施奠定基础（董淑龙和马姜明，2022）。目前，国内外有较多旅游地以及风景区评价等研究（Roberts, 2017；Cheng et al., 2019）。我国对游憩林评价的研究起步较晚，但已有大量相关的基础研究，主要集中在游客的游憩偏好（郭晓彬 等，2021）、游憩林的康养功能（李巧云 等，2019；Arnberger et al., 2018）、游憩林景观类型及特征分析（房翠萍 等，2012）、风景游憩林植物配置模式研究（刘杨 等，2021）及其景观评价（陈建军，2014；樊瑾，2019）等方面。

景观评价过程是一个涉及多方面、多对象、多因素的综合和复杂的过程（梁爱丽 等，2020）。目前，随着我国生态文明建设的深入，作为生态建设的重要手段——园林植物造景在美学的基础上更加注重科学性和实用性。国内外许多学者对园林植物景观评价进行了研究（梁爱丽 等，2020）。国外对森林景观质量的研究主要始于 20 世纪 60 年代。经过几十年的发展，以树木为主要研究对象的景观评价在方法和技术上日趋成熟。国内的研究主要始于 20 世纪 90 年代（陈

瑜 等，2014)。我国针对森林景观质量构建了不同研究区域、不同尺度、不同类型等较为全面的评价指标体系（毛斌，2015)，但新球等（1996）从多样化、神秘性、新奇性与天然性等维度建立了森林景观资源美学评价指标体系；赵惠勋等（2000）构建了自然保护林以及用材林的评价体系；张景群等（2006）利用层次分析法（AHP 法）构建了具有层次结构的指标体系；牛君丽和徐程扬（2008）构建了树种、单树、林内、林外景观质量评价体系；章志都（2010）从四个尺度视域（即近景观、中远景观、林内景观、单木风景）构建了一套适用于北京郊区风景林的评价指标体系。刘怡等（2021）选取生态效益、美学效益和社会效益指标使用 AHP 法对城郊游憩林景观进行评价体系构建。

定期对风景游憩林进行景观质量评价，不仅可以衡量风景游憩林景观质量的好坏，还可以为制定正确的经营决策和有效的经营措施提供依据。因此，构建科学性、系统性、全面性、适用性的评价体系，特别是评价指标制定和评价方法的选择，是实现风景游憩林景观质量定量评价的关键。目前，关于风景游憩林景观质量评价大多从单一功能（如美学功能）开展研究，但从多角度建立科学、系统的景观质量评价模型研究仍少见报道。为此，本部分选取亚热带地区具有代表性的 5 种风景游憩林，兼顾美学、生态及游憩三大景观特征建立景观评价体系，采用层次分析法确定评价体系的指标权重，分别构建了不同树种风景游憩林的景观质量评价模型，同时从区域角度比较了同一树种风景游憩林综合质量的得分变化，以期为亚热带地区风景游憩林的景观建设、精准调控以及提质改造提供科学依据。

5.2 研究方法

5.2.1 景观质量评价体系模型构建

1. 评价指标的选定

根据现有文献（章志都，2010；刘怡 等，2021）构建的风景游憩林景观质量评价体系，结合亚热带地区风景游憩林特点，本研究从美学价值、生态价值及游憩价值三个方面考虑，构建亚热带地区风景游憩林景观质量评价体系准则层（B）。同时通过文献查询、专家征询，选定 12 个指标和 12 个子指标，构建评价体系的指标层（C）和子指标层（D），具体的评价指标体系层次如图 5.1 所示。

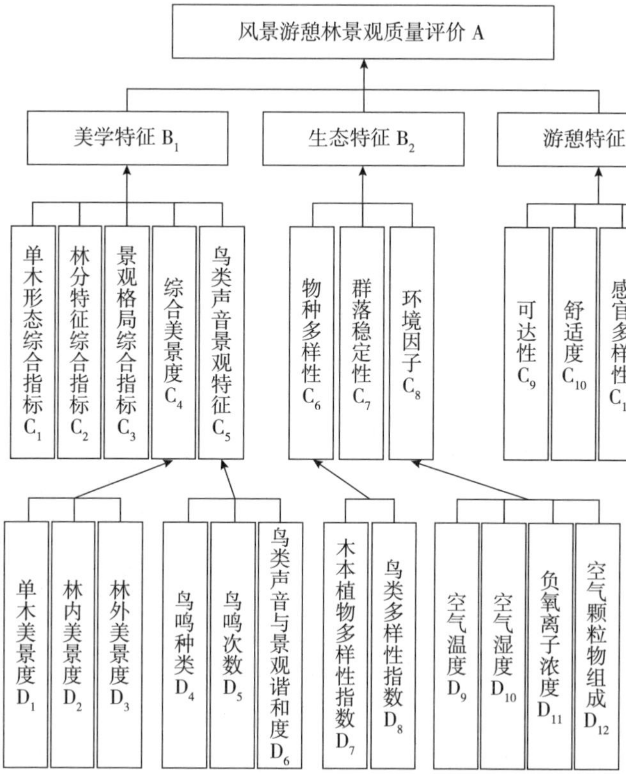

图 5.1　风景游憩林景观质量评价指标体系层次结构图

2. 指标权重的计算

1）两两比较判断矩阵构造

通过对同一层次要素进行两两之间的比较，构造判断矩阵。两两比较时，存在一个相对的尺度问题。因此，本研究采用 1~9 级标度进行打分，打分标准如表 5.1 所示。为了确保判断矩阵的准确性和科学性，邀请了 10 位林学、生态学和风景园林的专家对指标的重要性进行评价，要求每位专家在评价过程中进行独立判断。

表 5.1　1~9 标度法

标度 /a_{ij}	定义
1	i 因素与 j 因素相比，具有同样重要性
3	i 因素与 j 因素相比，i 因素比 j 因素稍微重要

续表

标度 $/a_{ij}$	定义
5	i 因素与 j 因素相比，i 因素比 j 因素明显重要
7	i 因素与 j 因素相比，i 因素比 j 因素强烈重要
9	i 因素与 j 因素相比，i 因素比 j 因素极端重要
2，4，6，8	介于上述各等级之间
倒数	如果 i 因素相对于 j 因素权重为 a_{ij}，则 j 因素相对于 i 因素权重为 $1/a_{ij}$

2）指标权重值确定

根据专家构建判断矩阵的平均值，采用层次分析法中的方根法计算指标权重。计算公式如（5.1 式 ~5.3 式）：

$$M_i = \prod_{j=1}^{n} a_{ij} \ (i = 1, 2, 3, \cdots, n) \qquad (5.1 式)$$

式中，M_i 为判断矩阵每行元素的乘积，a_{ij} 为判断矩阵中 i 因素相对于 j 因素的权重值。

$$V_i = \sqrt{M_i} \qquad (5.2 式)$$

式中，V_i 为判断矩阵每行元素的几何平均数。

$$W_i = \frac{V_i}{\sum_{j=1}^{n} V_i} \qquad (5.3 式)$$

式中，W_i 为各指标的权重值。

3. 一致性检验

为避免阶数较高的判断矩阵可能出现初始权数相互矛盾的情况，减少误差和保证各指标权重的准确性，本研究对阶数大于 2 的判断矩阵进行一致性检验。计算公式如（5.4 式 ~5.6 式）：

$$\lambda_{max} = \sum_{i=1}^{n} \frac{(AW)_i}{nW_i} \qquad (5.4 式)$$

式中，λ_{max} 为判断矩阵 A 的最大特征值，$(AW)_i$ 为判断矩阵 A 中某一列向

量的第 i 个指标。

$$CI=\frac{\lambda_{max}-n}{n-1} \tag{5.5 式}$$

式中，CI 为一致性指标（Consistency Index），n 为判断矩阵中的阶数。

$$CR=\frac{CI}{RI} \tag{5.6 式}$$

式中，CR 为判断矩阵的一致性指标，RI 为平均随机一致性指标，其取值为定值，如表 5.2 所示。当 $CR < 0.1$ 时，表明判断矩阵通过一致性检验，即该判断矩阵中的指标权重值分配合理；当 $CR > 0.1$ 时，则表明判断矩阵未通过一致性检验，指标权重值分配不合理，需对判断矩阵进行修正，直到通过一致性检验为止。

表 5.2　平均随机一致性指标取值

阶数	1	2	3	4	5	6
RI	0	0	0.58	0.96	1.12	1.24

4. 综合（归一化）权重的计算

为了便于比较，对各层次指标权重进行归一化处理，即计算各指标相对于目标层（A 层）的综合权重，计算公式如（5.7 式）：

$$\bar{W}\left(c_{ij}\right)=W\left(b_i\right)\times W\left(c_{ij}\right) \tag{5.7 式}$$

式中，$W(b_i)$ 为某一级层次指标 b_i 相对于 A 层的权重值，$W(c_{ij})$ 为下一级层次指标 c_{ij} 相对于某一级层次中指标 b_i 的权重值，$W(c_{ij})$ 为指标 c_{ij} 相对于 A 层的综合权重值。

5. 综合质量评价模型构建及等级划分

1）综合质量评价模型构建

根据评价体系各层次中各指标的权重值，建立各层次的多元线性回归方程，计算某一风景游憩林景观质量的综合得分，公式如（5.8 式~5.10 式）：

$$A=\sum_{i=1}^{n}W_iB_i \tag{5.8 式}$$

$$B_i=\sum_{j=1}^{n}W_jC_j \tag{5.9 式}$$

$$C_j=\sum_{k=1}^{n}W_kD_k \tag{5.10 式}$$

式中，A 为风景游憩林景观质量的综合得分，W_i 为 B 层第 i 个指标相对于 A 层的权重值，B_i 为 B 层第 i 个指标的得分值，W_j 为 C 层第 j 个指标相对于 B 层的权重值，C_j 为 C 层第 j 个指标的得分值，W_k 为 D 层第 k 个指标相对于 C 层的权重值，D_k 为 D 层第 k 个指标的数值。

2）综合质量等级划分

根据综合质量评价模型，计算得出准则层各指标及综合质量的得分值，采用等差法分别将各指标的得分值划分为很好（$L2$~$L1$）、较好（$L3$~$L2$）、一般（$L4$~$L3$）、不好（$L5$~$L4$）、很差（$L6$~$L5$）5 个等级，计算公式如（5.11 式~5.16 式）：

$$L1=\left(S_{\max}-S_{\min}\right)+S_{\min} \tag{5.11 式}$$

$$L2=\left(S_{\max}-S_{\min}\right)\times 80\%+S_{\min} \tag{5.12 式}$$

$$L3=\left(S_{\max}-S_{\min}\right)\times 60\%+S_{\min} \tag{5.13 式}$$

$$L4=\left(S_{\max}-S_{\min}\right)\times 40\%+S_{\min} \tag{5.14 式}$$

$$L5=\left(S_{\max}-S_{\min}\right)\times 20\%+S_{\min} \tag{5.15 式}$$

$$L6=S_{\min} \tag{5.16 式}$$

式中，$S_{\max}$ 为准则层各指标或综合质量得分的最大值，$S_{\min}$ 为准则层各指标或综合质量得分的最小值。

5.2.2 数据处理与统计分析

用层次分析法和 R 4.1.3 中的 function 函数、matrix 函数、weight 函数进行景观质量评价体系权重计算和一致性检验。

5.3 不同区域杜鹃林景观质量评价

5.3.1 杜鹃林景观质量评价模型构建

1. 判断矩阵构建

根据 10 名专家的判断矩阵加权平均值，构建了 8 个判断矩阵，采用层次分析法计算出各层评价指标最终权重，并分别对 8 个判断矩阵的特征值和特征根向量进行一致性检验。结果表明，杜鹃林景观质量评价各层次矩阵 CR 值均小于 0.1，即均通过一致性检验，证实所有层次的指标权重均正确有效（表 5.3~ 表 5.10）。

表 5.3 A-B 判断矩阵

A	B_1	B_2	B_3	
B_1	1.000	3.700	4.400	$CI = 0.022$ $CR = 0.038$
B_2	0.270	1.000	2.250	
B_3	0.227	0.444	1.000	

注：A 为风景游憩林景观质量评价，B_1 为美学特征，B_2 为生态特征，B_3 为游憩特征；*CI* 为一致性指标，*CR* 为判断矩阵一致性指标。下同。

表 5.4 B_1-C 判断矩阵

B_1	C_1	C_2	C_3	C_4	C_5	
C_1	1.000	1.755	1.688	0.651	0.767	$CI = 0.008$ $CR = 0.007$
C_2	0.570	1.000	1.220	0.425	0.500	
C_3	0.593	0.820	1.000	0.333	0.683	
C_4	1.535	2.353	3.000	1.000	1.653	
C_5	1.304	2.000	1.463	0.605	1.000	

注：B1 为美学特征，C_1 为单木形态综合指标，C_2 为林分特征综合指标，C_3 为景观格局综合指标，C_4 为综合美景度，C_5 为鸟类声音景观特征。下同。

表 5.5 B_2-C 判断矩阵

B_2	C_6	C_7	C_8	
C_6	1.000	2.683	3.433	$CI = 0.038$ $CR = 0.065$
C_7	0.373	1.000	2.917	
C_8	0.291	0.343	1.000	

注：B_2 为生态特征，C_6 为物种多样性，C_7 为群落稳定性，C_8 为环境因子。

表 5.6 B_3-C 判断矩阵

B_3	C_9	C_{10}	C_{11}	C_{12}	
C_9	1.000	1.420	1.873	1.850	$CI = 0.064$ $CR = 0.071$
C_{10}	0.704	1.000	1.833	1.992	
C_{11}	0.534	0.545	1.000	3.317	
C_{12}	0.541	0.502	0.302	1.000	

注：B_3 为游憩特征，C_9 为可达性，C_{10} 为舒适度，C_{11} 为感官多样性，C_{12} 为视野开阔度。下同。

表 5.7 C_4-D 判断矩阵

C_4	D_1	D_2	D_3	
D_1	1.000	1.348	1.214	$CI = 0.000$ $CR = 0.000$
D_2	0.742	1.000	0.927	
D_3	0.824	1.079	1.000	

注：C_4 为综合美景度，D_1 为单木美景度，D_2 为林内美景度，D_3 为林外美景度。下同。

表 5.8 C_5-D 判断矩阵

C_5	D_4	D_5	D_6	
D_4	1.000	2.083	0.703	$CI = 0.049$ $CR = 0.084$
D_5	0.480	1.000	0.855	
D_6	1.423	1.169	1.000	

注：C_5 为鸟类声音景观特征，D_4 为鸟鸣种类，D_5 为鸟鸣次数，D_6 为鸟类声音与景观谐和度。下同。

表 5.9 C_6-D 判断矩阵

C_6	D_7	D_8
D_7	1.000	8.583
D_8	0.117	1.000

注：C_6 为物种多样性，D_7 为木本植物多样性指数，D_8 为鸟类多样性指数；二阶矩阵具有完全一致性，无须进行一致性检验。下同。

表 5.10 C_8-D 判断矩阵

C_8	D_9	D_{10}	D_{11}	D_{12}	
D_9	1.000	2.200	2.065	2.145	$CI = 0.045$ $CR = 0.050$
D_{10}	0.455	1.000	1.833	2.381	
D_{11}	0.484	0.545	1.000	2.253	
D_{12}	0.466	0.420	0.444	1.000	

注：C_8 为环境因子，D_9 为空气温度，D_{10} 为空气湿度，D_{11} 为负氧离子浓度，D_{12} 为空气颗粒物组成。下同。

2. 综合评价模型构建

权重分配结果表明，杜鹃林美学特征权重值最高，其次为生态特征，游憩特征最低。在美学特征中，综合美景度和鸟类声音景观特征权重值高于其余指标；在生态特征中，物种多样性权重值远高于群落稳定性和环境因子；在游憩特征中，可达性和舒适度权重值高于其他指标。在所有指标的权重排序中，单木形态综合指标、木本植物多样性、单木美景度、林分特征综合指标、景观格局综合指标高于其余指标（表 5.11）。

综上所述，杜鹃林景观质量评价模型为：

$$A = 0.659B_1 + 0.220B_2 + 0.121B_3 \quad (5.17\text{ 式})$$

$$B_1 = 0.201C_1 + 0.127C_2 + 0.120C_3 + 0.332C_4 + 0.220C_5 \quad (5.18\text{ 式})$$

$$B_2 = 0.584C_6 + 0.287C_7 + 0.129C_8 \quad (5.19\text{ 式})$$

$$B_3 = 0.348C_9 + 0.296C_{10} + 0.232C_{11} + 0.124C_{12} \quad (5.20\text{ 式})$$

$$C_4 = 0.390D_1 + 0.292D_2 + 0.318D_3 \quad (5.21\text{ 式})$$

$$C_5 = 0.370D_4 + 0.243D_5 + 0.387D_6 \quad (5.22\text{ 式})$$

$$C_6 = 0.821D_7 + 0.179D_8 \quad (5.23\text{ 式})$$

$$C_8 = 0.404D_9 + 0.271D_{10} + 0.201D_{11} + 0.124D_{12} \quad (5.24\text{ 式})$$

通过 5.17 式 ~5.24 式即可计算得出杜鹃林的景观质量综合得分。

表 5.11　杜鹃林景观质量评价体系权重分配

目标层	准则层	权重	指标层	权重	归一化权重	子指标层	权重	归一化权重	排名
杜鹃林景观质量评价 A	美学特征 B_1	0.659	单木形态综合指标 C_1	0.201	0.132			0.132	1
			林分特征综合指标 C_2	0.127	0.084			0.084	4
			景观格局综合指标 C_3	0.120	0.079			0.079	5
			综合美景度 C_4	0.332	0.219	单木美景度 D_1	0.390	0.085	3
						林内美景度 D_2	0.292	0.064	7
						林外美景度 D_3	0.318	0.070	6
			鸟类声音景观特征 C_5	0.220	0.145	鸟鸣种类 D_4	0.370	0.054	10
						鸟鸣次数 D_5	0.243	0.035	13
						鸟类声音与景观谐和度 D_6	0.387	0.056	9

续表

目标层	准则层	权重	指标层	权重	归一化权重	子指标层	权重	归一化权重	排名
杜鹃林景观质量评价A	生态特征B_2	0.220	物种多样性C_6	0.584	0.128	木本植物多样性指数D_7	0.821	0.105	2
						鸟类多样性指数D_8	0.179	0.023	15
			群落稳定性C_7	0.287	0.063			0.063	8
			环境因子C_8	0.129	0.028	空气温度D_9	0.404	0.011	17
						空气湿度D_{10}	0.271	0.008	18
						负氧离子浓度D_{11}	0.201	0.006	19
						空气颗粒物组成D_{12}	0.124	0.004	20
	游憩特征B_3	0.121	可达性C_9	0.348	0.042			0.042	11
			舒适度C_{10}	0.296	0.036			0.036	12
			感官多样性C_{11}	0.232	0.028			0.028	14
			视野开阔度C_{12}	0.124	0.015			0.015	16

5.3.2 不同区域杜鹃林景观质量综合评价

根据上述杜鹃林景观质量评价模型对不同区域杜鹃林进行综合评价，并采用等差法将评价后各准则层及综合质量的得分值划分为 5 个等级，各等级得分值范围，如表 5.12 所示。

表 5.12 杜鹃林景观质量评价等级划分

景观层次	很好	较好	一般	差	很差
美学特征	208.05~262.44	153.66~208.05	126.46~153.66	44.87~126.46	−9.53~44.87
生态特征	226.82~271.74	181.89~226.82	159.43~181.89	92.04~159.43	47.11~92.04
游憩特征	5.73~6.17	5.29~5.73	4.84~5.29	4.40~4.84	3.96~4.40
综合质量	149.27~185.13	113.42~149.27	77.57~113.42	41.71~77.57	5.86~41.71

结果显示，建成区杜鹃林美学特征、生态特征处于很差水平，游憩特征处于一般水平，总体上看，景观综合质量较低，为很差水平；近郊区杜鹃林景观综合质量较高，处于较好水平，其中美学特征、游憩特征为较好水平，生态特征较低，为很差水平；远郊区杜鹃林各准则层得分等级有所差异，美学特征处于差水平，生态特征为很好水平，游憩特征为较好水平，总体上景观综合质量处于一般水平（表 5.13）。

表 5.13　不同区域杜鹃林景观质量综合评价得分

区域	美学特征		生态特征		游憩特征		综合质量	
	得分值	等级	得分值	等级	得分值	等级	得分值	等级
建成区	−0.417	很差	53.849	很差	4.992	一般	12.176	很差
近郊区	197.485	较好	50.446	很差	5.325	较好	141.885	较好
远郊区	51.380	差	266.184	很好	5.134	较好	93.041	一般

5.4 不同区域樱花林景观质量评价

5.4.1 樱花林景观质量评价模型构建

1. 判断矩阵构建

樱花林景观质量评价的判断矩阵构建和一致性检验方法同杜鹃林。结果显示，樱花林景观质量评价各层次矩阵 CR 值均小于 0.1，即均通过一致性检验，表明所有层次的指标权重均正确有效（表 5.14~ 表 5.21）。

表 5.14　A-B 判断矩阵

A	B_1	B_2	B_3	
B_1	1.000	3.500	4.600	$CI = 0.019$ $CR = 0.033$
B_2	0.286	1.000	2.367	
B_3	0.217	0.423	1.000	

表 5.15　B_1-C 判断矩阵

B_1	C_1	C_2	C_3	C_4	C_5	
C_1	1.000	2.448	2.962	0.253	0.520	$CI = 0.100$ $CR = 0.090$
C_2	0.409	1.000	3.153	0.523	0.667	
C_3	0.338	0.317	1.000	0.183	0.533	
C_4	3.947	1.911	5.455	1.000	4.353	
C_5	1.923	1.500	1.875	0.230	1.000	

表 5.16　B_2-C 判断矩阵

B_2	C_6	C_7	C_8	
C_6	1.000	2.953	2.900	$CI = 0.031$ $CR = 0.054$
C_7	0.339	1.000	2.070	
C_8	0.345	0.483	1.000	

表 5.17　B_3-C 判断矩阵

B_3	C_9	C_{10}	C_{11}	C_{12}	
C_9	1.000	2.517	2.460	2.529	$CI = 0.081$ $CR = 0.090$
C_{10}	0.397	1.000	2.300	3.320	
C_{11}	0.407	0.435	1.000	2.967	
C_{12}	0.395	0.301	0.337	1.000	

表 5.18　C_4-D 判断矩阵

C_4	D_1	D_2	D_3	
D_1	1.000	2.523	2.467	$CI = 0.023$ $CR = 0.040$
D_2	0.396	1.000	1.870	
D_3	0.405	0.535	1.000	

表 5.19　C_5-D 判断矩阵

C_5	D_4	D_5	D_6	
D_4	1.000	3.267	1.039	$CI = 0.014$ $CR = 0.024$
D_5	0.306	1.000	0.524	
D_6	0.963	1.909	1.000	

表 5.20　C_6-D 判断矩阵

C_6	D_7	D_8
D_7	1.000	5.100
D_8	0.196	1.000

表 5.21　C_8-D 判断矩阵

C_8	D_9	D_{10}	D_{11}	D_{12}	
D_9	1.000	2.767	1.857	1.873	$CI = 0.079$ $CR = 0.087$
D_{10}	0.361	1.000	1.912	2.264	
D_{11}	0.539	0.523	1.000	2.320	
D_{12}	0.534	0.442	0.431	1.000	

2. 综合评价模型构建

权重分配结果显示，樱花林美学特征权重值最高，其次为生态特征，游憩特征最低。美学特征各指标权重排序中，综合美景度和鸟类声音景观特征高于其余指标；生态特征各指标权重排序中，物种多样性远高于群落稳定性和环境因子；游憩特征各指标权重排序中，可达性和舒适度高于其他指标。在所有指标中，单木美景度、木本植物多样性、单木形态综合指标、林分特征综合指标、林内美景度权重值高于其余指标（表 5.22）。

综上所述，樱花林景观质量评价模型为：

$$A = 0.655B_1 + 0.228B_2 + 0.117B_3 \quad (5.25\text{式})$$

$$B_1 = 0.162C_1 + 0.139C_2 + 0.066C_3 + 0.462C_4 + 0.171C_5 \quad (5.26\text{式})$$

$$B_2 = 0.587C_6 + 0.255C_7 + 0.158C_8 \quad (5.27\text{式})$$

$$B_3 = 0.432C_9 + 0.286C_{10} + 0.185C_{11} + 0.097C_{12} \quad (5.28\text{式})$$

$$C_4 = 0.550D_1 + 0.270D_2 + 0.180D_3 \quad (5.29\text{式})$$

$$C_5 = 0.459D_4 + 0.166D_5 + 0.375D_6 \quad (5.30\text{式})$$

$$C_6 = 0.836D_7 + 0.164D_8 \quad (5.31\text{式})$$

$$C_8 = 0.406D_9 + 0.257D_{10} + 0.207D_{11} + 0.130D_{12} \quad (5.32\text{式})$$

通过 5.25 式 ~5.32 式即可计算得出樱花林的景观质量综合得分。

表 5.22　樱花林景观质量评价体系权重分配

目标层	准则层	权重	指标层	权重	归一化权重	子指标层	权重	归一化权重	排名
樱花林景观质量评价 A	美学特征 B_1	0.655	单木形态综合指标 C_1	0.162	0.106			0.106	3
			林分特征综合指标 C_2	0.139	0.091			0.091	4
			景观格局综合指标 C_3	0.066	0.043			0.043	10
			综合美景度 C_4	0.462	0.303	单木美景度 D_1	0.550	0.166	1
						林内美景度 D_2	0.270	0.082	5
						林外美景度 D_3	0.180	0.054	7
			鸟类声音景观特征 C_5	0.171	0.112	鸟鸣种类 D_4	0.459	0.051	8
						鸟鸣次数 D_5	0.166	0.019	15
						鸟类声音与景观谐和度 D_6	0.375	0.042	11

续表

目标层	准则层	权重	指标层	权重	归一化权重	子指标层	权重	归一化权重	排名
樱花林景观质量评价A	生态特征 B_2	0.228	物种多样性 C_6	0.587	0.134	木本植物多样性指数 D_7	0.836	0.112	2
						鸟类多样性指数 D_8	0.164	0.022	13
			群落稳定性 C_7	0.255	0.058			0.058	6
			环境因子 C_8	0.158	0.036	空气温度 D_9	0.406	0.015	16
						空气湿度 D_{10}	0.257	0.009	18
						负氧离子浓度 D_{11}	0.207	0.007	19
						空气颗粒物组成 D_{12}	0.130	0.005	20
	游憩特征 B_3	0.117	可达性 C_9	0.432	0.051			0.051	9
			舒适度 C_{10}	0.286	0.033			0.033	12
			感官多样性 C_{11}	0.185	0.022			0.022	14
			视野开阔度 C_{12}	0.097	0.011			0.011	17

5.4.2 不同区域樱花林景观质量综合评价

根据上述樱花林景观质量评价模型对不同区域樱花林进行综合评价，并采用等差法将评价后各准则层及综合质量的得分值划分为 5 个等级，各等级得分值范围，如表 5.23 所示。

表 5.23 樱花林景观质量评价等级划分

景观层次	很好	较好	一般	差	很差
美学特征	−15.88～−5.61	−26.16～−15.88	−31.30～−26.16	−46.71～−31.30	−56.99～−46.71
生态特征	74.43～80.59	68.26～74.43	62.09～68.26	55.92～62.09	49.75～55.92
游憩特征	5.77～6.34	5.21～5.77	4.64～5.21	4.08～4.64	3.52～4.08
综合质量	5.86～13.34	−1.62～5.86	−9.10～−1.62	−16.57～−9.10	−24.05～−16.57

结果显示，建成区樱花林总体上景观综合质量处于很差水平，其中美学特征、生态特征为很差水平，游憩特征处于较好水平；近郊区樱花林美学特征为很好水平，生态特征、游憩特征为较好水平，总体上景观综合质量较高，处于很好水平；远郊区樱花林不同特征得分等级各异，其中美学特征为一般水平，生态特征处于很好水平，游憩特征为差水平，总体上看，景观综合质量处于一般水平

（表 5.24）。

表 5.24　不同区域樱花林景观质量综合评价得分

区域	美学特征		生态特征		游憩特征		综合质量	
	得分值	等级	得分值	等级	得分值	等级	得分值	等级
建成区	−52.328	很差	55.043	很差	5.412	较好	−21.092	很差
近郊区	−13.671	很好	72.170	较好	5.429	较好	8.135	很好
远郊区	−30.000	一般	75.488	很好	4.530	差	−1.909	一般

5.5 不同区域枫香林景观质量评价

5.5.1 枫香林景观质量评价模型构建

1. 判断矩阵构建

枫香林景观质量评价的判断矩阵构建和一致性检验方法同杜鹃林。结果表明，枫香林景观质量评价各层次矩阵 CR 值均小于 0.1，即均通过一致性检验，证实所有层次的指标权重均正确有效（表 5.25~ 表 5.32）。

表 5.25　A-B 判断矩阵

A	B_1	B_2	B_3	
B_1	1.000	1.083	1.590	$CI = 0.034$ $CR = 0.059$
B_2	0.923	1.000	3.200	
B_3	0.629	0.313	1.000	

表 5.26　B_1-C 判断矩阵

B_1	C_1	C_2	C_3	C_4	C_5	
C_1	1.000	1.687	1.418	0.870	0.753	$CI = 0.106$ $CR = 0.094$
C_2	0.593	1.000	3.083	0.720	0.933	
C_3	0.705	0.324	1.000	0.769	0.987	
C_4	1.149	1.389	1.300	1.000	3.853	
C_5	1.327	1.071	1.014	0.260	1.000	

表 5.27 B_2-C 判断矩阵

B_2	C_6	C_7	C_8	
C_6	1.000	2.183	3.373	$CI = 0.012$ $CR = 0.021$
C_7	0.458	1.000	2.473	
C_8	0.296	0.404	1.000	

注：B_2 为生态特征，C_6 为物种多样性，C_7 为群落稳定性，C_8 为环境因子；*CI* 为一致性指标，*CR* 为判断矩阵一致性指标。

表 5.28 B_3-C 判断矩阵

B_3	C_9	C_{10}	C_{11}	C_{12}	
C_9	1.000	2.158	1.793	2.993	$CI = 0.069$ $CR = 0.077$
C_{10}	0.463	1.000	2.467	3.953	
C_{11}	0.558	0.405	1.000	3.300	
C_{12}	0.334	0.253	0.303	1.000	

表 5.29 C_4-D 判断矩阵

C_4	D_1	D_2	D_3	
D_1	1.000	2.233	2.160	$CI = 0.007$ $CR = 0.013$
D_2	0.448	1.000	1.392	
D_3	0.463	0.719	1.000	

表 5.30 C_5-D 判断矩阵

C_5	D_4	D_5	D_6	
D_4	1.000	2.950	0.827	$CI = 0.050$ $CR = 0.086$
D_5	0.339	1.000	0.721	
D_6	1.210	1.388	1.000	

表 5.31 C_6-D 判断矩阵

C_6	D_7	D_8
D_7	1.000	4.133
D_8	0.242	1.000

表 5.32 C_8-D 判断矩阵

C_8	D_9	D_{10}	D_{11}	D_{12}	
D_9	1.000	1.667	2.260	2.353	$CI = 0.044$ $CR = 0.049$
D_{10}	0.600	1.000	2.583	2.214	
D_{11}	0.442	0.387	1.000	2.220	
D_{12}	0.425	0.452	0.450	1.000	

2. 综合评价模型构建

权重分配结果表明，枫香林生态特征权重值最高，其次依次为美学特征、游憩特征。在美学特征中，综合美景度和单木形态综合指标的权重值高于其余指标；在生态特征中，物种多样性的权重值远高于群落稳定性和环境因子；在游憩特征中，可达性和舒适度的权重值高于其他指标。所有指标中，木本植物多样性、群落稳定性、单木形态综合指标、林分特征综合指标、可达性的权重值高于其余指标（表 5.33）。

综上所述，枫香林景观质量评价模型为：

$$A = 0.373B_1 + 0.446B_2 + 0.181B_3 \quad (5.33 式)$$

$$B_1 = 0.211C_1 + 0.201C_2 + 0.136C_3 + 0.293C_4 + 0.159C_5 \quad (5.34 式)$$

$$B_2 = 0.559C_6 + 0.299C_7 + 0.142C_8 \quad (5.35 式)$$

$$B_3 = 0.398C_9 + 0.315C_{10} + 0.201C_{11} + 0.086C_{12} \quad (5.36 式)$$

$$C_4 = 0.522D_1 + 0.264D_2 + 0.214D_3 \quad (5.37 式)$$

$$C_5 = 0.426D_4 + 0.198D_5 + 0.376D_6 \quad (5.38 式)$$

$$C_6 = 0.805D_7 + 0.195D_8 \quad (5.39 式)$$

$$C_8 = 0.391D_9 + 0.308D_{10} + 0.178D_{11} + 0.123D_{12} \quad (5.40 式)$$

通过 5.33 式 ~5.40 式即可计算得出枫香林的景观质量综合得分。

表 5.33　枫香林景观质量评价体系权重分配

目标层	准则层	权重	指标层	权重	归一化权重	子指标层	权重	归一化权重	排名
枫香林景观质量评价 A	美学特征 B_1	0.373	单木形态综合指标 C_1	0.211	0.079			0.079	3
			林分特征综合指标 C_2	0.201	0.075			0.075	4
			景观格局综合指标 C_3	0.136	0.051			0.051	8
			综合美景度 C_4	0.293	0.109	单木美景度 D_1	0.522	0.057	6
						林内美景度 D_2	0.264	0.029	11
						林外美景度 D_3	0.214	0.023	14
			鸟类声音景观特征 C_5	0.159	0.059	鸟鸣种类 D_4	0.426	0.025	12
						鸟鸣次数 D_5	0.198	0.012	18
						鸟类声音与景观谐和度 D_6	0.376	0.022	15

续表

目标层	准则层	权重	指标层	权重	归一化权重	子指标层	权重	归一化权重	排名
枫香林景观质量评价A	生态特征B_2	0.446	物种多样性C_6	0.559	0.249	木本植物多样性指数D_7	0.805	0.201	1
						鸟类多样性指数D_8	0.195	0.049	9
			群落稳定性C_7	0.299	0.133			0.133	2
			环境因子C_8	0.142	0.063	空气温度D_9	0.391	0.025	13
						空气湿度D_{10}	0.308	0.020	16
						负氧离子浓度D_{11}	0.178	0.011	19
						空气颗粒物组成D_{12}	0.123	0.008	20
	游憩特征B_3	0.181	可达性C_9	0.398	0.072			0.072	5
			舒适度C_{10}	0.315	0.057			0.057	7
			感官多样性C_{11}	0.201	0.036			0.036	10
			视野开阔度C_{12}	0.086	0.016			0.016	17

5.5.2 不同区域枫香林景观质量综合评价

根据上述枫香林景观质量评价模型对不同区域枫香林进行综合评价，并采用等差法将评价后各准则层及综合质量的得分值划分为5个等级，各等级得分值范围，如表5.34所示。

表5.34 枫香林景观质量评价等级划分

景观层次	很好	较好	一般	差	很差
美学特征	231.92～321.44	142.39～231.92	52.86～142.39	−36.66～52.86	−126.19～−36.66
生态特征	61.92～65.77	58.08～61.92	54.32～58.08	46.54～50.39	46.54～50.39
游憩特征	5.82～6.34	5.29～5.82	4.77～5.29	4.24～4.77	3.72～4.24
综合质量	113.31～147.08	79.54～113.31	45.77～79.54	11.99～45.77	−21.78～11.99

结果显示，建成区枫香林美学特征为很差水平，生态特征、游憩特征处于一般水平，总体上景观综合质量较低，处于很差水平。总体上看，近郊区枫香林景观综合质量较高，处于很好水平，其中美学特征处于很好水平，生态特征、游憩特征为较好水平。远郊区枫香林美学特征处于较好水平，生态特征为很差水平，游憩特征处于差水平，景观综合质量总体为一般水平（表5.35）。

表 5.35　不同区域枫香林景观质量综合评价得分

区域	美学特征		生态特征		游憩特征		综合质量	
	得分值	等级	得分值	等级	得分值	等级	得分值	等级
建成区	−114.459	很差	56.029	一般	5.243	一般	−16.756	很差
近郊区	272.847	很好	60.470	较好	5.310	较好	129.702	很好
远郊区	146.615	较好	49.981	很差	4.587	差	77.809	一般

5.6 不同区域马尾松林景观质量评价

5.6.1 马尾松林景观质量评价模型构建

1. 判断矩阵构建

马尾松林景观质量评价的判断矩阵构建和一致性检验方法同杜鹃林。结果表明，马尾松林景观质量评价各层次矩阵 CR 值均小于 0.1，即均通过一致性检验，证实所有层次的指标权重均正确有效（表 5.36~ 表 5.43）。

表 5.36　A-B 判断矩阵

A	B_1	B_2	B_3	
B_1	1.000	1.895	2.920	$CI = 0.044$ $CR = 0.075$
B_2	0.528	1.000	3.733	
B_3	0.342	0.268	1.000	

表 5.37　B_1-C 判断矩阵

B_1	C_1	C_2	C_3	C_4	C_5	
C_1	1.000	0.620	2.360	1.267	3.020	$CI = 0.074$ $CR = 0.066$
C_2	1.613	1.000	1.987	1.558	2.900	
C_3	0.424	0.503	1.000	2.020	2.667	
C_4	0.789	0.642	0.495	1.000	4.633	
C_5	0.331	0.345	0.375	0.216	1.000	

表 5.38　B_2-C 判断矩阵

B_2	C_6	C_7	C_8	
C_6	1.000	2.783	3.083	$CI = 0.040$ $CR = 0.068$
C_7	0.359	1.000	2.583	
C_8	0.324	0.387	1.000	

表 5.39　B_3-C 判断矩阵

B_3	C_9	C_{10}	C_{11}	C_{12}	
C_9	1.000	2.108	2.973	2.650	$CI = 0.066$ $CR = 0.074$
C_{10}	0.474	1.000	3.533	3.283	
C_{11}	0.336	0.283	1.000	2.087	
C_{12}	0.377	0.305	0.479	1.000	

表 5.40　C_4-D 判断矩阵

C_4	D_1	D_2	D_3	
D_1	1.000	1.928	2.104	$CI = 0.033$ $CR = 0.057$
D_2	0.519	1.000	2.358	
D_3	0.475	0.424	1.000	

表 5.41　C_5-D 判断矩阵

C_5	D_4	D_5	D_6	
D_4	1.000	3.350	1.560	$CI = 0.054$ $CR = 0.093$
D_5	0.299	1.000	1.243	
D_6	0.641	0.804	1.000	

表 5.42　C_6-D 判断矩阵

C_6	D_7	D_8
D_7	1.000	4.700
D_8	0.213	1.000

表 5.43　C_8-D 判断矩阵

C_8	D_9	D_{10}	D_{11}	D_{12}	
D_9	1.000	1.842	1.727	2.195	$CI = 0.072$ $CR = 0.080$
D_{10}	0.543	1.000	2.408	1.914	
D_{11}	0.579	0.415	1.000	2.853	
D_{12}	0.456	0.522	0.350	1.000	

2. 综合评价模型构建

权重分配结果显示，马尾松林美学特征权重值远高于生态特征和游憩特征。美学特征各指标权重排序中，林分特征综合指标和单木形态综合指标高于其他指标；生态特征各指标权重排序中，物种多样性远高于群落稳定性和环境因子；游憩特征各指标权重排序中，可达性和舒适度权重值高于其余指标。所有指标中，木本植物多样性、林分特征综合指标、单木形态综合指标、群落稳定性、景观格局综合指标高于其余指标（表 5.44）。

综上所述，马尾松林景观质量评价模型为：

$$A = 0.509B_1 + 0.361B_2 + 0.130B_3 \qquad (5.41\text{式})$$

$$B_1 = 0.253C_1 + 0.306C_2 + 0.1850C_3 + 0.185C_4 + 0.071C_5 \qquad (5.42\text{式})$$

$$B_2 = 0.581C_6 + 0.277C_7 + 0.142C_8 \qquad (5.43\text{式})$$

$$B_3 = 0.429C_9 + 0.326C_{10} + 0.142C_{11} + 0.103C_{12} \qquad (5.44\text{式})$$

$$C_4 = 0.491D_1 + 0.329D_2 + 0.180D_3 \qquad (5.45\text{式})$$

$$C_5 = 0.533D_4 + 0.221D_5 + 0.246D_6 \qquad (5.46\text{式})$$

$$C_6 = 0.825D_7 + 0.175D_8 \qquad (5.47\text{式})$$

$$C_8 = 0.375D_9 + 0.290D_{10} + 0.210D_{11} + 0.125D_{12} \qquad (5.48\text{式})$$

通过 5.41~5.48 式即可计算得出马尾松林的景观质量综合得分。

表 5.44　马尾松林景观质量评价体系权重分配

目标层	准则层	权重	指标层	权重	归一化权重	子指标层	权重	归一化权重	排名
马尾松林景观质量评价 A	美学特征 B_1	0.509	单木形态综合指标 C_1	0.253	0.129			0.129	3
			林分特征综合指标 C_2	0.306	0.156			0.156	2
			景观格局综合指标 C_3	0.185	0.094			0.094	5
			综合美景度 C_4	0.185	0.094	单木美景度 D_1	0.491	0.046	7
						林内美景度 D_2	0.329	0.031	10
						林外美景度 D_3	0.180	0.017	14
			鸟类声音景观特征 C_5	0.071	0.036	鸟鸣种类 D_4	0.533	0.019	12
						鸟鸣次数 D_5	0.221	0.008	19
						鸟类声音与景观谐和度 D_6	0.246	0.009	18

续表

目标层	准则层	权重	指标层	权重	归一化权重	子指标层	权重	归一化权重	排名
马尾松林景观质量评价 A	生态特征 B_2	0.361	物种多样性 C_6	0.581	0.210	木本植物多样性指数 D_7	0.825	0.173	1
						鸟类多样性指数 D_8	0.175	0.037	9
			群落稳定性 C_7	0.277	0.100			0.100	4
			环境因子 C_8	0.142	0.051	空气温度 D_9	0.375	0.019	11
						空气湿度 D_{10}	0.290	0.015	15
						负氧离子浓度 D_{11}	0.210	0.011	17
						空气颗粒物组成 D_{12}	0.125	0.006	20
	游憩特征 B_3	0.130	可达性 C_9	0.429	0.056			0.056	6
			舒适度 C_{10}	0.326	0.042			0.042	8
			感官多样性 C_{11}	0.142	0.018			0.018	13
			视野开阔度 C_{12}	0.103	0.013			0.013	16

5.6.2 不同区域马尾松林景观质量综合评价

根据上述马尾松林景观质量评价模型对不同区域马尾松林进行综合评价，并采用等差法将评价后各准则层及综合质量的得分值划分为 5 个等级，各等级得分值范围，如表 5.45 所示。

表 5.45 马尾松林景观质量评价等级划分

景观层次	很好	较好	一般	差	很差
美学特征	221.62~307.20	136.03~221.62	50.45~136.03	−35.14~50.45	−120.72~−35.14
生态特征	794.53~980.24	608.82~794.53	423.11~608.82	237.40~423.11	51.69~237.40
游憩特征	5.75~6.18	5.31~5.75	4.87~5.31	4.44~4.87	4.00~4.44
综合质量	358.53~458.05	259.02~358.53	159.51~259.02	59.99~159.51	−39.52~59.99

结果表明，建成区马尾松林总体上景观综合质量为很差水平，其中美学特征、生态特征处于很差水平，游憩特征处于一般水平。近郊区马尾松林景观综合质量总体较低，处于很差水平，其中美学特征为一般水平，生态特征较低，为很差水平，游憩特征处于较好水平。远郊区马尾松林美学特征处于较好水平，生态

特征为很好水平，游憩特征为一般水平，总体上看，景观综合质量较高，处于很好水平（表 5.46）。

表 5.46　不同区域马尾松林景观质量综合评价得分

区域	美学特征		生态特征		游憩特征		综合质量	
	得分值	等级	得分值	等级	得分值	等级	得分值	等级
建成区	−62.344	很差	54.451	很差	4.899	一般	−11.440	很差
近郊区	63.527	一般	68.327	很差	5.539	较好	57.722	很差
远郊区	184.788	较好	972.668	很好	5.049	一般	445.847	很好

5.7 不同区域樟树林景观质量评价

5.7.1 樟树林景观质量评价模型构建

1. 判断矩阵构建

樟树林景观质量评价的判断矩阵构建和一致性检验方法同杜鹃林。结果表明，樟树林景观质量评价各层次矩阵 CR 值均小于 0.1，即均通过一致性检验，证实所有层次的指标权重均正确有效（表 5.47~ 表 5.54）。

表 5.47　A-B 判断矩阵

A	B_1	B_2	B_3	
B_1	1.000	1.051	3.020	$CI = 0.003$ $CR = 0.005$
B_2	0.952	1.000	3.600	
B_3	0.331	0.278	1.000	

表 5.48　B_1-C 判断矩阵

B_1	C_1	C_2	C_3	C_4	C_5	
C_1	1.000	0.764	2.660	1.760	1.683	$CI = 0.073$ $CR = 0.065$
C_2	1.308	1.000	3.120	1.892	2.900	
C_3	0.376	0.321	1.000	1.548	2.483	
C_4	0.568	0.529	0.646	1.000	3.251	
C_5	0.594	0.345	0.403	0.308	1.000	

表 5.49　B_2-C 判断矩阵

B_2	C_6	C_7	C_8	
C_6	1.000	2.233	3.500	$CI = 0.036$ $CR = 0.063$
C_7	0.448	1.000	3.500	
C_8	0.286	0.286	1.000	

表 5.50　B_3-C 判断矩阵

B_3	C_9	C_{10}	C_{11}	C_{12}	
C_9	1.000	1.933	2.203	1.667	$CI = 0.069$ $CR = 0.076$
C_{10}	0.517	1.000	3.233	2.575	
C_{11}	0.454	0.309	1.000	1.553	
C_{12}	0.600	0.388	0.644	1.000	

表 5.51　C_4-D 判断矩阵

C_4	D_1	D_2	D_3	
D_1	1.000	0.903	1.308	$CI = 0.008$ $CR = 0.014$
D_2	1.107	1.000	2.125	
D_3	0.764	0.471	1.000	

表 5.52　C_5-D 判断矩阵

C_5	D_4	D_5	D_6	
D_4	1.000	2.833	1.540	$CI = 0.016$ $CR = 0.028$
D_5	0.353	1.000	0.934	
D_6	0.649	1.070	1.000	

表 5.53　C_6-D 判断矩阵

C_6	D_7	D_8
D_7	1.000	3.900
D_8	0.256	1.000

表 5.54　C_8-D 判断矩阵

C_8	D_9	D_{10}	D_{11}	D_{12}	
D_9	1.000	1.983	1.869	2.370	$CI = 0.036$ $CR = 0.040$
D_{10}	0.504	1.000	1.883	1.881	
D_{11}	0.535	0.531	1.000	2.290	
D_{12}	0.422	0.532	0.437	1.000	

2. 综合评价模型构建

权重分配结果显示，樟树林生态特征权重值最高，其次为美学特征，游憩特征最低。在美学特征中，林分特征综合指标和单木形态综合指标权重值高于其他指标；在生态特征中，物种多样性权重值远高于群落稳定性和环境因子；在游憩特征中，可达性和舒适度权重值高于其余指标。在所有指标的权重排序中，木本植物多样性、林分特征综合指标、群落稳定性、单木形态综合指标、景观格局综合指标高于其他指标（表 5.55）。

综上所述，樟树林景观质量评价模型为：

$$A = 0.429B_1 + 0.440B_2 + 0.131B_3 \quad (5.49式)$$

$$B_1 = 0.258C_1 + 0.336C_2 + 0.155C_3 + 0.165C_4 + 0.086C_5 \quad (5.50式)$$

$$B_2 = 0.554C_6 + 0.324C_7 + 0.122C_8 \quad (5.51式)$$

$$B_3 = 0.373C_9 + 0.329C_{10} + 0.156C_{11} + 0.142C_{12} \quad (5.52式)$$

$$C_4 = 0.341D_1 + 0.429D_2 + 0.230D_3 \quad (5.53式)$$

$$C_5 = 0.509D_4 + 0.215D_5 + 0.276D_6 \quad (5.54式)$$

$$C_6 = 0.796D_7 + 0.204D_8 \quad (5.55式)$$

$$C_8 = 0.397D_9 + 0.267D_{10} + 0.207D_{11} + 0.129D_{12} \quad (5.56式)$$

通过 5.49 式 ~5.56 式即可计算得出樟树林的景观质量综合得分。

表 5.55　樟树林景观质量评价体系权重分配

目标层	准则层	权重	指标层	权重	归一化权重	子指标层	权重	归一化权重	排名
樟树林景观质量评价 A	美学特征 B_1	0.429	单木形态综合指标 C_1	0.258	0.111			0.111	4
			林分特征综合指标 C_2	0.336	0.144			0.144	2
			景观格局综合指标 C_3	0.155	0.066			0.066	5
			综合美景度 C_4	0.165	0.071	单木美景度 D_1	0.341	0.024	10
						林内美景度 D_2	0.429	0.030	9
						林外美景度 D_3	0.230	0.016	15
			鸟类声音景观特征 C_5	0.086	0.037	鸟鸣种类 D_4	0.509	0.019	13
						鸟鸣次数 D_5	0.215	0.008	19
						鸟类声音与景观谐和度 D_6	0.276	0.010	18

续表

目标层	准则层	权重	指标层	权重	归一化权重	子指标层	权重	归一化权重	排名
樟树林景观质量评价A	生态特征B_2	0.440	物种多样性C_6	0.554	0.244	木本植物多样性指数D_7	0.796	0.194	1
						鸟类多样性指数D_8	0.204	0.050	6
			群落稳定性C_7	0.324	0.143			0.143	3
			环境因子C_8	0.122	0.054	空气温度D_9	0.397	0.021	11
						空气湿度D_{10}	0.267	0.014	16
						负氧离子浓度D_{11}	0.207	0.011	17
						空气颗粒物组成D_{12}	0.129	0.007	20
	游憩特征B_3	0.131	可达性C_9	0.373	0.049			0.049	7
			舒适度C_{10}	0.329	0.043			0.043	8
			感官多样性C_{11}	0.156	0.021			0.021	12
			视野开阔度C_{12}	0.142	0.019			0.019	14

5.7.2 不同区域樟树林景观质量综合评价

根据上述樟树林景观质量评价模型对不同区域樟树林进行综合评价，并采用等差法将评价后各准则层及综合质量的得分值划分为5个等级，各等级得分值范围，如表5.56所示。

表5.56　樟树林景观质量评价等级划分

景观层次	很好	较好	一般	差	很差
美学特征	728.28～942.56	514.01～728.28	299.74～514.01	85.46～299.74	−128.81～85.46
生态特征	54.58～56.84	52.32～54.58	50.05～52.32	47.79～50.05	45.53～47.79
游憩特征	5.97～6.33	5.62～5.97	5.26～5.62	4.90～5.26	4.55～4.90
综合质量	336.27～428.61	243.92～336.27	151.58～243.92	59.24～151.58	−33.11～59.24

结果表明，建成区樟树林美学特征为很差水平，生态特征、游憩特征处于差水平，景观综合质量总体较低，为很差水平。近郊区樟树林景观综合质量总体上较高，为较好水平，其中美学特征处于较好水平，生态特征为很好水平，游憩特征处于一般水平。总体上看，远郊区樟树林景观综合质量较低，为很差水平，其

中美学特征、生态特征处于很差水平，游憩特征为差水平（表 5.57）。

表 5.57　不同区域樟树林景观质量综合评价得分

区域	美学特征		生态特征		游憩特征		综合质量	
	得分值	等级	得分值	等级	得分值	等级	得分值	等级
建成区	−95.737	很差	48.812	差	5.233	差	−18.903	很差
近郊区	639.352	较好	55.061	很好	5.359	一般	299.216	较好
远郊区	34.168	很差	47.262	很差	5.094	差	36.126	很差

5.8 风景游憩林景观质量调控机制研究

地方政府与相关旅游企业和单位已经开始在赏花旅游目的地的建设和赏花旅游业的发展上投入大量成本，因此赏花旅游地越来越多。在需求和供给共同推动的背景下，中国的赏花旅游得到了快速发展（何伊，2019）。杜鹃花、樱花因其色彩鲜艳、姿态优美，经常在各种公园里种植，也深受人民喜爱。无论是作为公园的主要景观还是配套景观，杜鹃花、樱花在公园植物景观建设中都发挥着重要作用（孔军华，2021）。本研究结果表明，杜鹃花以及樱花的美学特征权重远远高于生态特征和游憩特征，也符合人民观赏花卉的需求。不同区域其风景游憩林指标差异较为显著，主要由环境因素（Mihalic, 2000）、资源差异（Dwyer, 2003）、区域的基础设施以及规划管理（Ritchie and Crouch, 2000）等因素决定。拥有丰富的杜鹃旅游资源以及樱花资源是发展杜鹃旅游、樱花旅游的前提，也是吸引游客到旅游目的地的动力。杜鹃、樱花的旅游资源质量直接影响到杜鹃旅游目的地的竞争力（何伊，2019）。旅游竞争力是 20 世纪 90 年代以来经济学研究的热点，也是一个非常复杂的概念（何伊，2019）。Dwyer 等（2003）从旅游地的角度出发，提出旅游竞争力是为当地居民提供可持续福利及高标准生活的能力。张晓军（2013）提出旅游竞争力是一个旅游区在资源开发、环境建设、管理创新、市场开发等方面与其他旅游区相比的比较优势。因此，建议充分发挥杜鹃林、樱花林自然资源优势，积极开发，合理保护；充分利用当地优势和特色，增强杜鹃花、樱花林美学特征，提高旅游吸引力。此外，还需要建设和完善基础设施，定期检查和维护旅游目的地的服务设施，以提高旅游目的地的接待水平，从而增强旅游目的地的竞争力（何伊，2019）。

枫香林和樟树林的景观质量评价模型均表明生态学特征大于美学特征、大于游憩特征，马尾松的景观质量评价模型则表明美学特征大于生态学特征、大于游憩特征。因此，在乔木林上还需更加关注生态特征，需要更加注重其生态保健效应。生态保健效应是基于植物景观的生态、美学、社会和生产功能，以及对人体身心健康的各种直接有益影响，通常以空气负离子浓度、人体舒适度、细菌减少率、噪声减少率和 $PM_{2.5}$ 减少率等环境影响指标为特征（杨畅 等，2022）。在不同区域内，其侧重关注点存在差异，因为不同的林分以及群落结构的保健效果差异很大，各个公园以及林分的生态保健指标的表征有其自身的优势。杨畅等（2022）研究结果表明，不同季节生态保健效果的日变化趋势也不同，与环境因素呈显著相关关系。未来对于樟树林、枫香林等乔木风景游憩林的研究还需考虑心理保健的作用及其与生理学的耦合效应和影响机制。

参考文献

陈建军，2014. 游憩林景观评价研究进展［J］. 北京农业（6）：69-70.

陈瑜，徐程扬，李乐，等,2014. 阔叶红松风景林单木景观质量评价与模型研究［J］. 北京林业大学学报，36（5）：87-93.

但新球，周光辉，蔡时钧，1996. 森林游憩对环境与景观生态系统的影响［J］. 中南林业调查规划（1）：56-60.

董淑龙，马姜明，2022. 风景林景观质量评价及景观提升营建策略［J］. 现代园艺，45（1）：144-146.

樊瑾，2019. 北京西山典型风景游憩林质量调查及景观评价研究［D］. 呼和浩特：内蒙古农业大学.

房翠萍，房利民,2012. 塞罕坝国家级森林公园风景游憩林景观类型与特征分析［J］. 河北林果研究，27（1）：95-98.

郭晓彬，姚娟，付鹏飞，2022. 游客生态系统文化服务价值感知的生态消费行为选择意愿效应［J］. 华中师范大学学报（自然科学版）,56（5）：882-890.

何伊，2019. 基于层次分析法的杜鹃花旅游地竞争力评价研究［D］. 长沙：中南林业科技大学.

孔军华，2021. 基于 SD 法的西湖风景名胜区杜鹃花景观评价研究［D］. 杭州：浙江农林大学.

李巧云，李高飞，廖菊阳，等，2019. 湖南省森林植物园空气负氧离子浓度特征及影响要素研究［J］. 湖南林业科技，46（1）：18−23.

梁爱丽，严莉，肖万娟，2020. 基于 AHP 的柳州市道路绿地植物景观评价体系构建［J］. 南方园艺，31（4）：60−64.

刘杨，李承承，李果，2021. 重庆主城区城市森林植物配置模式的评价研究［J］. 现代园艺，44（13）：1−4+7.

刘怡，钟毅，何飞阳，等，2021. 基于 AHP 法的城郊游憩林景观及环境质量评价体系构建［J］. 四川林业科技，42（2）：66−70.

毛斌，2015. 北京中幼龄人工油松、侧柏风景林抚育技术研究［D］. 北京林业大学.

牛君丽，徐程扬，2008. 风景游憩林景观质量评价及营建技术研究进展［J］. 世界林业研究（3）：34−37.

杨畅，王月容，汤志颖，等，2022. 不同群落结构风景游憩林生态保健效应研究—以北京西山国家森林公园为例［J］. 生态学报（16）：1−15.

张景群，吴万兴，万婷春，2006. 陕西太平森林公园林景资源评价［J］. 西北林学院学报（2）：168−171.

张晓军. 2013. 旅游竞争力的概念及详细解析［EB/OL］. http://travel.ce.cn/gdtj/201308/01/t20130801−1011640.shtml.

章志都，2010. 京郊低山风景游憩林质量评价及调控关键技术研究［D］. 北京林业大学.

章志都，徐程扬，董建文，等，2008. 郁闭度对风景游憩林林下植被及林内景观的影响［J］. 中国城市林业（2）：10−13.

赵惠勋，周晓峰，王义弘，等，2000. 森林质量评价标准和评价指标［J］. 东北林业大学学报（5）：58−61.

ASUR F, 2019. An evaluation of visual landscape quality of coastal settlements: a case study of coastal areas in the van lake basin (Turkey) [J]. Applied Ecology and Environmental Research, 17(2): 1849−1864.

ARNBERGER A, EDER R, ALLEX B, et al., 2018. Perceived health benefits of managed and unmanaged meadows in a mountain biosphere reserve–an experimental study in the Austrian Alps[J]. Journal on Protected Mountain Areas Research and Management, 10, 5−14.

CHENG X, VAN D S, LI L, et al., 2019. Evaluation of culturalecosystem services: A review of methods[J]. Ecosystem services, 37, 100925.

DWYER L, LIVAIC Z, MELLOR R , 2003. Competitiveness of Australia as a Tourist Destination[J]. Journal of Hospitality & Tourism Management, 10(1):60−78.

MIHALIC T, 2000. Environmental management of a tourist destination: A factor of tourism competitiveness[J]. Tourism management, 21(1):65−78.

ROBERTS H V, 2017. Using Twitter data in urban green space research[J]. Applied Geography, 81, 13−20.

第6章

关键特征对风景游憩林景观演变动态的调控机制

6.1 风景游憩林景观演变动态的研究概述

风景游憩林景观在城市资源管理和休闲规划中起着至关重要的作用，从区域尺度准确评估其景观质量有助于反映景观资源的分布情况（Cheng and Mattor, 2010）。受自然环境、植被特征、人类活动等要素影响，风景游憩林景观的物理、生物属性通常随着时空推移而变化（Pierskalla et al., 2007）。明确风景游憩林景观质量对各类要素变化的敏感程度，不仅可以观察其动态变化，还可以为大尺度森林景观的空间布局提供依据，从而提出或调整适合城市森林景观可持续发展的经营策略（Wu et al., 2019）。为此，本部分基于风景游憩林景观质量评价模型，选取了指标权重排序中排名前5的关键特征进行景观质量预测和模拟，并结合GIS技术分别绘制关键特征变化下5种风景游憩林景观质量的空间演变动态，明确有效提升风景游憩林景观质量的关键特征最佳阈值，为亚热带区域制定景观生态调控技术、资源规划和管理决策提供数据支撑和指导。

6.2 研究方法

6.2.1 景观质量预测模型构建

1. 数据来源

利用野外样地调查采集的各个公园坐标数据、景观特征数据作为景观质量预测模型的数据基础；2000 国家大地坐标系（China Geodetic Coordinate System 2000）；湖南省行政边界数据库；长沙市卫星影像底图。

2. 预测因子选取

根据景观质量评价体系，选取指标综合权重排序中排名前 5 的关键特征作为预测因子。在现有数据基础上，对每个预测因子设置 5 个变化梯度（梯度 1、梯度 2、梯度 3、梯度 4、梯度 5）。

3. 景观质量综合评定

基于景观综合质量评价的多元线性回归模型，采用数据随机模拟方法生成预测因子某一梯度下特定区间分布的随机数据，对 5 种风景游憩林景观质量进行综合评价预测。根据景观综合质量等级划分，赋予预测因子某一梯度下的景观质量综合得分 5 种颜色区间（从高到低依次为紫色、红色、黄色、绿色、蓝色），使用 Arc–map 10.7 绘制综合评价色块图，并按照一定规则进行分类分级。

6.2.2 数据处理与统计分析

（1）用 R 4.1.3 中的 sample 函数、lm 函数、replicate 函数进行景观质量预测和模拟。

（2）用 Arc–map 10.7 绘制景观质量综合评价色块变化图。

6.3 关键特征对杜鹃林景观演变动态的影响

根据杜鹃林景观质量评价模型，依次选取了单木形态综合指标、木本植物多样性、单木美景度、林分特征综合指标、景观格局综合指标5个关键指标，基于现有数据分别对每个指标设置5个变化梯度，通过模型与GIS相结合预测不同区域杜鹃林的景观质量等级演变动态，以确定关键特征对提升其景观质量的有效梯度。

6.3.1 单木形态综合指标变化对杜鹃林景观质量的影响

基于现有数据，将单木形态综合指标划分为5个变化梯度，从小到大依次为0.57~0.83（梯度1）、0.83~1.09（梯度2）、1.09~1.36（梯度3）、1.36~1.62（梯度4）、1.62~1.88（梯度5）。根据评价模型分别预测了不同区域杜鹃林景观质量综合得分随着单木形态综合指标梯度增加的变化趋势，结果表明，所有区域综合质量得分均随着梯度增加呈增加趋势，且在梯度5达到最高等级。其中，建成区杜鹃林5个梯度的景观质量等级均为很差水平，但其得分表现出明显增加，增加幅度为438.86%~2114.44%；随着梯度增加，近郊区杜鹃林景观质量等级均由很差水平提升至很好水平，其得分增加幅度为452.70%~3108.37%；远郊区杜鹃林景观质量等级随着梯度递增由很差水平提高为很好水平，得分增加幅度达到1776.56%（附图12）。

6.3.2 木本植物多样性变化对杜鹃林景观质量的影响

根据现有数据，将木本植物多样性设置为5个变化梯度，从小到大依次为0.00~0.34（梯度1）、0.34~0.68（梯度2）、0.68~1.02（梯度3）、1.02~1.36（梯度4）、1.36~1.70（梯度5）。依据评价模型分别预测了随着木本植物多样性梯度增加，不同区域杜鹃林景观质量综合得分的演变趋势，结果显示，随着梯度增加，所有区域综合质量得分均为增加趋势，且在梯度5等级最高。其中，建成区杜鹃林5个梯度的景观质量等级均为很差水平，但其得分呈增加趋势，增加幅度为128.87%~190.88%；近郊区杜鹃林景观质量等级随着梯度递增均由很差或一般水平提高至很好水平，其得分增加幅度达到121.19%~192.69%；随着梯度增加，远郊区杜鹃林景观质量等级由很差水平提升为差水平，得分增加幅度为136.02%（附图12）。

6.3.3 单木美景度变化对杜鹃林景观质量的影响

通过现有数据，将单木美景度设置为5个变化梯度，从小到大依次为–1.24~–0.96（梯度1）、–0.96~–0.67（梯度2）、–0.67~–0.39（梯度3）、–0.39~–0.10（梯度4）、–0.10~0.18（梯度5）。基于评价模型分别预测了不同区域杜鹃林景观质量综合得分随着单木美景度增加的演变动态，结果显示，所有区域综合质量得分随着梯度增加基本为下降趋势，在梯度1等级最高。其中，建成区杜鹃林景观质量等级均为差水平，随着梯度递增，其得分基本呈下降趋势，下降幅度为100.94%~116.51%；随着梯度增加，近郊区杜鹃林景观质量等级表现出由很好水平降低为很差水平、一般水平降低为差水平、均为差水平3种趋势，其得分下降幅度为94.42%~108.62%；远郊区杜鹃林景观质量等级随着梯度增加由一般水平下降为差水平，得分下降幅度为94.42%（附图12）。

6.3.4 林分特征综合指标变化对杜鹃林景观质量的影响

基于现有数据将林分特征综合指标划分为5个变化梯度，从小到大依次为1.25~1.57（梯度1）、1.57~1.90（梯度2）、1.90~2.23（梯度3）、2.23~2.55（梯度4）、2.55~2.88（梯度5）。根据评价模型分别预测了不同区域杜鹃林景观质量综合得分随着林分特征综合指标梯度增加的变化趋势，结果表明，所有区域综合质量得分随着梯度递增均表现出增加趋势，且在梯度5等级最高。其中，建成区杜鹃林景观质量等级在5个梯度均为很差水平，但其得分随着梯度增加呈增加趋势，增加幅度达到77.17%~113.63%；随着梯度递增，近郊区杜鹃林景观质量等级表现出3种趋势，即由一般水平提升至很好水平、差水平提升至较好水平、差水平提升至一般水平，其得分增加幅度为77.18%~102.30%；远郊区杜鹃林景观质量等级随着梯度增加由差水平提高为较好水平，得分增加幅度达70.65%（附图12）。

6.3.5 景观格局综合指标变化对杜鹃林景观质量的影响

根据现有数据，将景观格局综合指标设置为5个变化梯度，从小到大依次为–89.71~360.71（梯度1）、360.71~811.13（梯度2）、811.13~1264.55（梯度3）、

1264.55~1711.98（梯度 4）、1711.98~2162.40（梯度 5）。基于评价模型分别预测了不同区域杜鹃林随着景观格局综合指标梯度增加其景观质量综合得分的变化动态，结果显示，随着梯度增加，所有区域综合质量得分基本表现出逐步增加趋势，且在梯度 5 等级最高。其中，随着梯度递增，建成区杜鹃林景观质量等级基本表现为由差水平提升为很好水平，其得分增加幅度达到 494.62%~33485.95%；近郊区杜鹃林景观质量等级随着梯度增加均由差水平提升至一般水平，其得分增加幅度为 541.41%~5083.13%；随着梯度增加，远郊区杜鹃林景观质量等级表现为由一般水平提高至很好水平，其得分增加幅度达 384.49%（附图 12）。

6.4 关键特征对樱花林景观演变动态的影响

根据樱花林景观质量评价模型，依次选取了单木美景度、木本植物多样性、单木形态综合指标、林分特征综合指标、林内美景度 5 个关键指标，基于现有数据分别对每个指标设置 5 个变化梯度，通过模型和 GIS 相结合预测不同区域樱花林的景观质量等级演变动态，以确定关键特征对提升其景观质量的有效梯度。

6.4.1 单木美景度变化对樱花林景观质量的影响

依据现有数据，将单木美景度设置为 5 个变化梯度，从小到大依次为 –0.88~–0.59（梯度 1）、–0.59~–0.31（梯度 2）、–0.31~–0.02（梯度 3）、–0.02~0.27（梯度 4）、0.27~0.55（梯度 5）。基于评价模型分别预测了随着单木美景度增加不同区域樱花林景观质量综合得分的变化趋势，结果表明，各区域综合质量得分随着梯度增加所呈趋势有所差异。其中，建成区樱花林景观质量等级随着梯度递增而提高，表现为由很差或差水平提升为一般水平、很差水平提升为较好水平，在梯度 5 等级最高，其得分增加幅度为 138.21%~180.11%；随着梯度增加，近郊区樱花林景观质量等级基本呈下降趋势，主要表现为由一般或较好水平下降为差水平、很好水平下降为很差水平，在梯度 1 等级最高，其得分下降幅度为 144.16%~163.52%；随着梯度递增，远郊区樱花林景观质量等级由一般水平下降至差水平，在梯度 1 等级最高，得分下降幅度为 140.31%（附图 13）。

6.4.2 木本植物多样性变化对樱花林景观质量的影响

基于现有数据，将木本植物多样性划分为 5 个变化梯度，从小到大依次为 0.58~0.87（梯度 1）、0.87~1.16（梯度 2）、1.16~1.44（梯度 3）、1.44~1.73（梯度 4）、1.73~2.01（梯度 5）。根据评价模型分别预测了不同区域樱花林景观质量综合得分随着木本植物多样性梯度增加的演变动态，结果显示，不同区域综合质量得分随着梯度增加表现出不同的变化趋势。其中，随着梯度递增，建成区樱花林景观质量等级基本表现出从一般水平下降为差或很差水平、较好水平下降为一般或差水平，在梯度 1 等级最高，其得分下降幅度为 149.80%~212.68%；近郊区樱花林景观质量等级均为很好水平，其得分随着梯度增加而增加，增加幅度达到 139.80%~217.44%；远郊区樱花林景观质量等级均为较好水平，但其得分随着梯度增加而下降，下降幅度为 160.11%（附图 13）。

6.4.3 单木形态综合指标变化对樱花林景观质量的影响

根据现有数据，将单木形态综合指标设置为 5 个变化梯度，从小到大依次为 0.78~0.94（梯度 1）、0.94~1.09（梯度 2）、1.09~1.25（梯度 3）、1.25~1.41（梯度 4）、1.41~1.56（梯度 5）。依据评价模型分别预测了不同区域樱花林景观质量随着单木形态综合指标梯度增加其综合得分的变化动态，结果表明，随着梯度增加，不同区域综合质量得分各有差异。其中，建成区樱花林景观质量等级随着梯度递增表现出由差水平下降至很差水平、一般水平下降至差水平，在梯度 1 等级最高，其得分下降幅度为 54.14%~97.23%；近郊区樱花林景观质量等级随着梯度增加基本由较好水平提升至很好水平，在梯度 5 等级最高，其得分增加幅度为 61.82%~86.14%；远郊区樱花林 5 个梯度的景观质量等级均为一般水平，但其得分呈下降趋势，下降幅度为 64.60%（附图 13）。

6.4.4 林分特征综合指标变化对樱花林景观质量的影响

基于现有数据，将林分特征综合指标划分为 5 个变化梯度，从小到大依次为 0.86~0.93（梯度 1）、0.93~1.00（梯度 2）、1.00~1.07（梯度 3）、1.07~1.14（梯度 4）、1.14~1.21（梯度 5）。基于评价模型分别预测了不同区域樱花林景观质量综合得分随着林分特征综合指标梯度增加的演变趋势，结果显示，随着梯度递增，各区域综合质量得分表现各异。其中，建成区樱花林景观质量等级基本随着梯度递增表现为由差水平下降为很差水平，在梯度 1 等级最高，其得分下降幅度为 27.10%~32.97%；近郊区樱花林 5 个梯度的景观质量等级均为较好或很好水平，其得分随着梯度递增呈明显增加趋势，增加幅度为 30.06%~36.32%；远郊区樱花林景观质量等级在 5 个梯度均为较好水平，但其得分呈下降趋势，下降幅度为 33.51%（附图 13）。

6.4.5 林内美景度变化对樱花林景观质量的影响

根据现有数据，将林内美景度设置为 5 个变化梯度，从小到大依次为 –0.99~–0.72（梯度 1）、–0.72~–0.45（梯度 2）、–0.45~–0.19（梯度 3）、–0.19~0.08（梯度 4）、0.08~0.35（梯度 5）。通过评价模型分别预测了不同区域樱花林景观质量综合得分随着林内美景度增加的演变动态，结果显示，不同区域综合质量得分随着梯度增加的变化趋势有所差异。其中，随着梯度增加，建成区樱花林景观质量等级表现出由很差水平提升至差水平、或均为差水平，在梯度 5 等级最高，其得分基本呈增加趋势，增加幅度为 112.11%~136.31%；随着梯度增加，近郊区樱花林景观质量等级呈两种趋势，其一为增加趋势，由很差水平提升至差水平、或均为差水平，其得分增加幅度为 116.10%~116.50%，其二为下降趋势，由一般或较好水平下降为差水平，其得分下降幅度为 118.36%~119.81%；5 个梯度下远郊区樱花林景观质量等级均为差水平，但其得分为增加趋势，增加幅度为 120.05%（附图 13）。

6.5 关键特征对枫香林景观演变动态的影响

根据枫香林景观质量评价模型，依次选取了木本植物多样性、群落稳定性、单木形态综合指标、林分特征综合指标、可达性 5 个关键指标，基于现有数据分别对每个指标设置 5 个变化梯度，通过模型和 GIS 相结合预测不同区域枫香林的景观质量等级演变动态，以确定关键特征对提升其景观质量的有效梯度。

6.5.1 木本植物多样性变化对枫香林景观质量的影响

基于现有数据，将木本植物多样性划分为 5 个变化梯度，从小到大依次为 1.08~1.33（梯度 1）、1.33~1.58（梯度 2）、1.58~1.82（梯度 3）、1.82~2.07（梯度 4）、2.07~2.32（梯度 5）。根据评价模型分别预测了随着木本植物多样性梯度增加不同区域枫香林景观质量综合得分的变化动态，结果表明，各区域综合质量得分随着梯度增加表现各异。其中，5 个梯度下建成区枫香林景观质量等级均为很差水平，但其得分随着梯度增加而下降，下降幅度为 85.21%~98.72%；随着梯度增加，近郊区枫香林景观质量等级均由一般水平提升为较好水平、较好水平提升为很好水平，在梯度 5 等级最高，其得分增加幅度达 63.49%~86.83%；远郊区枫香林景观质量等级随着梯度递增由差水平提高至一般水平，在梯度 5 等级最高，其得分增加幅度为 84.86%（附图 14）。

6.5.2 群落稳定性变化对枫香林景观质量的影响

根据现有数据，将群落稳定性设置为 5 个变化梯度，从小到大依次为 0.86~1.61（梯度 1）、1.61~2.36（梯度 2）、2.36~3.12（梯度 3）、3.12~3.87（梯度 4）、3.87~4.62（梯度 5）。基于评价模型分别预测了不同区域枫香林景观质量综合得分随着群落稳定性增加的演变趋势，结果显示，不同区域综合质量得分随着梯度增加的变化趋势各有差异。其中，建成区枫香林景观质量等级在 5 个梯度均为很差水平，其得分呈下降趋势，下降幅度为 180.40%~358.13%；随着梯度增加，近郊区枫香林景观质量等级表现出由一般或差水平提高为很好水平，在梯度 5 等级最高，其得分增加幅度为 170.85%~289.67%；远郊区枫香林景观质量等级随着梯度增加由差水平提升至很好水平，在梯度 5 等级最高，其得分增加幅度达到 330.02%（附图 14）。

6.5.3 单木形态综合指标变化对枫香林景观质量的影响

根据现有数据，将单木形态综合指标划分为 5 个变化梯度，从小到大依次为 0.92~1.16（梯度 1）、1.16~1.31（梯度 2）、1.31~1.51（梯度 3）、1.51~1.70（梯度 4）、1.70~1.90（梯度 5）。根据评价模型分别预测了随着单木形态综合指标梯度增加不同区域枫香林景观质量综合得分的变化趋势，结果表明，随着梯度增加，不同区域综合质量得分变化各有差异。其中，建成区枫香林 5 个梯度的景观质量等级均为很差水平，其得分随着梯度增加呈下降趋势，下降幅度为 58.19%~91.09%；随着梯度递增，近郊区枫香林景观质量等级均由一般水平提高至较好或很好水平，在梯度 5 等级最高，其得分增加幅度为 79.39%~99.57%；5 个梯度下远郊区枫香林景观质量等级均为一般水平，但其得分呈增加趋势，增加幅度为 63.67%（附图 14）。

6.5.4 林分特征综合指标变化对枫香林景观质量的影响

基于现有数据，将林分特征综合指标设置为 5 个变化梯度，从小到大依次为 0.69~0.84（梯度 1）、0.84~0.98（梯度 2）、0.98~1.12（梯度 3）、1.12~1.26（梯度 4）、1.26~1.41（梯度 5）。根据评价模型分别预测了不同区域枫香林随着林分特征综合指标梯度增加其景观质量综合得分的演变动态，结果显示，随着梯度递增，不同区域综合质量得分表现出不同趋势。其中，5 个梯度下建成区枫香林景观质量等级均表现为很差水平，其得分呈下降趋势，下降幅度为 64.77%~82.41%；随着梯度增加，近郊区枫香林景观质量等级表现为从一般水平提高至较好或很好水平，在梯度 5 等级最高，其得分增加幅度为 64.96%~88.83%；远郊区枫香林景观质量等级随着梯度增加由差水平提升为一般水平，在梯度 5 等级最高，其得分增加幅度为 57.04%（附图 14）。

6.5.5 可达性变化对枫香林景观质量的影响

通过现有数据，将可达性设置为 5 个变化梯度，从小到大依次为 5.00~5.40（梯度 1）、5.40~5.80（梯度 2）、5.80~6.20（梯度 3）、6.20~6.60（梯度 4）、6.60~7.00（梯度 5）。依据评价模型分别预测了不同区域枫香林景观质量综合得分随着可达性增加的变化动态，结果表明，不同区域综合质量得分随着梯度增加的变化趋势表现各异。其中，建成区枫香林景观质量等级在 5 个梯度中均表现出很差水平，但其得分随着梯度增加为下降趋势，下降幅度为 25.22%~33.27%；近郊区枫香林景观质量等级随着梯度增加由较好水平提升至很好水平，在梯度 5 等级最高，其得分增加幅度为 25.43%~31.45%；5 个梯度下远郊区枫香林景观质量等级均为一般水平，但其得分随着梯度增加而增加，增加幅度为33.17%（附图14）。

6.6 关键特征对马尾松林景观演变动态的影响

根据马尾松林景观质量评价模型，依次选取了木本植物多样性、林分特征综合指标、单木形态综合指标、群落稳定性、景观格局综合指标5个关键指标，基于现有数据分别对每个指标设置5个变化梯度，通过模型和GIS相结合预测不同区域马尾松林的景观质量等级演变动态，以确定关键特征对提升其景观质量的有效梯度。

6.6.1 木本植物多样性变化对马尾松林景观质量的影响

基于现有数据，将木本植物多样性设置为5个变化梯度，从小到大依次为0.36~0.60（梯度1）、0.60~0.83（梯度2）、0.83~1.07（梯度3）、1.07~1.31（梯度4）、1.31~1.54（梯度5）。依据评价模型分别预测了不同区域马尾松林景观质量随着木本植物多样性梯度增加其综合得分的变化趋势，结果显示，不同区域综合质量得分随着梯度增加表现出不同趋势。其中，建成区马尾松林5个梯度的景观质量等级均表现为很差水平，其得分随着梯度增加而下降，下降幅度为250.14%；5个梯度下近郊区马尾松林景观质量等级均为很差水平，但其得分随着梯度增加而增加，增加幅度达151.61%~253.59%；随着梯度递增，远郊区马尾松林景观质量等级由差水平提升为很好水平，在梯度5等级最高，其得分增加幅度达220.66%（附图15）。

6.6.2 林分特征综合指标变化对马尾松林景观质量的影响

根据现有数据，将林分特征综合指标划分为5个变化梯度，从小到大依次为1.47~1.57（梯度1）、1.57~1.66（梯度2）、1.66~1.75（梯度3）、1.75~1.84（梯度4）、1.84~1.94（梯度5）。通过评价模型分别预测了随着林分特征综合指标梯度增加不同区域马尾松林景观质量综合得分的演变动态，结果表明，各区域综合质量得分随着梯度递增的变化趋势各异。其中，建成区马尾松林 5 个梯度的景观质量等级均为很差水平，其得分随着梯度递增呈下降趋势，下降幅度为 19.29%；随梯度增加，近郊区马尾松林景观质量等级基本由很差水平提升至差水平，在梯度 5 等级最高，其得分增加幅度为 23.28%~25.85%；5 个梯度下远郊区马尾松林景观质量等级均为很好水平，在梯度 5 等级最高，其得分增加幅度为 26.39%（附图 15）。

6.6.3 单木形态综合指标变化对马尾松林景观质量的影响

依据现有数据，将单木形态综合指标设置为 5 个变化梯度，从小到大依次为 0.77~0.99（梯度 1）、0.99~1.21（梯度 2）、1.21~1.42（梯度 3）、1.42~1.64（梯度 4）、1.64~1.86（梯度 5）。根据评价模型分别预测了不同区域马尾松林景观质量综合得分随着单木形态综合指标梯度增加的演变趋势，结果显示，随着梯度递增，不同区域综合质量得分表现有所差异。其中，建成区马尾松林景观质量等级在 5 个梯度中均表现为很差水平，其得分随着梯度增加表现出下降趋势，下降幅度为 91.95%；5 个梯度下近郊区马尾松林景观质量等级均为差或很差水平，但其得分随着梯度增加明显提高，增加幅度为 100.47%~120.32%；远郊区马尾松林景观质量等级随着梯度增加表现为由一般水平提高至很好水平，在梯度 5 等级最高，其得分增加幅度为 99.33%（附图 15）。

6.6.4 群落稳定性变化对马尾松林景观质量的影响

根据现有数据，将群落稳定性设置为 5 个变化梯度，从小到大依次为 0.79~0.84（梯度 1）、0.84~0.88（梯度 2）、0.88~0.93（梯度 3）、0.93~0.97（梯度 4）、0.97~1.02（梯度 5）。基于评价模型分别预测了随着群落稳定性增加不同区域马尾松林景观质量综合得分的变化动态，结果显示，随着梯度增加，不同区域综合质量得分的变化趋势各有差异。其中，建成区马尾松林景观质量等级在 5 个梯度中均为很差水平，其得分呈下降趋势，下降幅度为 20.65%；近郊区马尾松林景观质量等级随着梯度增加基本由很差水平提高为差水平，在梯度 5 等级最高，其得分增加幅度为 22.03%~24.16%；5 个梯度下远郊区马尾松林景观质量等级均为很好水平，其得分增加幅度为 23.78%（附图 15）。

6.6.5 景观格局综合指标变化对马尾松林景观质量的影响

通过现有数据，将景观格局综合指标划分为5个变化梯度，从小到大依次为–635.71~–343.19（梯度1）、–343.19~–50.66（梯度2）、–50.66~241.86（梯度3）、241.86~534.38（梯度4）、534.38~826.90（梯度5）。根据评价模型分别预测了不同区域马尾松林景观质量综合得分随着景观格局综合指标梯度增加的变化趋势，结果表明，各区域综合质量得分随着梯度增加的变化趋势不同。其中，建成区马尾松林景观质量等级随着梯度递增表现出由差水平提高至一般水平，其得分增加幅度达220.64%；随着梯度增加，近郊区马尾松林景观质量等级表现出两种不同趋势，一是由差水平提升为一般水平，其得分增加幅度为287.11%，二是由一般水平下降为很差水平，其得分下降趋势为205.91；随着梯度递增，远郊区马尾松林景观质量等级由很差水平提高至很好水平，在梯度5等级最高，其得分增加幅度达到288.74%（附图15）。

6.7 关键特征对樟树林景观演变动态的影响

根据樟树林景观质量评价模型，依次选取了木本植物多样性、林分特征综合指标、群落稳定性、单木形态综合指标、景观格局综合指标5个关键指标，基于现有数据分别对每个指标设置5个变化梯度，通过模型和GIS相结合预测不同区域樟树林的景观质量等级演变动态，以确定关键特征对提升其景观质量的有效梯度。

6.7.1 木本植物多样性变化对樟树林景观质量的影响

基于现有数据，将木本植物多样性设置为5个变化梯度，从小到大依次为0.50~0.85（梯度1）、0.85~1.20（梯度2）、1.20~1.55（梯度3）、1.55~1.90（梯度4）、1.90~2.25（梯度5）。根据评价模型分别预测了不同区域樟树林景观质量随着木本植物多样性梯度增加其综合得分的变化趋势，结果显示，随着梯度增加，不同区域综合质量得分表现有所差异。其中，建成区樟树林景观质量等级在5个梯度中均为很差水平，且其得分随着梯度递增而下降，下降幅度为137.23%~302.40%；近郊区樟树林景观质量等级随着梯度增加表现为由很差水平提升至差或一般水平、差水平提升至较好或很好水平、一般水平提升至很好水平，在梯度 5 等级最高，其得分增加幅度达 147.42%~250.65%；远郊区樟树林 5 个梯度的景观质量等级均表现出很差水平、或由很差水平提高为差水平，在梯度 5 等级最高，其得分增加幅度为 205.67%~291.33%（附图 16）。

6.7.2 林分特征综合指标变化对樟树林景观质量的影响

依据现有数据，将林分特征综合指标设置为 5 个变化梯度，从小到大依次为 0.80~0.93（梯度 1）、0.93~1.06（梯度 2）、1.06~1.19（梯度 3）、1.19~1.32（梯度 4）、1.32~1.44（梯度 5）。通过评价模型分别预测了随着林分特征综合指标梯度增加不同区域樟树林景观质量综合得分的演变动态，结果显示，随着梯度递增，不同区域综合质量得分表现各异。其中，5 个梯度下建成区樟树林景观质量等级均为很差水平，且其得分随着梯度增加呈下降趋势，下降幅度为 43.95%~73.67%；随着梯度递增，近郊区樟树林景观质量等级表现为由差提高为一般水平、一般水平提高为较好或很好水平、较好水平提高为很好水平，在梯度 5 等级最高，其得分增加幅度为 52.55%~73.89%；远郊区樟树林 5 个梯度的景观质量等级均为很差水平，但其得分随着梯度增加呈增加趋势，增加幅度为 62.79%~80.03%（附图 16）。

6.7.3 群落稳定性变化对樟树林景观质量的影响

通过现有数据，将群落稳定性划分为 5 个变化梯度，从小到大依次为 0.62~0.87（梯度 1）、0.87~1.12（梯度 2）、1.12~1.37（梯度 3）、1.37~1.62（梯度 4）、1.62~1.87（梯度 5）。基于评价模型分别预测了不同区域樟树林景观质量综合得分随着群落稳定性增加的变化动态，结果表明，各区域综合质量得分随着梯度增加的变化趋势各有差异。其中，5 个梯度下建成区樟树林景观质量等级均为很差水平，且其得分呈下降趋势，下降幅度为 98.44%~184.02%；随着梯度增加，近郊区樟树林景观质量等级由很差水平提高至差水平、差水平提高至一般或较好水平、一般水平提高至很好水平，在梯度 5 等级最高，其得分增加幅度为 112.68%~162.90%；远郊区樟树林景观质量等级在 5 个梯度下均为很差水平，但其得分随着梯度增加而增加，增加幅度为 104.19%~166.01%（附图 16）。

6.7.4 单木形态综合指标变化对樟树林景观质量的影响

根据现有数据，将单木形态综合指标设置为5个变化梯度，从小到大依次为0.76~0.95（梯度1）、0.95~1.15（梯度2）、1.15~1.34（梯度3）、1.34~1.53（梯度4）、1.53~1.73（梯度5）。依据评价模型分别预测了不同区域樟树林景观质量随着单木形态综合指标梯度增加其综合得分的演变趋势，结果表明，不同区域综合质量得分随着梯度增加的变化各异。其中，建成区樟树林5个梯度的景观质量等级均为很差水平，其得分随着梯度增加表现出下降趋势，下降幅度为70.79%~112.28%；随着梯度递增，近郊区樟树林景观质量等级表现出由差水平提高为一般或较好水平、一般水平提高为较好或很好水平，在梯度5等级最高，其得分增加幅度为68.27%~122.20%；远郊区樟树林景观质量等级随着梯度增加呈很差水平提升为差水平，在梯度5等级最高，其得分增加幅度为83.12%~87.92%（附图16）。

6.7.5 景观格局综合指标变化对樟树林景观质量的影响

根据现有数据，将景观格局综合指标划分为5个变化梯度，从小到大依次为-838.34~543.09（梯度1）、543.09~1924.51（梯度2）、1924.51~3305.94（梯度3）、3305.94~4687.36（梯度4）、4687.36~6068.78（梯度5）。根据评价模型分别预测了随着景观格局综合指标梯度增加不同区域樟树林景观质量综合得分的变化情况，结果显示，随着梯度增加，各区域综合质量得分的变化趋势均为增加趋势，在梯度5等级最高。其中，建成区樟树林景观质量等级由很差水平提高为差水平，其得分增加幅度达到842.84%~4418.41%；近郊区樟树林景观质量等级表现出由很差水平提升为一般或较好水平，其得分增加幅度为1057.15%~52383.68%；远郊区樟树林景观质量等级均由很差水平提高为很好水平，其得分增加幅度达到1191.15%~57721.23%（附图16）。

6.8 关键特征对风景游憩林景观质量动态的调控机制

随着时空推移变化，不同区域不同林分综合质量得分变化的趋势存在不同。

在5种林分中，木本植物多样性指标、林分特征综合指标、单木形态综合指标均认为是景观质量提升的关键特征。黄广远（2012）调查了北京城市森林，结果表明在自然公园和郊野公园附近，乔木层中只有一个树种，同时没有灌木层，这些公园主要是天然草本植物和乔木及灌木幼苗；而在城市公园、学校及道路上，大多数优势物种是人工种植的地被草本植物。在城市公共和附属绿地中人工种植草本植物的影响很大，而在郊野公园和自然公园附近人工种植的影响较小，我们的研究结果同样也发现了这一点，这也解释了不同区域风景游憩林景观综合质量得分变化存在差异。

当然，本实验研究仅仅从已有的数据出发，但实际问题中还需要考虑更多因素，不能一概而论，评估应充分利用专家的经验和相关研究人员的成果。由于植物的生长离不开环境条件，森林类型存在具有明显的地带性分布规律，本次风景游憩林景观指标的选择是在2021—2022年确定的。事实上随着时间和地点的变化，评价指标也会发生变化。城市森林景观质量评价是一项复杂的系统工程，因此评价需要结合灰色理论和模糊理论进行（黄广远，2012）。

参考文献

黄广远，2012. 北京市城区城市森林结构及景观美学评价研究［D］. 北京：北京林业大学.

CHENG A S, MATTOR K M, 2010. Place-based planning as a platform for social learning: Insights from a national forest landscape assessment process in Western Colorado[J]. Society and Natural Resources, 23, 385–400.

CHENG X, VAN D S, Li L, et al., 2019. Evaluation of cultural ecosystem services: A review of methods[J]. Ecosystem services, 37, 100925.

PIERSKALLA C D, SAUNDERS K E, MCGill D W, et al., 2007. Forest landscape assessment: The effects of pre-experience education on public perception of scenic beauty[J]. In Proceedings of the 2007 Northeastern Recreation Research Symposium, Bolton Landing, NY, USA, 15–17.

WU J, ZHONG Y, DENG J, 2019. Assessing and Mapping Forest Landscape Quality in China[J]. Forest, 10, 684.

第7章

风景游憩林景观调控技术体系构建

7.1 风景游憩林景观调控的研究概述

近自然的概念起源于欧洲，它主要是指遵循自然规律，利用自然力改造和管理森林，使森林的生态、经济和社会效益最大化（张德顺 等，2009）。近自然林经营是指充分利用森林生态系统内的自然生长发育规律，规划设计从森林自然更新到稳定的顶级群落的各种经营活动。优化森林结构和功能，充分利用与森林有关的各种自然力量，不断优化森林经营过程，使生态和经济需求最佳结合。合理的近自然林经营可以促进森林生长，提高森林稳定性，对森林的空间结构、森林生长、森林质量、生物多样性和林下土壤有重要影响（Crecente et al., 2009）。基于近自然林理论应用于城市森林群落景观建设可以有效改善城市环境，维护城市生态系统的稳定（刘博 等，2017）。

城市园林建设的原则是严格按照城市发展规划进行。即使有新的方法，也无法摆脱这一原则。城市园林建设仍需与城市规划相结合，在不浪费一片土地的情况下，在城市中形成越来越多的绿地（赵联政，2021）。岳麟（2017）提出，城市绿化需要科学规划，注意植物群落建设，还要因地制宜，结合实际情况注重成本，更加要注意其艺术性和人文特色。同时，城市绿化应以当地植物即乡土树种为主（郑晓程，2010）。一些乡土树种具有悠久的园林应用历史，自古以来就为人们所熟知和喜爱，具有深厚的文化内涵。此外，乡土树种还具有生态适应性强、地方特色明显、栽培管理方便、性价比高等其他绿化树种缺少的优良性状或独特优势。推广城市乡土树种的应用，提高城市绿化中乡土树种的种类和多样性，对于改善城市生态环境，建设人与自然和谐、地域文化特色浓郁的园林城市具有重要意义。森林景观设计与管理理念如何超越感官享受，赋予理想的光彩（刘晓光，2012），充分发挥森林植物的建成、协调、衬托等审美功能，满足人们的精神需求，培养现代人格中的自然品质，已迫在眉睫（徐高福，2018）。深圳梧桐山系统开展了毛棉杜鹃风景林景观调控，取得了较好的成效（王定跃 等，2019）。

杜鹃、樱花、枫香、马尾松和樟树五种风景游憩林的不同层次上均具有不同的景观指标特色，建成区、近郊区和远郊区其城乡梯度景观质量特征鲜明，在中亚热带地区城乡风景游憩林构建中，调控方法和策略需要在区位尺度和林分尺度等方面进行系统推进。在景观尺度上，按照森林类型和自然条件的空间分割（Spatial segregation），依据分类－分享经营策略（Sparing–sharing strategy），对单功能林和多功能林进行空间格局优化，提升景观整体的多功能性（项文化和雷相东，2022）。在林分尺度上，除林分组成应充分考虑植物的景观功能特征外，应尽可能以本土物种为主，降低对外来物种的依赖以保障生态系统的稳定和平衡，而杜鹃和樱花所属的杜鹃属和樱亚属物种均特别丰富，由此选育出来的新优品种更加多样，这为风景游憩景观林构建提供了较为丰富的物种选择。同时，林分密度是影响生态系统服务供给水平的重要因素，过高的林分密度带来的种间竞争会造成植被的不健康生长，进而降低生态系统服务特别是景观游憩功能的供给（黄春波，2019）。因此，中亚热带地区在进行风景游憩林的景观质量调控实践时，应从树种、视距、城乡梯度等多重维度给予调控，控制林分结构处于适当的景观水平，通过轻度持续经营增强生态系统多功能性，以达到稳定提升森林景观质量的目的。

本部分基于近自然林理论，结合中亚热带地区乡土树种独特的性状和优势，从不同区域风景游憩林的景观特征异质性及其关键影响因素出发，因地制宜构建了 5 种风景游憩林的景观调控技术体系，为指导城市风景游憩林建设和管理提供一定的参考和借鉴。

7.2 研究方法

7.2.1 景观调控技术体系建立依据

1. 必要性

湖南省长株潭地区属典型的亚热带季风气候，森林覆盖率高，植被类型复杂多样，形成了具有不同外貌特征、群落结构、功能侧重的风景游憩林。目前，受人为干扰因素影响，该地区风景游憩林的建设存在诸多不可忽视的问题，如原生地带性植被破坏严重、恢复难度大；大量引进外来树种，导致乡土森林景观缺失；人工景观林形成树种单一，林分结构简单，风景游憩价值低；缺乏有效提升风景游憩林价值的可参考理论和实践指导材料等等。因此，有针对性地提出适合该地区森林类型和地形的风景游憩林改造和营建技术，不仅能从外观上改善森林景观的美学价值，更有助于调控森林组成结构、促进生物多样性保育和提升生态系统服务水平。

2. 可行性

湖南省气候温和，四季分明，降水充沛，光热资源丰富，适宜和优越的自然条件为森林景观资源的保护和持续发展提供了良好的保障。同时，湖南省委、省政府通过立法保护、规划控制、生态补偿等手段，加大对长株潭城市群“绿心”的资金投入和保护力度，是推动中亚热带地区风景游憩林资源保护和优化建设的根本动力。

7.2.2 景观调控技术体系建立原则

1. 自然优先原则

遵循自然规律与各种生态过程，建设与自然生态系统相似的人为景观生态系统，维持人与自然生态过程的共生和合作关系，实现生物与环境间的和谐统一。

2. 可持续性原则

以生态学和可持续发展为基础，保证景观生态系统整体结构、功能以及过程的可持续性，促使生态、社会、经济效益的协调统一，提升景观的整体功能。

3. 生物多样性原则

以生态理论为支撑，合理配置植被群落层次结构，改善林分结构简单、树种单一的现状，增加林分的生物多样性，维持景观生态系统的生存、稳定与发展。

4. 整体优化原则

以局部调控为主线，强调局部与整体相结合，实现景观生态系统的整体优化，统筹规划景观各层次的组合、平衡和协调，增强空间层次感，与周边环境相互融合，提升森林景观的整体质量。

5. 针对性原则

依据不同林分结构与功能的个体特征，深入综合研究其结构、过程和功能，针对调控目标采用不同的技术和方法，体现林分景观独特性。

7.3 杜鹃林景观调控技术体系

杜鹃林景观质量主要从单木形态综合指标、木本植物多样性、单木美景度、林分特征综合指标和景观格局综合指标 5 个关键特征建立调控技术体系。同时，根据不同区域（建成区、近郊区、远郊区）景观关键特征及其相关指标的差异提出相应的实施措施。

7.3.1 杜鹃林建成区景观调控技术体系构建

1. 控制指标

建成区杜鹃林单木形态综合指标主要由轮廓清晰度、花色、枯枝数量、枝条混乱度控制；木本植物多样性与群落稳定性相关性较强；单木美景度主要可通过轮廓清晰度、枯枝数量和枝条混乱度进行调控；林分特征综合指标通过花冠饱满度、林木分布方式、灌木高度、绿色比例和树干显示度进行调控；景观格局综合指标通过色彩斑块质量指数、景观斑块分布指数、景观斑块性状指数进行调控（表 7.1）。

表 7.1 建成区杜鹃林景观质量控制指标表

关键特征	关键控制指标	相关控制指标
单木形态综合指标	轮廓清晰度	枝条密度、花色、花冠对称度、花冠均匀度
	花色	开花率、轮廓清晰度
	枯枝数量	枝条密度、枝条混乱度
	枝条混乱度	枯枝数量、开花率、花冠形态
木本植物多样性	木本植物多样性	群落稳定性
单木美景度	轮廓清晰度	枝条密度、花色、花冠对称度、花冠均匀度
	枯枝数量	枝条密度、枝条混乱度
	枝条混乱度	枯枝数量、开花率、花冠形态
林分特征综合指标	花冠饱满度	灌草均匀度
	林木分布方式	林分密度
	灌木高度	郁闭度
	绿色比例	郁闭度、灌木高度
	树干显示度	林分密度、生活型构成、灌草盖度
景观格局综合指标	色彩斑块质量指数	色彩斑块面积、色彩斑块面积占比、色彩斑块面积比值、斑块数量、斑块密度、最大斑块指数、景观形状指数、蔓延度、斑块凝集度指数、景观分割指数、分离度指数、多样性指数、均匀度指数
	景观斑块分布指数	黑色斑块面积占比、平均邻近指数
	景观斑块性状指数	平均近圆形形状指数、周长面积分维、相似临近百分比

2. 实施措施

1）单木形态综合指标

适当降低枝条密度，对不整齐的杜鹃枝条进行修枝、清理；选择较为鲜艳、统一的花色，如满山红的大红色；调控杜鹃花开花率，同期开花率控制在 40% 以上；提升花冠均匀度，筛选花冠均匀度较高品种；增加花冠对称度，筛选花冠对称品种；控制冠幅 2 m 左右；适当对不整齐的杜鹃枝条进行修枝、清理。

2）木本植物多样性

木本植物多样性指数应控制在 1.66 以上，主要可通过增加建成区杜鹃林内植株数量与种类，如补植适量红花檵木、女贞、栾树等树种，控制其比例在 10% 以上。

3）单木美景度

具体实施措施同单木形态综合指标。

4）林分特征综合指标

提升花冠均匀度，筛选花冠均匀度较高品种；适当减少杜鹃林林内密度；降低杜鹃林内郁闭度，灌木高度控制在0.2~0.8 m；适当降低杜鹃林内绿色比例，绿色与红色比例控制在2:1；通过修剪枝降低开花高度，促进枝下花芽萌发；降低树干显示度，增加建成区杜鹃林的花冠比例；增加伴生乔木的种类和数量，如马尾松、黑松等，控制比例在20%以上。

5）景观格局综合指标

适当增加红色、绿色斑块面积，控制在75%以上，其中，红色斑块面积控制在30%以上，降低黑色、灰色斑块面积；控制斑块数量与分布，减少斑块碎片化程度。

7.3.2 杜鹃林近郊区景观调控技术体系构建

1. 控制指标

近郊区杜鹃林单木形态综合指标主要由叶片密度、花色和冠幅所控制；木本植物多样性主要与空气温度呈相关关系；单木美景度主要由叶片密度、花色和冠幅所调控；林分特征综合指标主要由林分密度、郁闭度、林木分布方式、生活型构成、灌草分布均匀度、色彩丰富度、绿色比例和层次对比度调控；景观格局综合指标主要由色彩斑块质量指数、景观斑块分布指数、景观斑块多样性指数调控（表7.2）。

表7.2 近郊区杜鹃林景观质量控制指标表

关键特征	关键控制指标	相关控制指标
单木形态综合指标	叶片密度	枝条密度、花色
	花色	叶片密度、枝条密度
	冠幅	叶片密度、枝条密度
木本植物多样性	木本植物多样性	空气温度
单木美景度	叶片密度	枝条密度、花色
	花色	叶片密度、枝条密度
	冠幅	叶片密度、枝条密度
林分特征综合指标	林分密度	层次对比度、灌木高度
	郁闭度	生活型构成、林木分布方式、灌草分布均匀度、层次对比度
	林木分布方式	郁闭度、生活型构成、灌草分布均匀度

续表

关键特征	关键控制指标	相关控制指标
林分特征综合指标	生活型构成	郁闭度、林木分布方式、灌草分布均匀度、色彩丰富度、层次对比度、灌木高度
	灌草分布均匀度	郁闭度、林木分布方式、生活型构成
	色彩丰富度	灌木高度、生活型构成、林木分布方式、灌草分布均匀度
	绿色比例	花冠饱满度、林分密度、灌木高度
	层次对比度	林分密度、郁闭度、灌木高度、生活型构成
景观格局综合指标	色彩斑块质量指数	景观面积、红色斑块面积、黑色斑块面积、红色斑块面积占比、绿色斑块面积占比、黑色斑块面积占比、红色斑块面积 / 绿色斑块面积、红色斑块面积 / 黑色斑块面积、绿色斑块面积 / 黑色斑块面积、斑块数量、斑块密度、景观形状指数、平均形状指数、平均周长面积比、平均邻近指数
	景观斑块分布指数	绿色斑块面积、最大斑块指数、平均近圆形形状指数、蔓延度、相似临近百分比、景观分割指数、分离度指数、聚集指数
	景观斑块多样性指数	香农多样性指数

2. 实施措施

1）单木形态综合指标

适当降低叶片密度与枝条密度，控制叶片面积在 25% 以内；选择较为鲜艳、统一的品种；调控杜鹃花开花率，同期开花率控制在 30% 以上；控制冠幅 1~2 m，增加开花表面积，减少枯枝数量。

2）木本植物多样性

木本植物多样性指数应控制在 1.23 以上，主要可通过增加建成区杜鹃林内植株数量与种类，如补植适量栾树苗、女贞等树种，控制比例在 15% 以上；适当降低林内温度，林内温度达到 24~26℃最佳。

3）单木美景度

具体实施措施同单木形态综合指标。

4）林分特征综合指标

控制林内密度，注重乔灌草垂直分层；控制杜鹃林生活型统一；控制杜鹃林内灌木分布均匀度；适当降低杜鹃林内的绿色比例，增加花冠比例；增强杜鹃林内层次对比度，注重乔灌草分层；通过修剪枝降低开花高度，促进枝下花芽萌发，降低树干显示度；增加伴生乔木的种类和数量，控制比例在 15% 左右。

5）景观格局综合指标

调控杜鹃林各颜色色彩斑块比例在 60% 以上，其中，红色斑块面积高于

48%；控制斑块数量与分布，减少斑块碎片化程度。

7.3.3 杜鹃林远郊区景观调控技术体系构建

1. 控制指标

远郊区杜鹃林单木形态综合指标主要由叶片密度、轮廓清晰度、花色和枯枝数量调控；木本植物多样性主要与鸟类多样性有相关关系；单木美景度主要由叶片密度、轮廓清晰度、枯枝数量调控；林分特征综合指标主要由林分密度、郁闭度、灌木高度、绿色比例和色彩丰富度调控；景观格局综合指标主要由色彩斑块质量指数、景观色彩面积指数、景观格局分布指数调控（表 7.3）

表 7.3 远郊区杜鹃林景观质量控制指标表

关键特征	关键控制指标	相关控制指标
单木形态综合指标	叶片密度	花色、开花率
	轮廓清晰度	花冠均匀度、花冠对称度
	花色	叶片密度
	枯枝数量	冠幅
木本植物多样性	木本植物多样性	鸟类多样性
单木美景度	叶片密度	花色、开花率
	轮廓清晰度	花冠均匀度、花冠对称度
	枯枝数量	冠幅
林分特征综合指标	林分密度	花冠饱满度、绿色比例
	郁闭度	灌草分布均匀度、枯树倒木
	灌木高度	树干显示度、色彩丰富度
	绿色比例	花冠饱满度、林分密度
	色彩丰富度	灌木高度、树干显示度
景观格局综合指标	色彩斑块质量指数	景观面积、红色斑块面积、绿色斑块面积、红色斑块面积占比、绿色斑块面积占比、红色斑块面积 / 绿色斑块面积、斑块密度、最大斑块指数、平均形状指数、蔓延度、相似临近百分比、斑块凝集度指数、景观分割指数、分离度指数、香农多样性指数、Simpson 多样性指数、香农均匀度指数、Simpson 均匀度指数、聚集指数
	景观色彩面积指数	黑色斑块面积、黑色斑块面积占比、红色斑块面积 / 黑色斑块面积
	景观格局分布指数	斑块数量、平均斑块分形维数、周长面积分维

2. 实施措施

1）单木形态综合指标

选择先花后叶品种，适当降低叶片密度，控制盛花期叶片面积在20%以内；提升花冠均匀度，筛选花冠均匀度较高品种；调控杜鹃花开花率，同期开花率控制在60%以上；增加花冠对称度，筛选花冠对称品种；选择较为鲜艳、统一的花色，如满山红的大红色；控制冠幅高于2 m；增加开花表面积，降低枯枝数量。

2）木本植物多样性

木本植物多样性指数应控制在1.17以上，适当增加杜鹃林内木本多样性，如补植适量的冬青、绣线菊、女贞、栾树等树种，控制其比例在10%以上。

3）单木美景度

具体实施措施同单木形态综合指标。

4）林分特征综合指标

适当增加杜鹃林内杜鹃灌木数量，降低草本数量，增加郁闭度；控制林内杜鹃株高，建议在0.5~2 m；适当降低绿色比例，控制在30%以下；选择花冠饱满、颜色鲜艳或红艳的杜鹃品种；增加伴生乔木的种类和数量，控制比例为15%左右。

5）景观格局综合指标

适当增加杜鹃林色彩斑块面积大小，控制在95%以上，其中，红色斑块面积在56%以上效果最佳；增加景观色彩斑块密度；控制杜鹃林内景观形状统一。

7.4 樱花林景观调控技术体系

樱花林景观质量主要从单木美景度、木本植物多样性、单木形态综合指标、林分特征综合指标和林内美景度五个关键特征建立调控技术体系。同时，根据不同区域（建成区、近郊区、远郊区）景观关键特征及其相关指标的差异提出相应的实施措施。

7.4.1 樱花林建成区景观调控技术体系构建

1. 控制指标

建成区樱花单木美景度主要由叶片密度、轮廓清晰度、开花密集度、花冠对称度、花冠均匀度调控；木本植物多样性主要与空气湿度有较强的相关关系；单木形态综合指标主要由叶片密度、枝条密度、轮廓清晰度、开花密集度、花冠对称度、花冠均匀度调控；林分特征综合指标主要由树木平均高、树冠饱满度、树干形态、色彩对比度、层次对比度、树干显示度调控；林内美景度主要由树冠饱满度、树干形态、层次对比度、树干显示度调控（表 7.4）。

表 7.4　建成区樱花林景观质量控制指标表

关键特征	关键控制指标	相关控制指标
单木美景度	叶片密度	枯枝数量、枝条混乱度
	轮廓清晰度	开花密集度、枝条密度、枝条混乱度
	开花密集度	花色、轮廓清晰度
	花冠对称度	花冠均匀度、枝条混乱度
	花冠均匀度	花冠对称度、枝条混乱度
木本植物多样性	木本植物多样性	空气湿度
单木形态综合指标	叶片密度	枯枝数量、枝条混乱度
	枝条密度	轮廓清晰度、枝条混乱度
	轮廓清晰度	开花密集度、枝条密度、枝条混乱度
	开花密集度	花色、轮廓清晰度
	花冠对称度	花冠均匀度、枝条混乱度
	花冠均匀度	花冠对称度、枝条混乱度
林分特征综合指标	树木平均高	层次对比度
	树冠饱满度	灌草盖度、树干显示度
	树干形态	色彩对比度、树干显示度
	色彩对比度	树干形态、绿色比例
	层次对比度	树木平均高
	树干显示度	树冠饱满度、树干形态
林内美景度	树冠饱满度	灌草盖度、树干显示度
	树干形态	色彩对比度、树干显示度
	层次对比度	树木平均高
	树干显示度	树冠饱满度、树干形态

2. 实施措施

1）单木美景度

定期对樱花树种进行花、枝的修理工作，轻度对林分内的樱花进行修枝修形，维持树冠完整度从而维持其轮廓清晰度；选择高大、挺拔、花色统一的樱花树种进行栽种，如染井吉野樱、中华樱等；尽量控制樱花树种的开花周期，保持同步开花率；调控开花密集度，控制比例为30%~60%。

2）木本植物多样性

木本植物多样性指数应控制在1.18以内，适当降低樱花林内木本多样性，林内可适当栽种樟树、紫薇、桂花，控制其比例在20%以内；适当调控林内空气湿度在70%以上。

3）单木形态综合指标

具体实施措施同单木美景度。

4）林分特征综合指标

建议栽种8m以上的树冠完整的樱花树种；在林内定期清理灌木、草本植物；在开花期内降低树干显示度，增加开花率；降低樱花林内树种组成种类，乔木层的植物配置可选择樟树、桂花等增加层次感，其中控制比例为20%左右。

5）林内美景度

具体实施措施同林分特征综合指标。

7.4.2 樱花林近郊区景观调控技术体系构建

1. 控制指标

近郊区樱花单木美景度主要由花冠形态、叶片密度、花色调控；木本植物多样性主要与空气温度有较强的关系；单木形态综合指标主要由花冠形态、叶片密度、花色调控；林分特征综合指标主要由树木平均高、树冠饱满度、树种组成、生活型构成、色彩对比度、层次对比度、树干显示度调控；林内美景度主要由树木平均高、树冠饱满度、树种组成调控（表7.5）。

表 7.5　近郊区樱花林景观质量控制指标表

关键特征	关键控制指标	相关控制指标
单木美景度	花冠形态	叶片密度、冠幅
	叶片密度	冠幅、花冠形态、开花密集度
	花色	花冠均匀度、花冠对称度、轮廓清晰度
木本植物多样性	木本植物多样性	空气温度
单木形态综合指标	花冠形态	叶片密度、冠幅
	叶片密度	冠幅、花冠形态、开花密集度
	花色	花冠均匀度、花冠对称度、轮廓清晰度
林分特征综合指标	树木平均高	林分密度、林木分布方式
	树冠饱满度	林木分布方式、草本高度、绿色比例
	树种组成	郁闭度、林木分布方式、生活型构成、灌草分布均匀度、灌木高度、草本高度、绿色比例、层次对比度、树干显示度
	生活型构成	树干形态、树种组成、郁闭度、林木分布方式、灌草分布均匀度、灌木高度、草本高度、绿色比例、树干显示度、层次对比度
	色彩对比度	林分密度
	层次对比度	树干形态、树种组成、郁闭度、林木分布方式、生活型构成、灌草分布均匀度、灌木高度、草本高度、绿色比例、树干显示度
	树干显示度	树干形态、树种组成、生活型构成、灌木高度、绿色比例、层次对比度
林内美景度	树木平均高	林分密度、林木分布方式
	树冠饱满度	林木分布方式、草本高度、绿色比例
	树种组成	郁闭度、林木分布方式、生活型构成、灌草分布均匀度、灌木高度、草本高度、绿色比例、层次对比度、树干显示度

2. 实施措施

1）单木美景度

选择花冠形态饱满、花冠对称的樱花品种，如吉野樱、阳光樱、山樱花等品种；定期对林分的樱花进行修枝修形；调控开花密集度高于 60%。

2）木本植物多样性

木本植物多样性指数应控制在 0.61 以上，可以适当在樱花林内种植山茶、山矾等灌木或小乔木，控制其比例在 10% 以上；适当降低林内温度，林内温度达到 24~26℃为最佳。

3）单木形态综合指标

具体实施措施同单木美景度。

4）林分特征综合指标

建议栽种 10m 以上的树冠完整的樱花树种；在林内定期清理多余的草本植物；可适当增加林内的色彩丰富度和对比度，如在樱花林内下层栽种郁金香、风信子等；适当增加乔木层的植物配置种类以增加层次感，控制比例为 20% 左右。

5）林内美景度

具体实施措施同林分特征综合指标。

7.4.3 樱花林远郊区景观调控技术体系构建

1. 控制指标

远郊区樱花单木美景度主要由轮廓清晰度、花色、开花密集度、枯枝数量调控；木本植物多样性与群落稳定性有较强的相关性；单木形态综合指标主要由叶片密度、轮廓清晰度、花色、开花密集度和枯枝数量调控；林分特征综合指标主要由树木平均高、树种组成、林分密度、生活型构成、层次对比度调控；林内美景度主要由树木平均高、树种组成调控（表 7.6）。

表 7.6 远郊区樱花林景观质量控制指标表

关键特征	关键控制指标	相关控制指标
单木美景度	轮廓清晰度	叶片密度、枝条密度、开花密集度、花冠对称度、花冠均匀度、枯枝数量
	花色	叶片密度、花冠对称度、花冠均匀度
	开花密集度	叶片密度、轮廓清晰度
	枯枝数量	叶片密度、轮廓清晰度
木本植物多样性	木本植物多样性	群落稳定性
单木形态综合指标	叶片密度	轮廓清晰度、花色、开花密集度、花冠对称度、花冠均匀度、枯枝数量
	轮廓清晰度	叶片密度、枝条密度、开花密集度、花冠对称度、花冠均匀度、枯枝数量
	花色	叶片密度、花冠对称度、花冠均匀度
	开花密集度	叶片密度、轮廓清晰度
	枯枝数量	叶片密度、轮廓清晰度
林分特征综合指标	树木平均高	树干显示度、绿色比例、树种组成
	树种组成	树木平均高
	林分密度	林木分布方式

续表

关键特征	关键控制指标	相关控制指标
林分特征综合指标	生活型构成	灌草分布均匀度、枯树倒木
	层次对比度	树冠饱满度、绿色比例
林内美景度	树木平均高	树干显示度、绿色比例、树种组成
	树种组成	树木平均高

2. 实施措施

1）单木美景度

选择冠幅完整、花冠形态饱满、开花率高的樱花单木；定期对樱花单木进行修枝修形，及时清理枯枝；调控开花密集度高于 60%；远郊区高海拔地区构建樱花林景观时应注意防控冰雪灾害，建议选择晚樱等树干健壮、柔韧性较强的品种。

2）木本植物多样性

木本植物多样性指数应控制在 0.68 以内，林内樱花树种的分布比例需要控制在 70% 以上，可适当在林内种植金钱松、山矾等植物。

3）单木形态综合指标

具体实施措施同单木美景度。

4）林分特征综合指标

建议降低樱花林内树种组成种类，同木本多样性措施一致；定期清理林内的枯树倒木，以及灌木、草本植物；可在林下定植二月兰、绣球等观花地被以提升樱花林林内景观丰富度。

5）林内美景度

具体实施措施同林分特征综合指标。

7.5 枫香林景观调控技术体系

枫香林景观质量主要从木本植物多样性、群落稳定性、单木形态综合指标、林分特征综合指标和可达性五个关键特征建立调控技术体系。同时，根据不同区域（建成区、近郊区、远郊区）景观关键特征及其相关指标的差异提出相应的实施措施。

7.5.1 枫香林建成区景观调控技术体系构建

1. 控制指标

建成区枫香林木本植物多样性主要与群落稳定性有较强的相关关系；群落稳定性主要通过木本植物多样性调控；单木形态综合指标主要由树冠完整度、冠幅、树冠对称度、树冠比例、枝条舒展度、叶片变色率调控；林分特征综合指标主要由枝下高、枯树倒木、灌草盖度、色彩丰富度、层次对比度和树干显示度调控；可达性主要与舒适度、视野开阔度有较强的相关关系（表 7.7）。

表 7.7　建成区枫香林景观质量控制指标表

关键特征	关键控制指标	相关控制指标
木本植物多样性	木本植物多样性	群落稳定性
群落稳定性	群落稳定性	木本植物多样性
单木形态综合指标	树冠完整度	树干挺拔度、树冠均匀度、枯枝数量、枝条密度、枝条舒展度、叶片密度、叶片变色率
	冠幅	树冠形态、叶片密度
	树冠对称度	树冠均匀度、枝条密度
	树冠比例	树冠形态、枯枝数量
	枝条舒展度	树干挺拔度、树冠完整度、树冠均匀度、枯枝数量、枝条密度
	叶片变色率	树冠完整度、枯枝数量、枝条密度、叶片密度
林分特征综合指标	枝下高	平均胸径、生活型构成、绿色比例
	枯树倒木	树冠饱满度、树干显示度
	灌草盖度	树冠饱满度、枯枝落叶、色彩对比度、层次对比度
	色彩丰富度	树冠饱满度、生活型构成、枯枝落叶
	层次对比度	树木平均高、灌草盖度、灌木高度
	树干显示度	林分密度、枯树倒木
可达性	可达性	舒适度、视野开阔度

2. 实施措施

1）木本植物多样性

木本植物多样性指数应控制在 1.17 以内，可适当在林内种植玉兰、樟树等本土植物，控制比例在 20% 左右。

2）群落稳定性

群落稳定性指标应控制在 0.94 以内，具体措施同木本植物多样性。

3）单木形态综合指标

选择树干挺拔、树冠完整、树冠对称、枝条舒展的枫香单木；树冠比例控制在 50%~75%；修剪冠幅大小，控制范围为 4~10 m；采用灌溉施肥等生产措施调控叶片变色率，控制比例应大于 30%。

4）林分特征综合指标

适当对林内枫香进行修枝，枝下高控制在 3 m 以上；补植鸡爪槭、八角金盘等林下植被提高色彩层次，控制比例高于 20%；定期清理林分枯树倒木，定期修枝，清理枯枝落叶；林分内需要定期进行清灌、除草等；同时增加枫香林内草本、灌木比例，可以适当间植南天竹和鸡爪槭等林下观叶灌木，提升枫香林林内景观质量。

5）可达性

可达性建议控制在 6.63 以内，适当的采取清灌、除草等措施，增加林内视野开阔度。

7.5.2 枫香林近郊区景观调控技术体系构建

1. 控制指标

近郊区枫香林木本植物多样性与群落稳定性有较强的相关关系；群落稳定性主要通过木本植物多样性调控；单木形态综合指标主要由树干挺拔度、树冠完整度、树冠均匀度、枯枝数量、叶片变色率调控；林分特征综合指标主要由枝下高、平均胸径、树冠饱满度、林分密度、林木分布方式、生活型构成、灌草盖度、灌木高度、色彩对比度、树干显示度调控；可达性主要与视野开阔度有较强的相关关系（表 7.8）。

表 7.8　近郊区枫香林景观质量控制指标表

关键特征	关键控制指标	相关控制指标
木本植物多样性	木本植物多样性	群落稳定性
群落稳定性	群落稳定性	木本植物多样性
单木形态综合指标	树干挺拔度	冠幅、枝条舒展度
	树冠完整度	树冠对称度、树冠均匀度、叶片变色率
	树冠均匀度	树冠完整度、枯枝数量、枝条混乱度
	枯枝数量	树冠均匀度、叶片密度
	叶片变色率	树冠完整度

续表

关键特征	关键控制指标	相关控制指标
林分特征综合指标	枝下高	树冠饱满度、树干形态
	平均胸径	绿色比例
	树冠饱满度	枝下高、郁闭度
	林分密度	树木平均高、灌木高度
	林木分布方式	郁闭度、灌草盖度、草本高度
	生活型构成	灌草盖度、草本高度、层次对比度
	灌草盖度	树木平均高、生活型构成、灌木高度、草本高度、枯枝落叶、绿色比例、层次对比度、树干显示度
	灌木高度	树木平均高、灌草盖度、草本高度、枯枝落叶、绿色比例、树干显示度
	色彩对比度	郁闭度、灌草分布均匀度、枯树倒木
	树干显示度	灌草盖度、灌木高度、草本高度、枯枝落叶、层次对比度
可达性	可达性	视野开阔度

2. 实施措施

1）木本植物多样性

木本植物多样性指数应控制在 1.3 以上，可适当在林内种植樟树、马尾松、杜英、山矾等乡土树种，控制比例在 15% 左右。

2）群落稳定性

群落稳定性指标应控制在 2.79 以上，具体措施同木本植物多样性。

3）单木形态综合指标

选择冠幅较大、树冠完整多为伞型、枝条较为密集、枝条舒展的枫香单木；控制树冠比例低于 50%，修剪冠幅大小为 4~10 m；定期修理枯枝；调控秋季枫香叶片整体变色率大于 30%。

4）林分特征综合指标

适当对林内枫香进行修枝，枝下高控制在 2.5 m 以上；林内枫香平均胸径控制在 20 cm 以上较佳；增加枫香林内的郁闭度，同时增加林内草本、灌木比例，适当补种林下观叶灌木，控制比例高于 15%。

5）可达性

可达性需控制在 16.03 以上，适当增加枫香林内游客散步道路，同时增加林内木本植物多样性，可适当降低视野开阔度。

7.5.3 枫香林远郊区景观调控技术体系构建

1. 控制指标

远郊区枫香林木本植物多样性主要与鸟类多样性相关；群落稳定性与空气湿度有较强的相关关系；单木形态综合指标主要由树冠形态、轮廓清晰度、树冠完整度、枝条混乱度、枝条舒展度调控；林分特征综合指标主要由枝下高、树冠饱满度、林分密度、郁闭度、生活型构成、灌草盖度、枯树倒木、色彩丰富度、树干显示度调控；可达性主要与感官多样性、视野开阔度有较强的相关关系（表 7.9）。

表 7.9　远郊区枫香林景观质量控制指标表

关键特征	关键控制指标	相关控制指标
木本植物多样性	木本植物多样性	鸟类多样性
群落稳定性	群落稳定性	空气湿度
单木形态综合指标	树冠形态	冠幅、枝条舒展度
	轮廓清晰度	树冠完整度
	树冠完整度	轮廓清晰度、树冠对称度、枝条密度
	枝条混乱度	树冠均匀度、树冠对称度、枝条密度
	枝条舒展度	树冠形态
林分特征综合指标	枝下高	林分密度、灌木高度
	树冠饱满度	树种组成、林木分布方式、生活型构成、层次对比度
	林分密度	树种组成、林木分布方式、灌木高度、草本高度
	郁闭度	树木平均高、灌草分布均匀度、树干显示度
	生活型构成	树冠饱满度、色彩丰富度
	灌草盖度	树种组成、林木分布方式、灌草分布均匀度、草本高度
	枯树倒木	林分密度、郁闭度
	色彩丰富度	树种组成、林木分布方式、生活型构成、灌木高度、草本高度
	树干显示度	郁闭度、枯树倒木
可达性	可达性	感官多样性、视野开阔度

2. 实施措施

1）木本植物多样性

木本植物多样性指数应控制在 1.13 以上，主要可通过增加远郊区枫香林内植株数量与种类，可适当在林内种植樟树、樱花、山茶、杂交鹅掌楸等植物，控制比例在 10% 左右。

2）群落稳定性

群落稳定性指标应控制在 2.01 以上，具体补植措施同木本植物多样性。此外，适当降低林内温度，林内温度达到 24~26℃为最佳。

3）单木形态综合指标

选择冠幅较大、树冠完整多为伞型、枝条较为密集、枝条舒展的枫香单木；定期对枫香单木进行修枝，修剪冠幅大于 10 m；控制树冠比例为 50%~75%；调控叶片变色率大于 60%；减少对单株移栽调控，避免因其生长恢复慢对美景度造成较大影响。

4）林分特征综合指标

适当为远郊区林内枫香修枝，控制枝下高在 3 m 以上；增加林内草本、灌木比例，补植鸡爪槭、八角金盘等林下植被，提高色彩层次，控制比例高于 15%；增加枫香林内的郁闭度，适当补种福建柏、夹竹桃、山矾等。

5）可达性

可达性需控制在 6.95 以上，增加远郊区枫香林内人体感官多样性，如增加自然香味（补植观花植物）、鸟鸣声、舒缓的音乐等。

7.6 马尾松林景观调控技术体系

马尾松林景观质量主要从木本植物多样性、林分特征综合指标、单木形态综合指标、群落稳定性和景观格局综合指标五个关键特征建立调控技术体系。同时，根据不同区域（建成区、近郊区、远郊区）景观关键特征及其相关指标的差异提出相应的实施措施。

7.6.1 马尾松林建成区景观调控技术体系构建

1. 控制指标

建成区马尾松林木本植物多样性与空气湿度有较强的相关关系；林分特征综合指标主要由枝下高、平均胸径、树木平均高、树冠饱满度、林分密度、郁闭度、林木分布方式、生活型构成、灌草盖度、色彩丰富度、树干显示度调控；单木形态综合指标主要由树冠形态、树冠均匀度、树冠比例、冠幅、枯枝数量、枝条密度调控；群落稳定性主要与木本植物多样性有较强的相关性。景观格局指标主要由色彩斑块质量指数、景观斑块分布指数、景观斑块聚集度指数调控（表 7.10）。

表 7.10　建成区马尾松林景观质量控制指标表

关键特征	关键控制指标	相关控制指标
木本植物多样性	木本植物多样性	空气湿度
林分特征综合指标	枝下高	树木平均高、郁闭度、林木分布方式
	平均胸径	树冠饱满度
	树木平均高	绿色比例、层次对比度、树干显示度
	树冠饱满度	色彩对比度、层次对比度
	林分密度	生活型构成、绿色比例
	郁闭度	枝下高、灌木高度、枯树倒木、树干显示度
	林木分布方式	树干形态、树种组成、灌草分布均匀度、灌草盖度、灌木高度、草本高度、树干显示度
	生活型构成	林分密度、绿色比例
	灌草盖度	林分密度、林木分布方式、绿色比例
	色彩丰富度	树种组成、枯枝落叶
	树干显示度	树木平均高、郁闭度、林木分布方式、色彩丰富度
单木形态综合指标	树冠形态	树干挺拔度
	树冠均匀度	树冠对称度、树冠完整度、枯枝数量
	树冠比例	冠幅、枝条舒展度、叶片密度
	冠幅	树冠对称度、树冠比例
	枯枝数量	树冠对称度、树冠均匀度
	枝条密度	树干挺拔度、叶片密度
群落稳定性	群落稳定性	木本植物多样性
景观格局指标	色彩斑块质量指数	景观面积、绿色斑块面积、绿色斑块面积占比、黑色斑块面积占比、斑块数量、斑块密度、最大斑块指数、平均形状指数、平均周长面积比、平均近圆形形状指数、平均邻近指数、周长面积分维、蔓延度、景观分割指数、分离度指数、香农多样性指数、Simpson 多样性指数、香农均匀度指数、Simpson 均匀度指数
	景观斑块分布指数	黑色斑块面积、绿色斑块面积 / 黑色斑块面积、景观形状指数、相似临近百分比、聚集指数
	景观斑块聚集度指数	斑块凝集度指数

2. 实施措施

1）木本植物多样性

木本植物多样性指数应控制在 1.3 以上，主要可通过增加建成区马尾松林内植株数量与种类，如适当在林内种植樟树、杜英、红花檵木等植物，控制其比例在 30% 以上；适当调控林内空气湿度在 70% 以上。

2）林分特征综合指标

适当降低枝下高，建议控制在 3 m 左右；适当降低林内密度与郁闭度，对林内适当进行清灌、除草等；增加杜英、樟树等乔木比例（大于 30%）；同时保留林下松针有机覆盖，以提升林内景观质量。

3）单木形态综合指标

选择树冠形态完整、冠幅适中、枝条较为密集、树干挺拔、叶片鲜艳饱和度较高的马尾松单木；树冠比例控制为 75%~90%；冠幅维持在 4~10 m；定期对马尾松林进行枯枝落叶清理工作。

4）群落稳定性

群落稳定性指标应控制在 2.98 以内，具体措施同木本植物多样性。

5）景观格局指标

控制马尾松林各种颜色色彩斑块比例，控制绿色斑块在 73% 以上；控制马尾松林景观斑块分布集中化，减少斑块碎片化。

7.6.2 马尾松林近郊区景观调控技术体系构建

1. 控制指标

近郊区马尾松林木本植物多样性与空气温度存在较强的相关关系；林分特征综合指标主要由枝下高、平均胸径、树木平均高、树冠饱满度、树种组成、林分密度、郁闭度、灌草盖度、灌木高度、枯树倒木、枯枝落叶、色彩丰富度、树干显示度调控；单木形态综合指标主要由树干挺拔度、枯枝数量、枝条密度、枝条舒展度、叶片色泽、质感度调控；群落稳定性与鸟类多样性有较强的相关关系；景观格局指标主要由景观空间结构指数、景观斑块分布指数、景观斑块形状指数调控（表 7.11）。

表 7.11　近郊区马尾松林景观质量控制指标表

关键特征	关键控制指标	相关控制指标
木本植物多样性	木本植物多样性	空气温度
林分特征综合指标	枝下高	郁闭度、灌草盖度
	平均胸径	树冠饱满度、树干显示度

续表

关键特征	关键控制指标	相关控制指标
林分特征综合指标	树木平均高	郁闭度、灌草盖度
	树冠饱满度	林木分布方式、绿色比例
	树种组成	枯枝落叶、灌木高度、层次对比度
	林分密度	林木分布方式
	郁闭度	灌草分布均匀度、灌草盖度
	灌草盖度	枝下高、树木平均高、郁闭度、枯树倒木
	灌木高度	树种组成、草本高度、色彩丰富度、色彩对比度、层次对比度
	枯树倒木	郁闭度、灌草盖度
	枯枝落叶	树种组成、草本高度、层次对比度
	色彩丰富度	灌木高度、草本高度、色彩对比度
	树干显示度	树干形态、层次对比度
单木形态综合指标	树干挺拔度	树冠形态、冠幅、枝条混乱度
	枯枝数量	树冠均匀度、枝条混乱度
	枝条密度	树冠均匀度
	枝条舒展度	树冠完整度、枝条密度
	叶片色泽	树冠均匀度、枝条舒展度
	质感度	树冠对称度、枝条密度、叶片色泽
群落稳定性	群落稳定性	鸟类多样性
景观格局指标	景观空间结构指数	绿色斑块面积、黑色斑块面积、绿色斑块面积占比、黑色斑块面积占比、绿色斑块面积/黑色斑块面积、斑块数量、斑块密度、最大斑块指数、景观形状指数、蔓延度、相似临近百分比、斑块凝集度指数、景观分割指数、分离度指数、香农多样性指数、Simpson 多样性指数、香农均匀度指数、Simpson 均匀度指数、聚集指数
	景观斑块分布指数	平均形状指数、平均周长面积比、平均近圆形形状指数、平均邻近指数、周长面积分维
	景观斑块形状指数	平均斑块分形维数

2. 实施措施

1）木本植物多样性

木本植物多样性指数应控制在 1.42 以上，主要可通过增加建成区马尾松林内植株数量与种类，如适当在林内种植樟树、杜英、湿地松、桂花等乡土植物，控制其比例在 25% 以上；适当降低林内温度，林内温度达到 24~26℃最佳。

2）林分特征综合指标

适当定期对近郊区马尾松林进行修枝以及清理枯树倒木、枯枝落叶等工作，枝下高控制在 4 m 以上，林内平均胸径在 15 cm 以上；丰富林内的树种组成，增加杜英、樟树等乔木比例（大于 25%）；增加林分郁闭度，增加林内灌草盖度以及灌草树木高度，丰富林内乔、灌、草层次。

3）单木形态综合指标

选择树干挺拔多为笔形、枝条舒展且较为密集、叶片鲜艳饱和度较高的马尾松单木；定期对单木进行枯枝修理；树冠控制比例为 50%~75%；控制冠幅大于 10 m。

4）群落稳定性

群落稳定性指标应控制在 2.35 以上，具体措施同木本植物多样性。

5）景观格局指标

控制马尾松林各个斑块空间结构，注重色彩斑块比例分布，控制绿色斑块高于 82%。

7.6.3 马尾松林远郊区景观调控技术体系构建

1. 控制指标

远郊区马尾松林木本植物多样性与鸟类多样性有较强的相关关系；林分特征综合指标主要由树干形态、林分密度、郁闭度、灌草盖度、灌木高度、草本高度、枯树倒木、枯枝落叶、绿色比例、色彩丰富度、色彩对比度、层次对比度调控；单木形态综合指标主要由树冠形态、树冠完整度、枝条密度、叶片密度、叶片色泽、质感度调控；群落稳定性主要与空气温度有较强的相关关系；景观格局指标主要由色彩斑块质量指数、景观斑块性状指数、景观斑块分布指数调控（表 7.12）。

表 7.12　远郊区马尾松林景观质量控制指标表

关键特征	关键控制指标	相关控制指标
木本植物多样性	木本植物多样性	鸟类多样性
林分特征综合指标	树干形态	树冠饱满度、树种组成、林木分布方式、树干显示度
	林分密度	灌草分布均匀度、层次对比度
	郁闭度	树种组成、林分密度、草本高度

续表

关键特征	关键控制指标	相关控制指标
林分特征综合指标	灌草盖度	林分密度、草本高度、色彩丰富度
	灌木高度	林分密度、灌草分布均匀度、层次对比度
	草本高度	郁闭度、树木平均高、绿色比例
	枯树倒木	灌草盖度、灌木高度
	枯枝落叶	林分密度、林木分布方式、灌草分布均匀度、层次对比度
	绿色比例	草本高度、色彩对比度
	色彩丰富度	灌草盖度、草本高度、灌草分布均匀度
	色彩对比度	树种组成、草本高度、绿色比例
	层次对比度	林分密度、灌草分布均匀度
单木形态综合指标	树冠形态	树冠对称度、质感度
	树冠完整度	轮廓清晰度、枝条密度
	枝条密度	轮廓清晰度、树冠对称度
	叶片密度	树冠对称度、枝条密度
	叶片色泽	叶片密度、枝条混乱度
	质感度	树冠形态、树干挺拔度
群落稳定性	群落稳定性	空气温度
景观格局指标	色彩斑块质量指数	绿色斑块面积占比、黑色斑块面积占比、绿色斑块面积 / 黑色斑块面积、最大斑块指数、平均周长面积比、平均邻近指数、蔓延度、相似临近百分比、景观分割指数、分离度指数、香农多样性指数、Simpson 多样性指数、香农均匀度指数、Simpson 均匀度指数、聚集指数
	景观斑块性状指数	景观面积、绿色斑块面积、黑色斑块面积、斑块数量、斑块密度、景观形状指数、平均形状指数
	景观斑块分布指数	平均近圆形形状指数、周长面积分维、斑块凝集度指数

2. 实施措施

1）木本植物多样性

远郊区马尾松林木本植物多样性指数应控制在 0.85 以上，主要可通过增加远郊区马尾松林内植株的数量与种类，如适当在林内种植青冈栎、杉木、檫木等植物，控制其比例在 10% 以上。

2）林分特征综合指标

适当增加林内马尾松密度，同时增加林内绿色比例；适当增加灌木、草本比例，增加乔木比例（大于25%），提高林内的层次丰富度与色彩对比度；适当降低林内密度与郁闭度，对林内适当进行清灌、除草等；适当清理枯枝落叶、枯树倒木。

3）单木形态综合指标

远郊区马尾松林主要为荒山造林或自然更新形成的林分，随着阔叶树种的增多，其景观效果较为显现。景观构建时建议选择冠幅形态完整、枝条较为密集、树干为笔形、叶片鲜艳饱和度较高的马尾松单木；适当降低叶片密度、枝条密度；树冠比例控制为75%~90%；控制冠幅应大于10 m。

4）群落稳定性

群落稳定性指标应控制在0.73以上，具体措施同木本植物多样性。

5）景观格局指标

控制马尾松林各种颜色色彩斑块比例，控制绿色斑块在85%以上；提高远郊区景观斑块质量，如增加其色彩斑块面积以及斑块数量。

7.7 樟树林景观调控技术体系

樟树林景观质量主要从木本植物多样性、林分特征综合指标、群落稳定性、单木形态综合指标和景观格局综合指标五个关键特征建立调控技术体系。同时，根据不同区域（建成区、近郊区、远郊区）景观关键特征及其相关指标的差异提出相应的实施措施。

7.7.1 樟树林建成区景观调控技术体系构建

1. 控制指标

建成区樟树林木本植物多样性主要与群落稳定性有相关关系；林分特征综合指标主要由树冠饱满度、林分密度、郁闭度、灌草盖度、绿色比例、色彩对比度、层次对比度、树干显示度调控；群落稳定性主要与木本植物多样性有较强的相关性；单木形态综合指标主要由树冠形态、轮廓清晰度、树干挺拔度、冠幅、枝条密度调控；景观格局综合指标主要由色彩斑块质量指数、景观斑块性状指数、景观斑块丰富度指数、景观斑块聚集度指数调控（表7.13）。

表 7.13　建成区樟树林景观质量控制指标表

关键特征	关键控制指标	相关控制指标
木本植物多样性	木本植物多样性	群落稳定性
林分特征综合指标	树冠饱满度	树木平均高、林木分布方式、灌草分布均匀度
	林分密度	枝下高、平均胸径、树干形态
	郁闭度	树木平均高、灌草分布均匀度、绿色比例、色彩丰富度
	灌草盖度	林木分布方式、灌草分布均匀度、层次对比度
	绿色比例	郁闭度、林木分布方式、灌草分布均匀度、色彩丰富度
	色彩对比度	树种组成、色彩丰富度、树干显示度
	层次对比度	林木分布方式、灌草分布均匀度、灌草盖度
	树干显示度	枝下高、色彩丰富度、色彩对比度
群落稳定性	群落稳定性	木本植物多样性
单木形态综合指标	树冠形态	树冠完整度、冠幅、枝条舒展度
	轮廓清晰度	冠幅、树冠完整度、树冠均匀度
	树干挺拔度	树冠对称度、枯枝数量
	冠幅	树冠形态、轮廓清晰度、枝条舒展度
	枝条密度	轮廓清晰度、树冠比例、叶片密度
景观格局综合指标	色彩斑块质量指数	绿色斑块面积、斑块数量、斑块密度、最大斑块指数、景观形状指数、平均周长面积比、平均邻近指数、景观分割指数、分离度指数
	景观斑块性状指数	景观面积、黑色斑块面积、绿色斑块面积占比、黑色斑块面积占比、绿色斑块面积 / 黑色斑块面积、平均形状指数、平均斑块分形维数、平均近圆形形状指数、周长面积分维
	景观斑块丰富度指数	蔓延度、香农多样性指数、Simpson 多样性指数、香农均匀度指数、Simpson 均匀度指数
	景观斑块聚集度指数	斑块凝集度指数

2. 实施措施

1）木本植物多样性

木本植物多样性指数应控制在 0.52 以内，主要可通过控制林内植株数量与种类，如适当在林内种植桂花、冷杉、银杏等乡土植物，控制其比例在 40% 以内。

2）林分特征综合指标

选择树冠饱满的樟树单木进行种植，形成林内群落；适当降低林内密度、郁闭度和层次对比度，对林内适当进行清灌、除草等；降低林内的色彩对比度，增加绿色比例。适当清理枯枝落叶、枯树倒木；增加林内树种组成，如杜英、山矾、马尾松、山茶等，控制比例约为 30%。

3）群落稳定性

群落稳定性指标应控制在 0.55 以内，具体措施同木本植物多样性。

4）单木形态综合指标

选择树冠形态完整、树干挺拔、多为伞型的樟树单木；单木冠幅不宜过大，控制在 4 m 左右；树冠比例控制在 50%~75%。

5）景观格局指标

控制樟树林各种颜色色彩斑块比例，控制绿色斑块在 73% 以上，提高樟树林景观斑块质量。

7.7.2 樟树林近郊区景观调控技术体系构建

1. 控制指标

近郊区樟树林木本植物多样性与空气温度、空气湿度、群落稳定性、鸟类多样性均存在相关性；林分特征综合指标主要由树冠饱满度、树种组成、郁闭度、灌草盖度、枯枝落叶、绿色比例、色彩丰富度调控；群落稳定性与空气湿度、木本植物多样性、鸟类多样性存在相关关系；单木形态综合指标主要由树冠形态、树冠完整度、枯枝数量、枝条舒展度调控；景观格局综合指标主要由景观空间结构指数、景观斑块分布指数、景观斑块质量指数调控（表 7.14）。

表 7.14 近郊区樟树林景观质量控制指标表

关键特征	关键控制指标	相关控制指标
木本植物多样性	木本植物多样性	空气温度、空气湿度、群落稳定性、鸟类多样性
林分特征综合指标	树冠饱满度	树干形态、树种组成、林木分布方式
	树种组成	树冠饱满度、灌草分布均匀度、色彩对比度、灌木高度
	郁闭度	灌草分布均匀度、灌草盖度、绿色比例、层次对比度、树干显示度
	灌草盖度	林分密度、灌木高度、草本高度、层次对比度、树干显示度
	枯枝落叶	林木分布方式
	绿色比例	郁闭度、灌草分布均匀度、枯树倒木、层次对比度、树干显示度

续表

关键特征	关键控制指标	相关控制指标
林分特征综合指标	色彩丰富度	色彩对比度、草本高度、层次对比度、树种组成、灌草分布均匀度
群落稳定性	群落稳定性	空气湿度、木本植物多样性、鸟类多样性
单木形态综合指标	树冠形态	树冠均匀度、枝条舒展度
	树冠完整度	树干挺拔度、枝条混乱度
	枯枝数量	树冠均匀度、叶片密度
	枝条舒展度	树冠形态、枝条密度
景观格局综合指标	景观空间结构指数	黑色斑块面积、黑色斑块面积占比、绿色斑块面积/黑色斑块面积、斑块数量、斑块密度、最大斑块指数、景观形状指数、蔓延度、相似临近半分比、景观分割指数、分离度指数、香农多样性指数、Simpson 多样性指数、香农均匀度指数、Simpson 均匀度指数、聚集指数
	景观斑块分布指数	平均斑块分形维数、平均周长面积比、平均近圆形形状指数、平均邻近指数、周长面积分维
	景观斑块质量指数	绿色斑块面积、绿色斑块面积占比

2. 实施措施

1）木本植物多样性

木本植物多样性指数应控制在 1.50 以上，通过控制林内植株数量与种类，如适当在林内种植杜英、木莲、檵木、南酸枣、马尾松等植物，控制其比例在 30% 以上；适当降低林内温度，林内温度达到 24~26℃最佳；适当调控林内空气湿度在 70% 以上。

2）林分特征综合指标

选择树冠饱满的樟树单木进行补植形成林内群落；增加林内树种组成，可适当种植紫薇、杜鹃、山茶等灌木，控制比例约为 25%，林下种植吉祥草、玉龙草和常春藤等耐阴地被；调控樟树林密度与郁闭度；增加林内的色彩丰富度，增加绿色比例；定期清理林内枯枝落叶。

3）群落稳定性

群落稳定性指标应控制在 1.86 以上，具体措施同木本植物多样性。

4）单木形态综合指标

选择树冠形态完整、树干挺拔、枝条舒展的樟树单木；平均冠幅尽量在 10 m 以上；树冠比例控制在 75%~90%；定期对樟树进行枯枝清理、修枝工作。

5）景观格局指标

增加樟树林绿色斑块比例，控制绿色斑块在 82% 以上；增加斑块多样性。

7.7.3 樟树林远郊区景观调控技术体系构建

1. 控制指标

远郊区樟树林木本植物多样性与空气湿度、鸟类多样性相关；林分特征综合指标主要由平均胸径、树木平均高、郁闭度、灌草盖度、枯树倒木、枯枝落叶、绿色比例调控；群落稳定性与空气温度、空气湿度有相关关系；单木形态综合指标主要由树冠形态、树冠完整度、冠幅调控；景观格局综合指标主要由色彩斑块质量指数、景观空间性状复杂度指数、景观斑块聚集度指数调控（表 7.15）。

表 7.15　远郊区樟树林景观质量控制指标表

关键特征	关键控制指标	相关控制指标
木本植物多样性	木本植物多样性	空气湿度、鸟类多样性
林分特征综合指标	平均胸径	林木分布方式
	树木平均高	树冠饱满度、林分密度、灌草分布均匀度、层次对比度、色彩对比度
	郁闭度	树木平均高、灌草分布均匀度、草本高度、层次对比度
	灌草盖度	树木平均高、灌木高度、枯枝落叶
	枯树倒木	林分密度
	枯枝落叶	灌草盖度、层次对比度
	绿色比例	灌草分布均匀度、层次对比度
群落稳定性	群落稳定性	空气温度、空气湿度
单木形态综合指标	树冠形态	轮廓清晰度、枝条舒展度
	树冠完整度	树干挺拔度、树冠对称度、枝条舒展度、叶片密度
	冠幅	树冠形态、枝条密度、叶片密度
景观格局综合指标	色彩斑块质量指数	景观面积、绿色斑块面积、黑色斑块面积、绿色斑块面积占比、黑色斑块面积占比、绿色斑块面积 / 黑色斑块面积、斑块数量、斑块密度、最大斑块指数、景观形状指数、平均形状指数、蔓延度、相似临近百分比、景观分割指数、分离度指数、香农多样性指数、Simpson 多样性指数、香农均匀度指数、Simpson 均匀度指数、聚集指数
	景观空间性状复杂度指数	平均斑块分形维数、周长面积分维
	景观斑块聚集度指数	斑块凝集度指数

2. 实施措施

1）木本植物多样性

木本植物多样性指数应控制在 2.45 以上，主要可通过控制林内植株数量与种类，如适当补植冬青、木荷、山矾、杜英、木樨等植物，控制其比例在 30% 以上；适当调控林内空气湿度在 70% 以上。

2）林分特征综合指标

尽量保留大径级樟树，如胸径在 20 cm 以上、树高在 15 m 以上的樟树；增加林分密度、郁闭度，增加林内树种组成，控制比例约为 15%；增加林内色彩丰富度，增加绿色比例。定期清理林内枯树倒木及枯枝落叶。

3）群落稳定性

群落稳定性指标应控制在 1.57 以上，具体措施同木本植物多样性；应适当降低林内温度，林内温度达到 24~26℃为最佳。

4）单木形态综合指标

选择丛生、主干显著和冠幅庞大的樟树，可形成极佳的单木景观；平均冠幅尽量在 10 m 以上；树冠比例控制在 75%~90%；定期对樟树进行枯枝清理、修枝工作。

5）景观格局指标

增加樟树林绿色斑块所占比例，控制在 85% 以上；增加斑块内的植物复杂性，适当栽种乡土树种，通过林种提纯、林分密度调控和水肥调控等措施，显著提升林外景观色彩斑块质量。

7.8 风景游憩林景观调控构建技术研究

林下植物多样性和异质性可提高林内景观群落稳定性，但容易造成空间分布格局的随机性，使得林分产生混乱感（吕昂，2016），导致林内景观美景度的下降（Ruddell et al., 1989）。因此，风景游憩林经营时，在确保物种多样性的前提下，应注重改善林内景观的可及度和森林整洁度（Deng et al., 2014）。采取相应的措施，优化林分结构，营造疏密有致、错落有序的林内环境，从而提高林分景观质量（章志都 等，2008）。在未来的游憩林配置中，应加强乡土树种的培育，提高乡土树种的比例。应根据各种树种的生物学特性进行合理种植，遵循适树适地的原则，禁止在人们伸手可及的范围内种植有毒树种，加强藤本树种的种植，建设立体绿化。此外，还需要增加集尘防尘树种、双色叶树种和新叶色树种的配置，最终建成风景优美宜人、结构复杂稳定、生态效益最优的城市风景游憩林。

相比于建成区和近郊区，远郊区的风景游憩林在改善城市生态环境方面能够发挥出更加重要的作用。远郊区的风景游憩林大多为大型城市公园，在建设过程中，为城市提供了更大规模的绿地面积，由于其自身绿地面积较大，可以认为是一个独立的生态系统，是城市生态系统中重要的组成部分（吴思琦，2018）。大型公园作为城市绿地系统不可或缺的组成部分。该生态系统的建立对改善中亚热带地区的生态环境，增加亚热带地区的物种多样性具有重要意义。

参考文献

黄春波，2019. 基于生态系统服务得而三峡库区森林景观调控研究［D］. 武汉：华中农业大学.

刘博，魏甫，2017. 基于近自然林理论的城市环城绿带植物规划—以长沙市环城绿带生态圈为例［J］. 中南林业调查规划，36（4）：21-25.

刘晓光，2012. 景观美学［M］. 北京：中国林业出版社.

吕昂，沈守云，彭春良，等，2016. 湖南省森林植物园景观质量影响原因研究［J］. 中国城市林业，14（5）：19-23+29.

王定跃，时波，陈世清，等，2019. 深圳梧桐山毛棉杜鹃风景林林分密度分析［J］. 亚热带植物科学，48（1）：31-35.

吴思琦，2018. 基于 ArcGIS 平台的北京大型公园空间格局及演变机制研究［D］. 北京：北方工业大学.

岳麟，2017. 城市小区绿化规划设计探析［J］. 佳木斯职业学院学报（5）：490-491.

项文化，雷相东，2022. 森林生态系统多功能性及经营优化途径［J］. 中南林业科技大学学报，42（10）：1-8.

徐高福，余梅生，邵小波，2018. 千岛湖国家森林公园景观旅游资源与特色植物风景林探析［J］. 防护林科技（12）：76-79.DOI：10.13601/j.issn.1005-5215.2018.12.028.

张德顺，李秀芬，2009. Norbert Weber“. 近自然林”——一种理念的起源与传播［J］.

山东林业科技，39（2）：102–105.

章志都，徐程扬，董建文，等，2008. 郁闭度对风景游憩林林下植被及林内景观的影响［J］. 中国城市林业（2）：10–13.

赵联政，2021. 城市园林绿化的规划创新［J］. 居舍（12）：104–105.

郑晓程，2010. 乡土树种在长沙城市园林绿化中的应用及评价［D］. 长沙：中南林业科技大学.

CRECENTE C F, POMMERENING A, RODRíGUEZ S R, 2009. Impacts of thinning on structure, growth and risk of crown fire in a Pinus sylvestris L. plantation in northern Spain[J]. Forest Ecology and Management, 257(9): 1950–1954.

DENG S Q, YIN N, GUAN Q W, et al., 2014. Dynamic response of the scenic beauty value of different forests to various thinning intensities in central rasteern China[J].Environmental Monit oring&Assessment,186:7413–7429.

RUDDELL E J, GRAMANN J H, RUDIS V A, et al., 1989. The psychological utility of visual penetration in near–view forest scenic–beauty models[J]. Environment & Behavior, 21(4): 393–412.

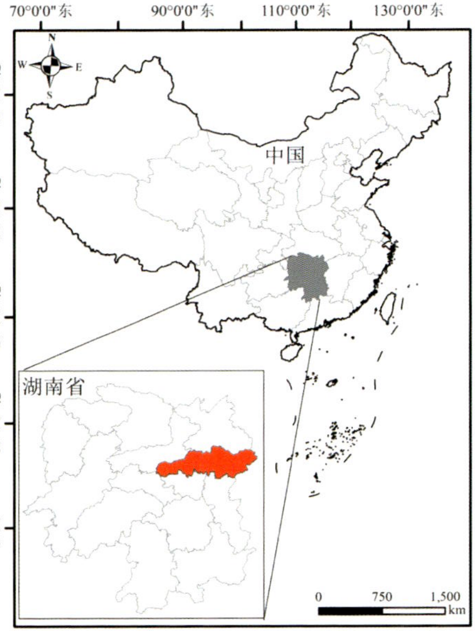

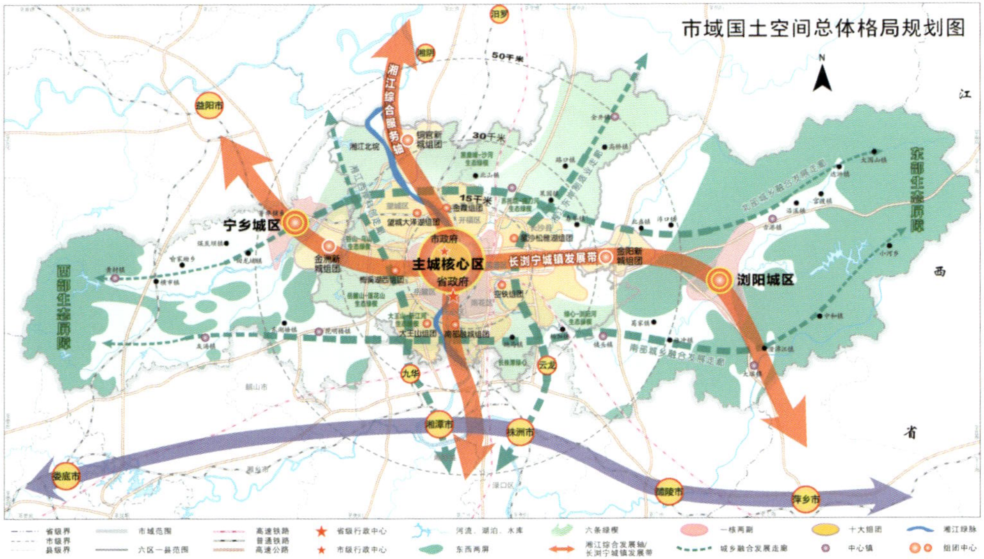

附图 1　长沙市市域国土空间总体格局规划图

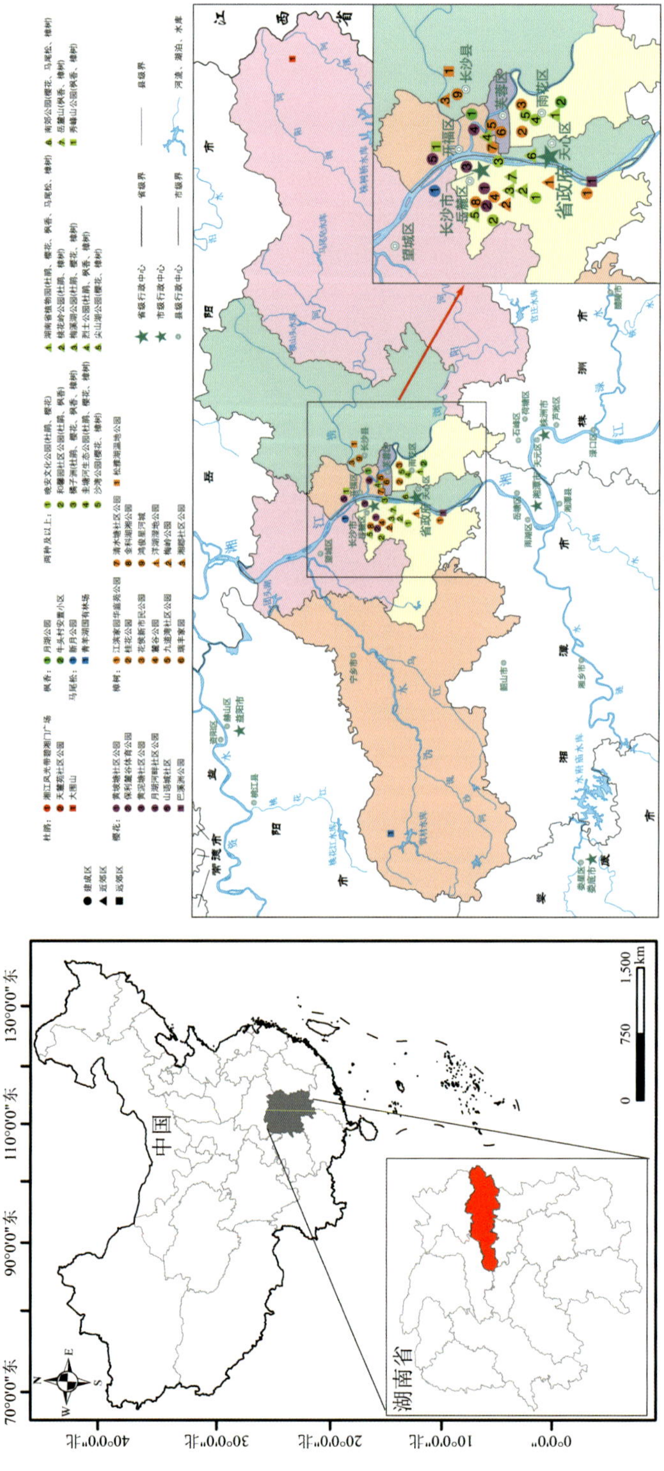

附图 2　研究地固定样地的分布

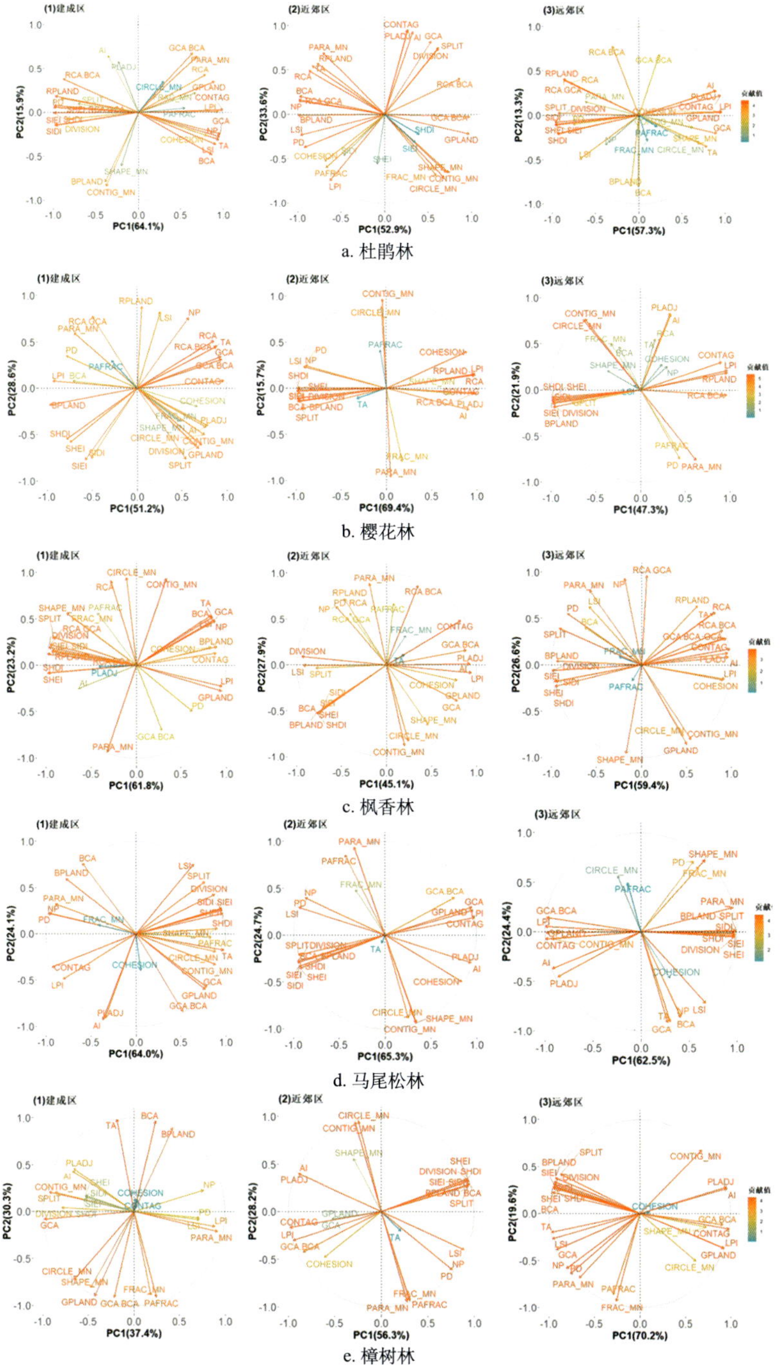

附图 3　不同区域风景游憩林林外景观色彩斑块指数主成分分析结果

注：箭头长度代表各景观色彩斑块指数的特征值，长度越长，特征值越大；箭头颜色代表各景观色彩斑块指数对主成分轴的贡献值。

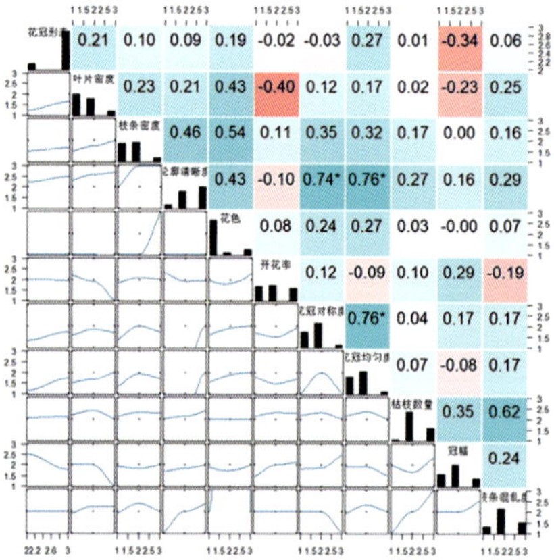

a. 杜鹃林

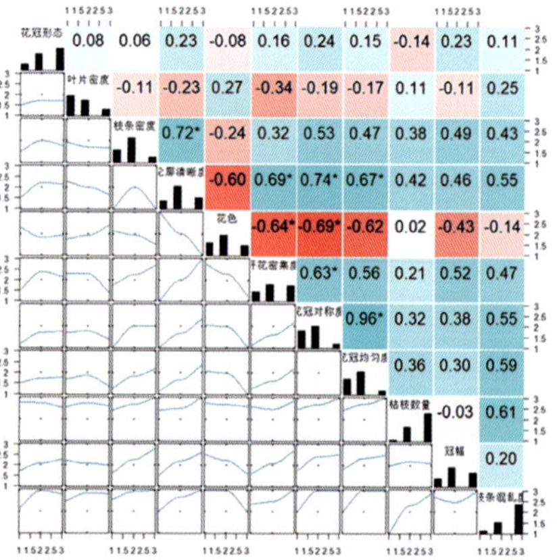

b. 樱花林

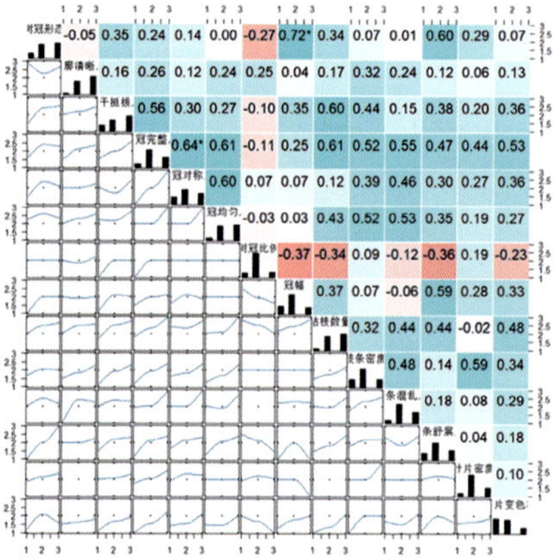

c. 枫香林

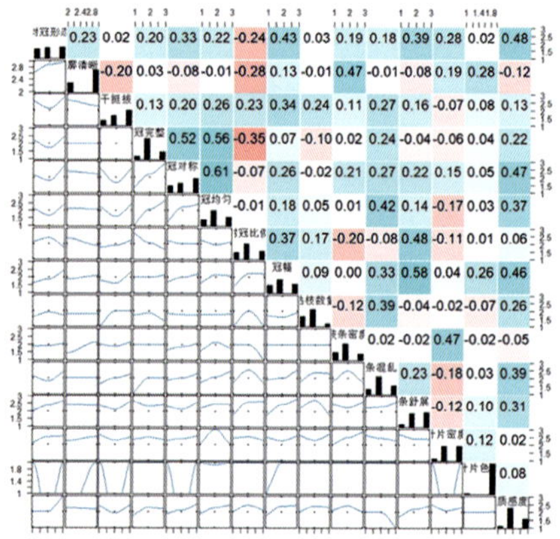

d. 马尾松林

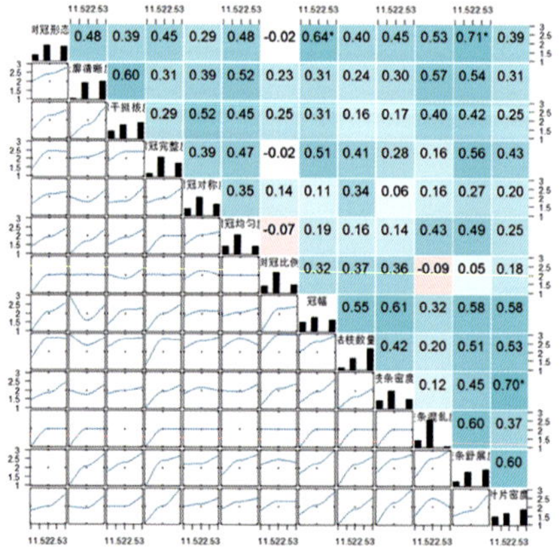

e. 樟树林

附图 4　区域变化下风景游憩林单木特征指标间的相关性分析

注：各项指标之间的显著相关性以皮尔逊相关系数和星号表示（*: $P<0.05$, **: $P<0.01$）；蓝色代表正相关，红色代表负相关，颜色深度与相关系数呈比例。

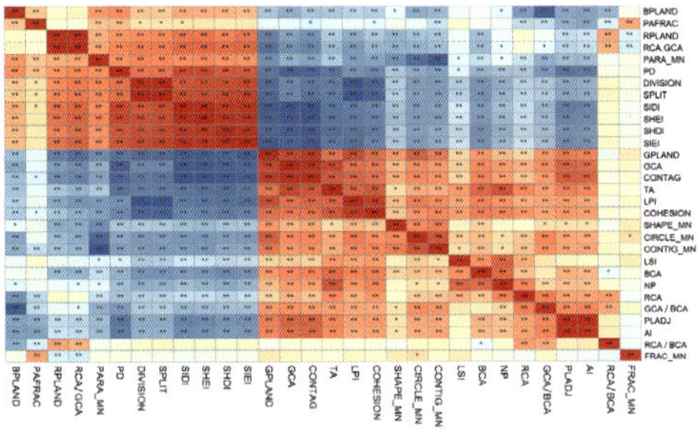

a. 杜鹃林

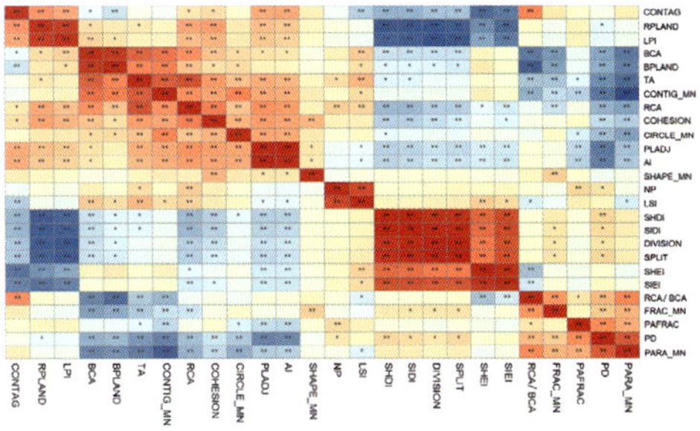

b. 樱花林

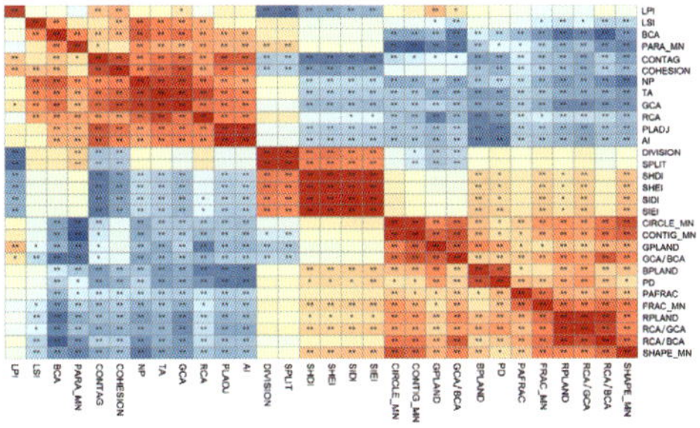

c. 枫香林

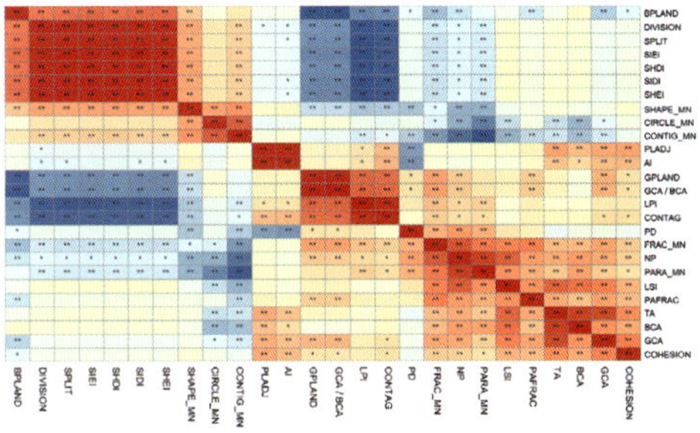

d. 马尾松林

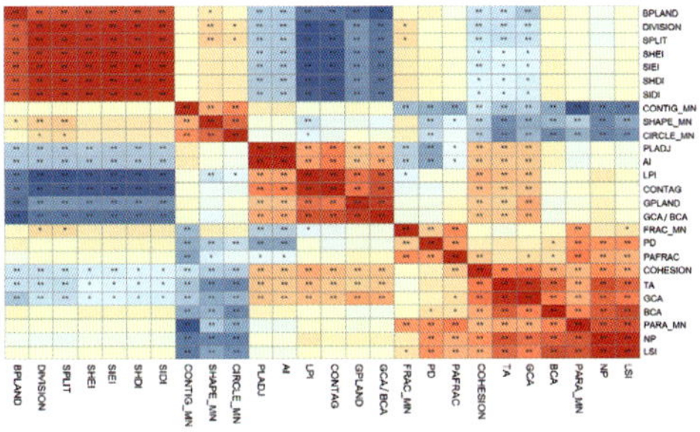

e. 樟树林

附图 5　区域变化下风景游憩林景观格局指标间的相关性分析

注：各项指标之间的显著相关性以星号表示（*：$P<0.05$，**：$P<0.01$）；蓝色代表负相关，黄色代表无相关关系，红色代表正相关，颜色深度与相关系数呈比例。

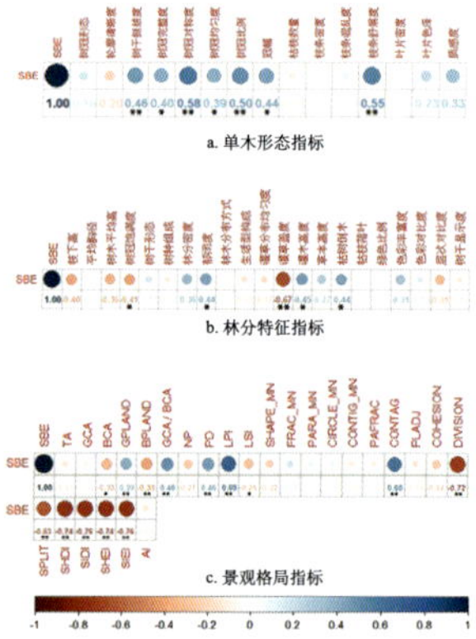

A. 杜鹃林

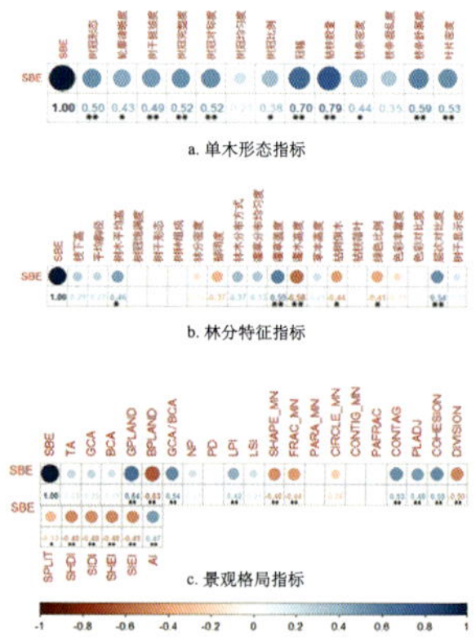

B. 樱花林

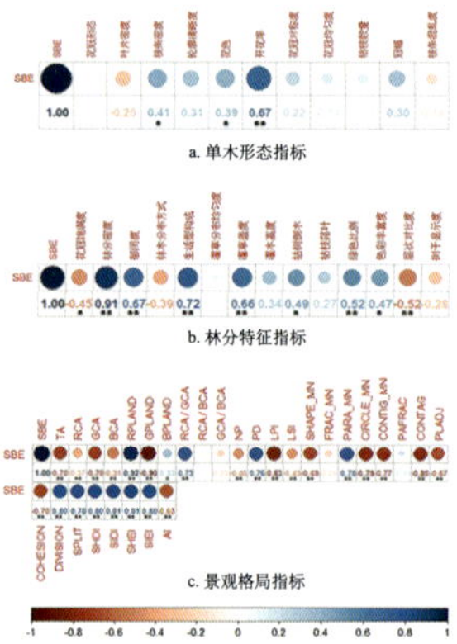

C. 枫香林

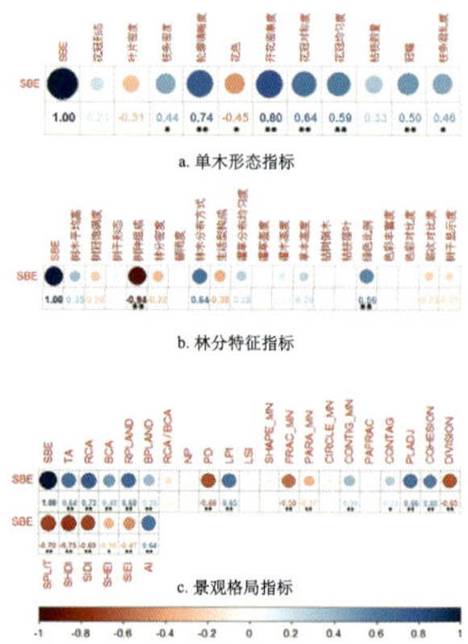

D. 马尾松林

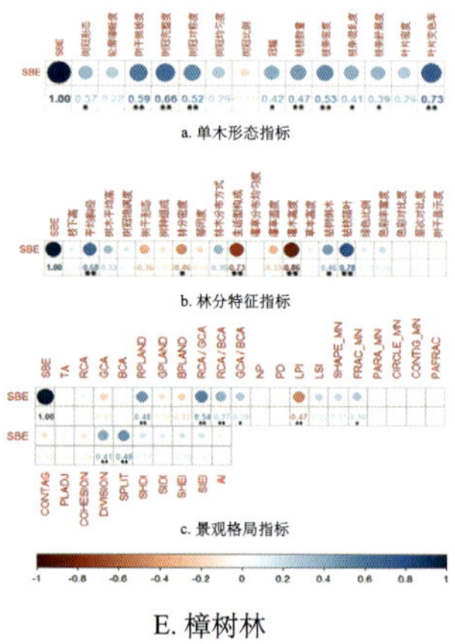

E. 樟树林

附图 6　区域变化下风景游憩林美学指标与美景度的相关性分析

注：各项指标之间的显著相关性以皮尔逊相关系数和星号表示（*：$P<0.05$，**：$P<0.01$）；蓝色代表正相关，红色代表负相关，圆形大小和颜色深度与相关系数呈比例。

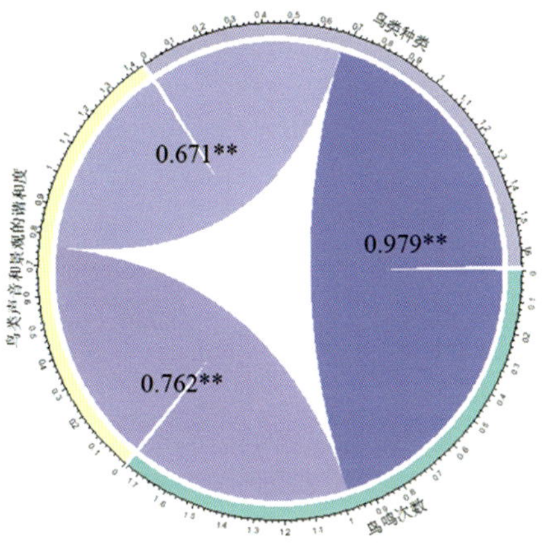

a. 杜鹃林

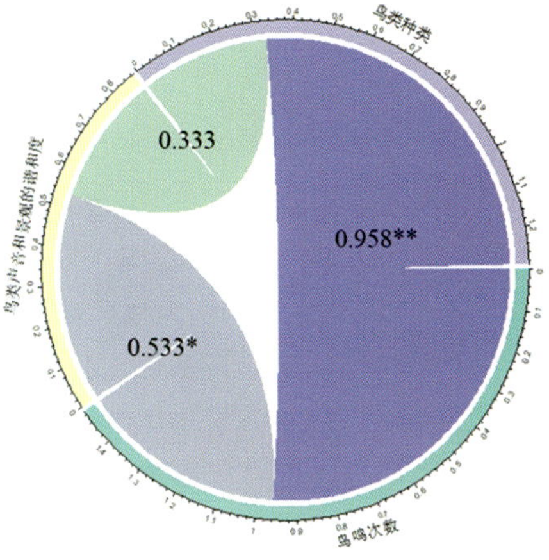

b. 樱花林

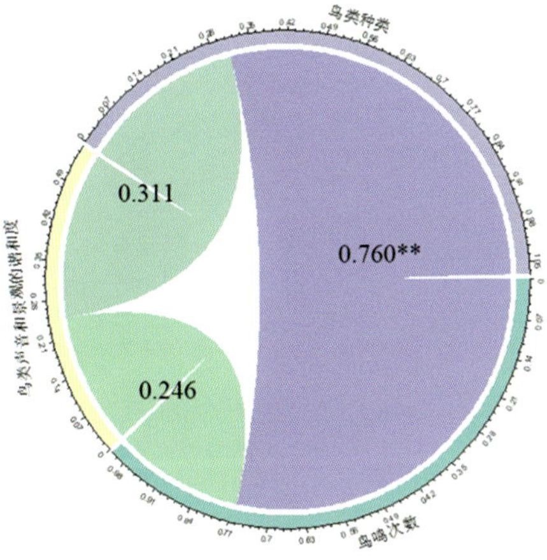

c. 枫香林

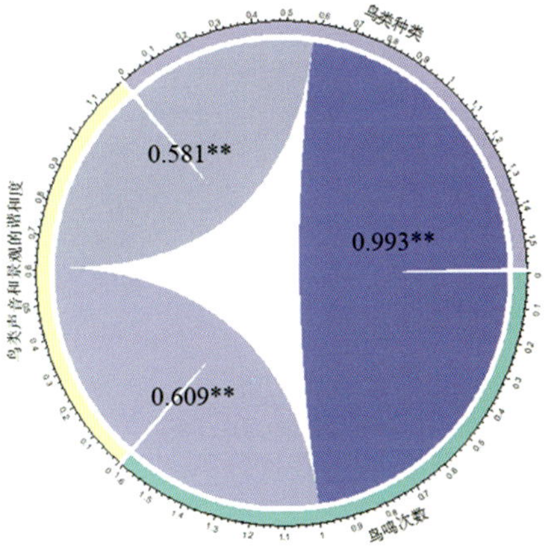

d. 马尾松林

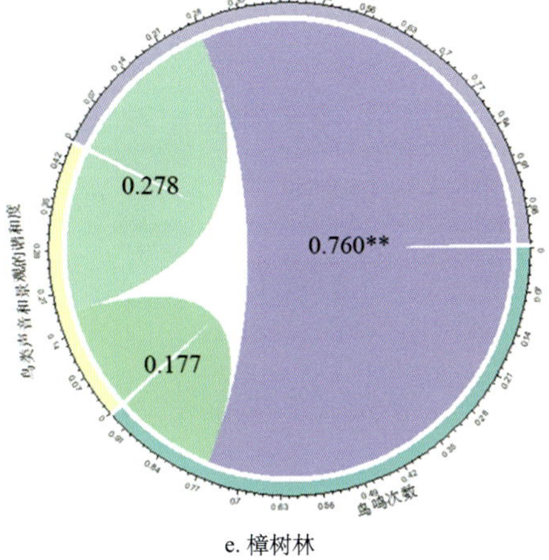

e. 樟树林

附图 7　区域变化下风景游憩林鸟类声音景观特征间的相关性分析

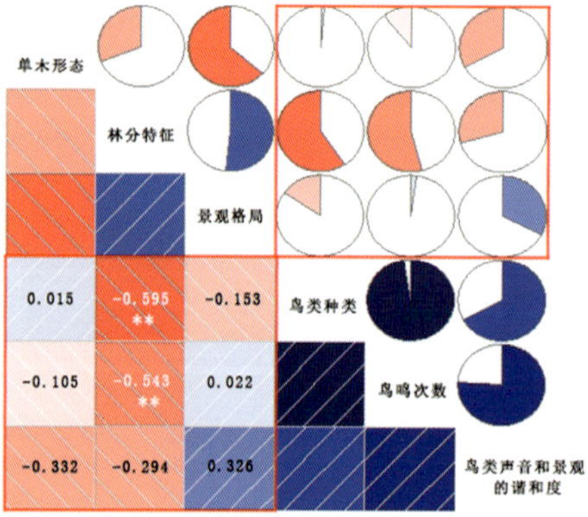

a. 杜鹃林

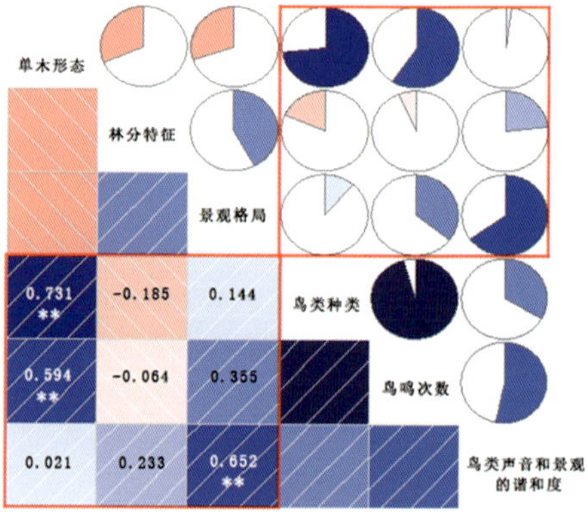

b. 樱花林

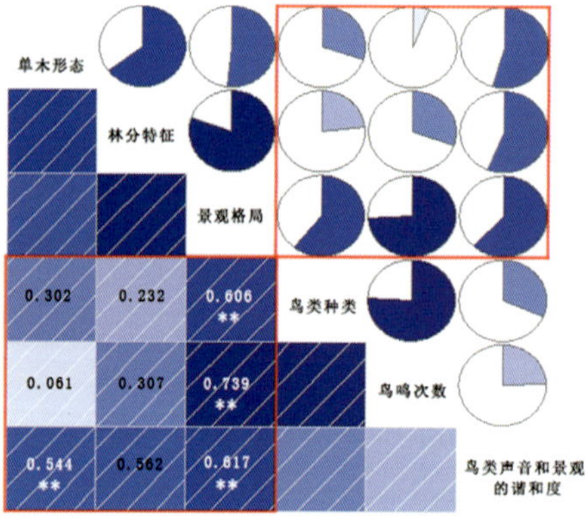

c. 枫香林

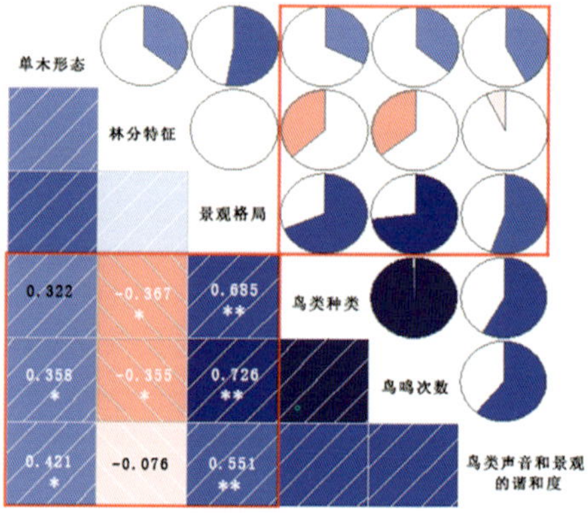

d. 马尾松林

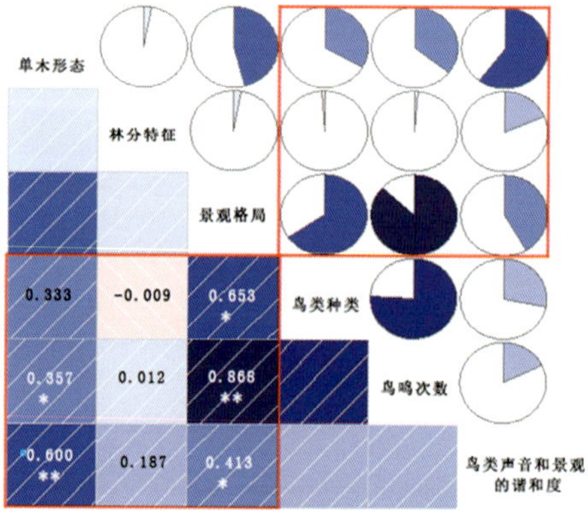

e. 樟树林

附图 8　区域变化下风景游憩林美学特征与鸟类声音景观特征间的相关性分析

注：各项指标之间的相关性以皮尔逊相关系数表示，星号代表两个指标之间相关性显著或极显著（*：$P<0.05$，**：$P<0.01$）；蓝色代表正相关，红色代表负相关，扇形区域大小和颜色深度与相关系数呈比例。

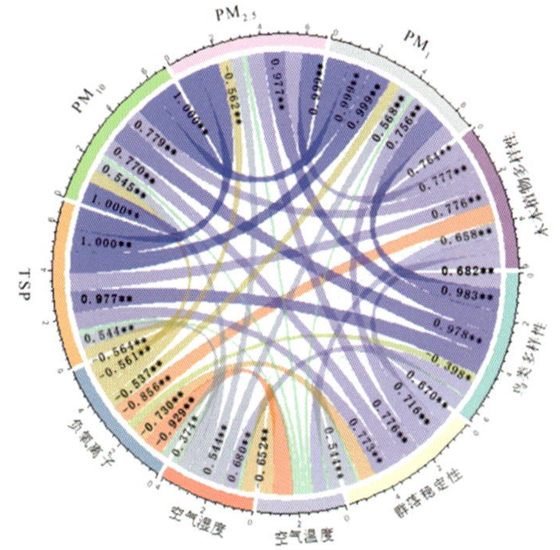

a. 杜鹃林

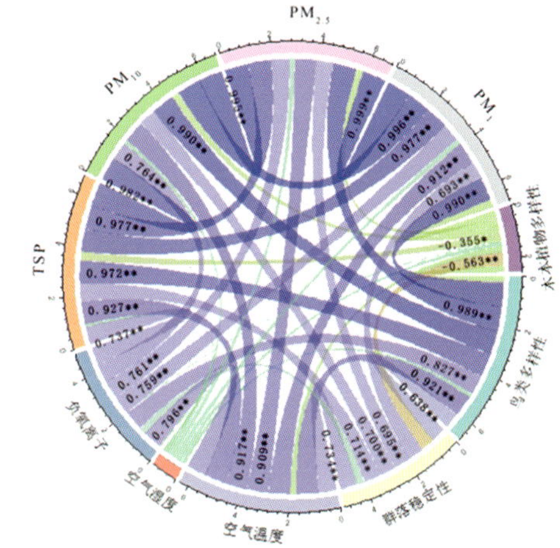

b. 樱花林

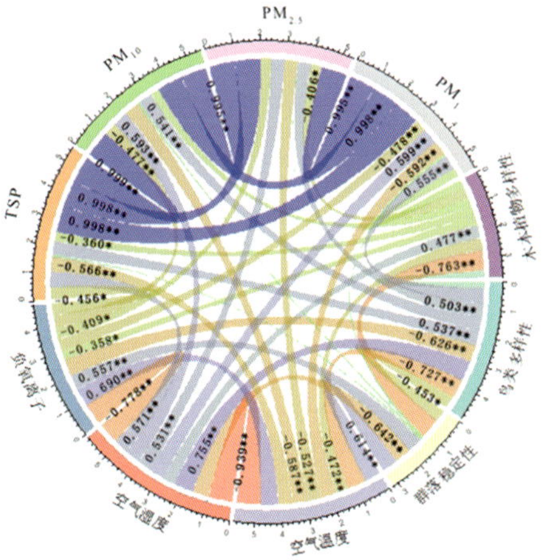

c. 枫香林

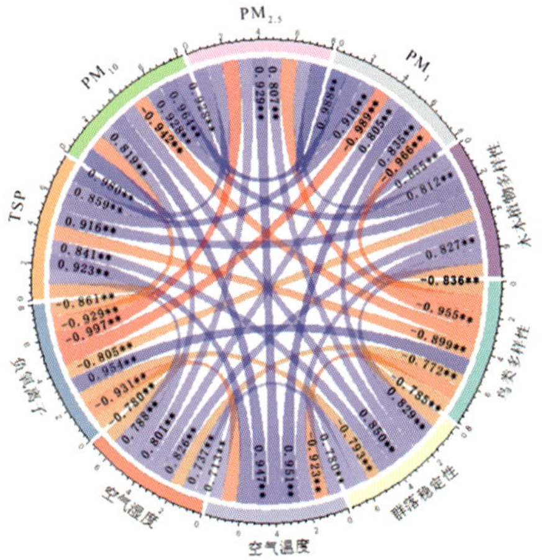

d. 马尾松林

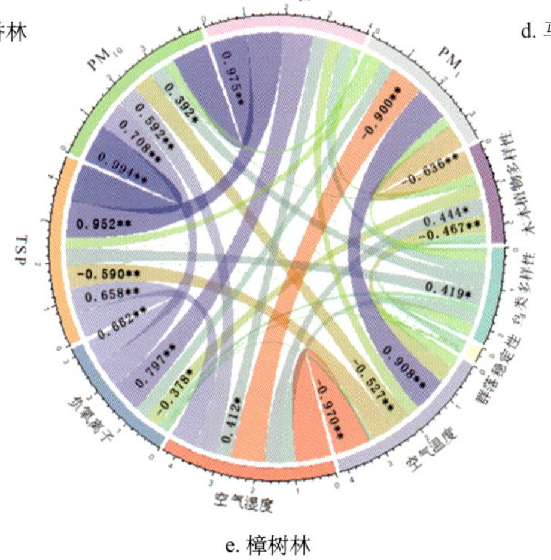

e. 樟树林

附图 9　区域变化下风景游憩林生态特征间的相关性分析

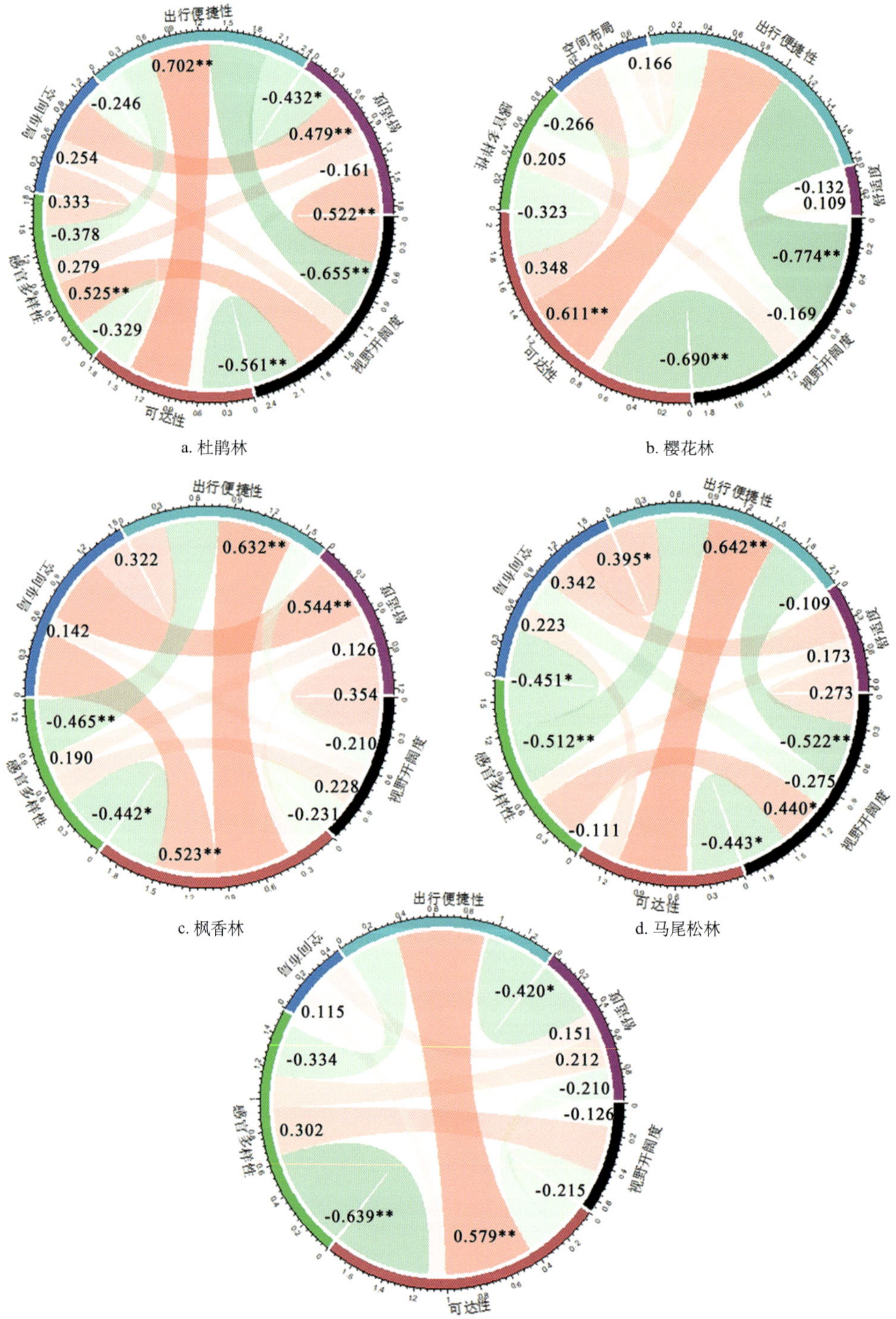

a. 杜鹃林　b. 樱花林　c. 枫香林　d. 马尾松林　e. 樟树林

附图 10　区域变化下风景游憩林游憩特征间的相关性分析

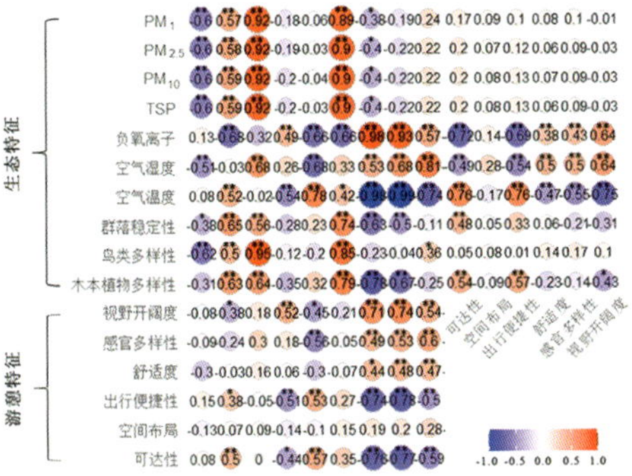

a. 杜鹃林

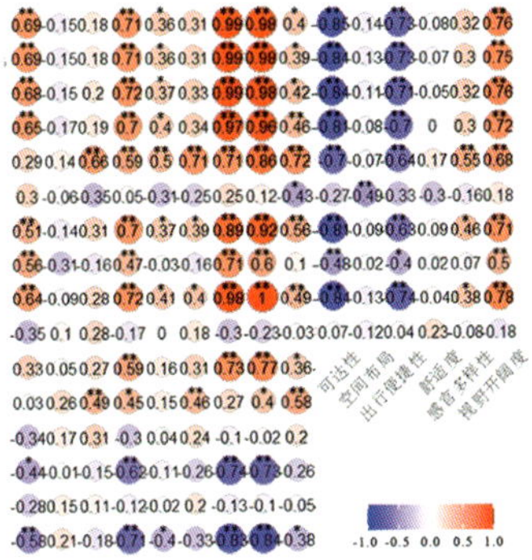

b. 樱花林

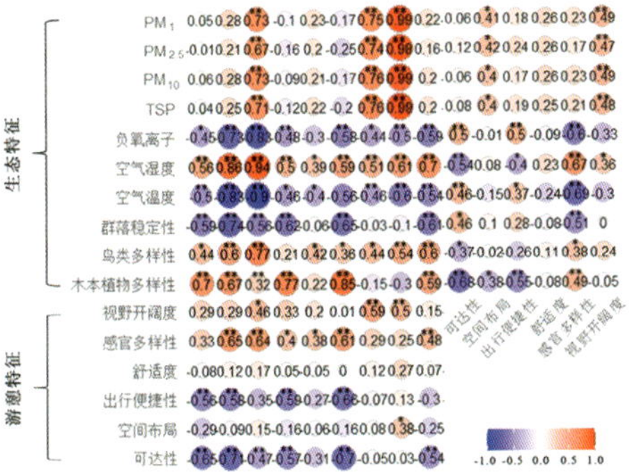

c. 枫香林

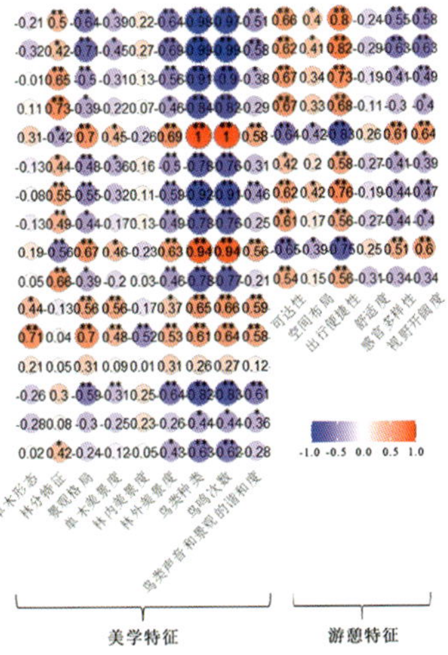

d. 马尾松林

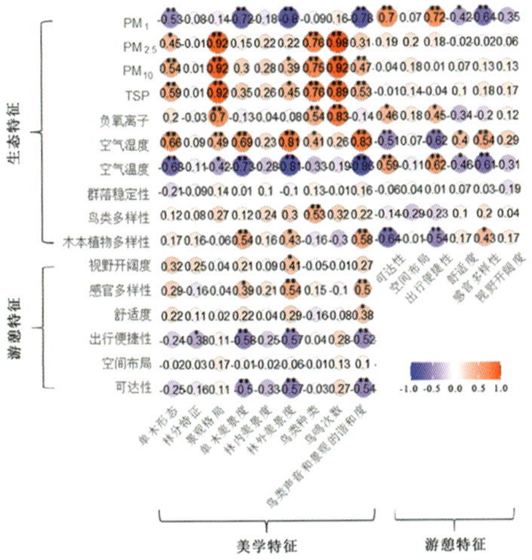

e. 樟树林

附图 11 区域变化下风景游憩林美学特征、生态特征与游憩特征间的相关性分析

注：各项指标之间的相关性以皮尔逊相关系数表示，星号代表两个指标之间相关性显著或极显著（*：$P<0.05$，**：$P<0.01$）；蓝色代表负相关，红色代表正相关，颜色深度与相关系数呈比例。

附表1 关键特征变化对杜鹃林景观质量演变动态的影响

因子	区域梯度		综合质量得分（梯度1）	综合质量得分（梯度2）	综合质量得分（梯度3）	综合质量得分（梯度4）	综合质量得分（梯度5）	变化幅度
木本植物多样性	建成区	晚安文化公园	1.588	3.189	4.389	6.116	8.902	460.74
		和馨园社区公园	1.263	2.606	3.581	5.003	7.249	474.08
		湘江风光带碧湘门广场	6.030	12.060	16.519	23.062	33.669	458.32
		天麓苑社区公园	0.969	9.614	17.127	24.217	27.961	2786.38
		橘子洲	6.172	10.757	16.088	24.296	33.260	438.86
		圭塘河生态公园	1.453	9.067	20.288	26.447	32.176	2114.44
	近郊区	湖南省植物园	8.956	60.886	125.715	136.113	208.149	2224.05
		桃花岭公园	40.997	88.727	113.100	164.050	226.592	452.70
		梅溪湖公园	20.036	89.980	113.014	191.418	221.661	1006.30
		烈士公园	7.793	80.038	107.610	166.930	250.021	3108.37
	远郊区	大围山	13.794	61.756	114.861	187.644	258.852	1776.56
单木形态综合指标	建成区	晚安文化公园	4.294	7.401	8.084	11.568	12.491	190.88
		和馨园社区公园	2.779	4.650	5.749	6.618	7.161	157.67
		湘江风光带碧湘门广场	14.519	17.039	23.125	26.764	33.902	133.50
		天麓苑社区公园	14.139	19.176	20.287	25.987	32.360	128.87
		橘子洲	11.005	15.838	23.008	28.192	31.946	190.27
		圭塘河生态公园	12.326	19.304	24.058	27.045	31.912	158.91
	近郊区	湖南省植物园	199.867	246.693	343.741	383.179	442.089	121.19
		桃花岭公园	170.633	217.245	298.988	334.004	404.154	136.86
		梅溪湖公园	172.749	258.640	342.630	404.778	467.035	170.35
		烈士公园	135.280	203.058	272.496	325.465	395.953	192.69
	远郊区	大围山	51.940	77.207	99.104	119.194	122.591	136.02
单木美景度	建成区	晚安文化公园	-44.730	-29.951	-25.646	-8.220	-0.330	99.26
		和馨园社区公园	6.485	4.284	2.973	2.068	-0.061	-100.94
		湘江风光带碧湘门广场	33.911	24.902	15.101	4.757	-4.515	-113.32
		天麓苑社区公园	30.932	23.809	15.466	4.083	-4.193	-113.56
		橘子洲	26.694	23.693	14.906	6.392	-3.494	-113.09
		圭塘河生态公园	28.703	25.360	12.186	6.851	-4.738	-116.51
	近郊区	湖南省植物园	6088.147	5007.720	2533.664	2149.509	-524.755	-108.62
		桃花岭公园	500.426	400.234	266.849	69.765	-6.474	-101.29
		梅溪湖公园	-1914.730	-1190.350	-1072.180	-338.871	60.852	103.18
		烈士公园	980.116	816.102	361.266	102.995	-0.310	-100.03
	远郊区	大围山	2635.633	1661.247	1073.607	310.974	147.046	-94.42
林分特征综合指标	建成区	晚安文化公园	7.680	10.787	12.066	14.925	16.406	113.63
		和馨园社区公园	5.769	7.534	8.197	10.677	11.481	99.00
		湘江风光带碧湘门广场	17.518	19.894	24.751	28.883	31.036	77.17
		天麓苑社区公园	15.312	20.750	24.329	26.798	31.305	104.45
		橘子洲	17.598	21.014	25.483	27.441	33.501	90.37
		圭塘河生态公园	18.593	22.568	25.434	28.946	33.437	79.84
	近郊区	湖南省植物园	155.791	198.270	220.003	237.015	276.026	77.18
		桃花岭公园	167.791	202.264	212.976	243.455	306.179	82.48
		梅溪湖公园	118.313	128.084	171.103	201.755	233.701	97.53
		烈士公园	77.675	103.595	114.497	139.874	157.135	102.30
	远郊区	大围山	110.370	137.634	146.500	177.566	188.342	70.65
景观格局综合指标	建成区	晚安文化公园	-8.463	-44.644	-79.426	-125.939	-183.409	-2067.23
		和馨园社区公园	-13.928	-37.371	-73.649	-115.099	-122.250	-777.75
		湘江风光带碧湘门广场	38.677	79.173	250.808	302.937	458.152	1084.56
		天麓苑社区公园	78.723	90.513	256.484	366.760	468.098	494.62
		橘子洲	-1.380	97.193	216.969	360.655	460.629	33485.95
		圭塘河生态公园	-5.943	144.856	245.992	286.914	463.700	7903.08
	近郊区	湖南省植物园	23.454	54.206	98.971	112.088	150.434	541.41
		桃花岭公园	-3.156	46.413	106.295	109.293	157.278	5083.13
		梅溪湖公园	9.930	68.119	96.414	128.142	150.088	1411.41
		烈士公园	-6.403	42.649	83.937	125.701	179.415	2902.09
	远郊区	大围山	99.997	140.204	226.126	381.452	484.475	384.49

附表 2 关键特征变化对樱花林景观质量演变动态的影响

因子	区域梯度		综合质量得分（梯度 1）	综合质量得分（梯度 2）	综合质量得分（梯度 3）	综合质量得分（梯度 4）	综合质量得分（梯度 5）	变化幅度
单木美景度	建成区	晚安文化公园	-33.975	-21.354	-11.981	8.213	20.703	160.94
		黄坡塘社区公园	-15.946	-11.083	-5.127	-0.263	10.594	166.44
		保利麓谷体育公园	-28.482	-13.030	-6.275	2.058	10.884	138.21
		沙湾公园	-20.947	-10.047	-1.485	6.021	9.555	145.62
		橘子洲	-61.086	-45.765	-18.991	10.407	27.013	144.22
		黄泥塘社区公园	-51.616	-23.415	-19.336	10.105	26.827	151.97
		月湖河畔社区公园	-23.471	-10.544	-8.676	-0.294	13.757	158.61
		山语城社区公园	-29.424	-19.374	-5.271	2.472	23.571	180.11
		圭塘河生态公园	-68.080	-38.559	-4.089	1.720	38.903	157.14
	近郊区	尖山湖公园	3.807	2.046	1.723	-0.824	-1.681	-144.16
		南郊公园	38.925	19.610	8.534	-15.103	-24.726	-163.52
		湖南省植物园	107.840	45.572	7.966	-21.578	-67.608	-162.69
		梅溪湖公园	-22.054	-14.637	-5.429	2.883	17.663	180.09
	远郊区	巴溪洲公园	2.736	1.982	0.830	-0.009	-1.103	-140.31
木本植物多样性	建成区	晚安文化公园	-20.660	-31.426	-37.839	-52.635	-58.928	-185.22
		黄坡塘社区公园	-6.612	-10.022	-11.145	-14.669	-18.675	-182.44
		保利麓谷体育公园	-11.067	-18.333	-22.470	-24.804	-29.406	-165.70
		沙湾公园	-9.085	-17.460	-18.521	-22.998	-28.407	-212.68
		橘子洲	-26.174	-39.428	-50.005	-61.811	-68.411	-161.37
		黄泥塘社区公园	-6.586	-12.342	-13.776	-17.888	-20.546	-211.94
		月湖河畔社区公园	-18.823	-25.573	-31.965	-44.580	-47.199	-150.75
		山语城社区公园	-8.446	-11.944	-17.573	-21.987	-24.632	-191.63
		圭塘河生态公园	-15.205	-17.969	-27.566	-29.710	-37.982	-149.80
	近郊区	尖山湖公园	1.958	3.378	3.948	4.866	5.676	189.88
		南郊公园	3.486	4.358	6.145	7.100	9.166	162.92
		湖南省植物园	6.921	9.967	11.446	13.766	16.598	139.80
		梅溪湖公园	2.948	4.955	6.205	7.073	9.358	217.44
	远郊区	巴溪洲公园	-1.228	-1.855	-2.318	-2.901	-3.195	-160.11
单木形态综合指标	建成区	晚安文化公园	-19.736	-19.940	-24.549	-27.291	-30.421	-54.14
		黄坡塘社区公园	-16.411	-20.111	-25.512	-26.831	-32.368	-97.23
		保利麓谷体育公园	-16.501	-20.437	-22.929	-24.233	-28.012	-69.76
		沙湾公园	-9.634	-11.532	-12.929	-15.817	-17.473	-81.36
		橘子洲	-19.395	-23.457	-27.992	-31.566	-34.158	-76.12
		黄泥塘社区公园	-15.188	-16.258	-20.401	-22.795	-26.281	-73.04
		月湖河畔社区公园	-19.467	-23.092	-25.400	-29.556	-33.534	-72.26
		山语城社区公园	-19.983	-24.787	-30.396	-32.452	-35.544	-77.87
		圭塘河生态公园	-15.228	-16.990	-19.113	-22.448	-23.976	-57.45
	近郊区	尖山湖公园	2.294	2.983	3.151	3.947	4.255	85.46
		南郊公园	7.255	9.593	10.732	12.417	13.257	82.74
		湖南省植物园	13.235	16.138	20.086	21.215	24.637	86.14
		梅溪湖公园	9.459	9.679	12.377	13.420	15.306	61.82
	远郊区	巴溪洲公园	-1.101	-1.279	-1.480	-1.638	-1.812	-64.60
林分特征综合指标	建成区	晚安文化公园	-19.413	-21.055	-21.811	-23.673	-25.350	-30.59
		黄坡塘社区公园	-15.815	-17.312	-17.890	-19.265	-20.447	-29.29
		保利麓谷体育公园	-15.144	-16.386	-18.262	-19.444	-20.081	-32.60
		沙湾公园	-19.658	-20.794	-21.613	-23.738	-25.026	-27.31
		橘子洲	-16.426	-18.354	-19.657	-20.965	-21.841	-32.97
		黄泥塘社区公园	-22.923	-24.871	-26.151	-28.416	-29.137	-27.10
		月湖河畔社区公园	-19.226	-19.555	-21.808	-23.015	-25.199	-31.07
		山语城社区公园	-23.367	-24.714	-27.225	-27.816	-30.037	-28.55
		圭塘河生态公园	-21.922	-23.395	-25.797	-26.152	-28.460	-29.82
	近郊区	尖山湖公园	2.282	2.453	2.677	2.913	2.982	30.70
		南郊公园	6.876	7.676	7.822	8.404	9.373	36.32
		湖南省植物园	12.004	12.998	13.980	14.972	15.801	31.64
		梅溪湖公园	7.786	8.430	9.410	9.801	10.127	30.06
	远郊区	巴溪洲公园	-1.812	-1.973	-2.021	-2.239	-2.419	-33.51
林内美景度	建成区	晚安文化公园	-14.202	-8.738	-4.382	-0.146	5.157	136.31
		黄坡塘社区公园	-21.481	-14.759	-6.051	-0.304	5.419	125.23
		保利麓谷体育公园	-22.477	-16.508	-6.801	-2.341	3.056	113.60
		沙湾公园	-122.091	-74.522	-38.197	-2.652	14.787	112.11
		橘子洲	-19.636	-13.430	-9.158	-4.129	6.131	131.22
		黄泥塘社区公园	-16.768	-11.936	-6.759	-3.145	2.121	112.65
		月湖河畔社区公园	313.030	209.388	106.912	55.365	-124.535	-139.78
		山语城社区公园	-148.340	-127.036	-41.527	-29.425	25.065	116.90
		圭塘河生态公园	-35.560	-18.753	-10.898	-1.440	4.986	114.02
	近郊区	尖山湖公园	-5.820	-4.851	-2.679	-0.118	0.960	116.50
		南郊公园	100.990	85.667	24.840	-3.514	-18.546	-118.36
		湖南省植物园	-66.469	-52.798	-23.922	1.563	10.703	116.10
		梅溪湖公园	131.935	102.018	46.771	6.457	-26.134	-119.81
	远郊区	巴溪洲公园	-14.236	-10.886	-7.233	-3.594	2.855	120.05

附表 3　关键特征变化对枫香林景观质量演变动态的影响

因子	区域梯度		综合质量得分（梯度 1）	综合质量得分（梯度 2）	综合质量得分（梯度 3）	综合质量得分（梯度 4）	综合质量得分（梯度 5）	变化幅度
木本植物多样性	建成区	和馨园社区公园	-19.659	-25.168	-31.766	-34.595	-39.066	-98.72
		橘子洲	-16.012	-21.480	-23.194	-27.983	-30.704	-91.76
		月湖公园	-8.960	-11.284	-13.295	-13.958	-16.594	-85.21
		牛头村安置小区	-11.783	-15.311	-17.854	-19.465	-22.744	-93.02
	近郊区	湖南省植物园	87.918	100.489	115.142	136.294	143.741	63.49
		岳麓山	111.841	142.452	145.730	185.755	208.948	86.83
		烈士公园	86.428	112.949	124.082	141.244	157.372	82.09
	远郊区	秀峰山公园	32.845	41.746	44.779	53.094	60.719	84.86
群落稳定性	建成区	和馨园社区公园	-12.880	-22.304	-37.827	-42.219	-59.007	-358.13
		橘子洲	-3.917	-6.942	-8.928	-10.589	-13.633	-248.01
		月湖公园	-8.850	-16.182	-23.829	-34.327	-38.587	-336.02
		牛头村安置小区	-14.531	-19.326	-26.205	-32.435	-40.746	-180.40
	近郊区	湖南省植物园	95.214	152.442	235.686	282.133	371.018	289.67
		岳麓山	110.787	154.854	201.093	275.212	288.272	160.20
		烈士公园	135.934	161.383	226.879	317.490	368.177	170.85
	远郊区	秀峰山公园	76.145	180.000	235.976	264.240	327.441	330.02
单木形态综合指标	建成区	和馨园社区公园	-22.172	-26.910	-34.387	-36.607	-40.549	-82.88
		橘子洲	-14.456	-16.796	-18.182	-21.242	-22.869	-58.19
		月湖公园	-7.995	-10.459	-11.553	-13.592	-15.277	-91.09
		牛头村安置小区	-15.220	-18.782	-21.276	-23.350	-25.723	-69.01
	近郊区	湖南省植物园	85.165	98.566	121.746	128.524	152.777	79.39
		岳麓山	85.151	113.589	131.344	152.147	169.932	99.57
		烈士公园	62.746	85.969	99.172	104.395	125.190	99.52
	远郊区	秀峰山公园	48.374	52.720	64.320	75.214	79.171	63.67
林分特征综合指标	建成区	和馨园社区公园	-19.888	-21.448	-25.542	-34.595	-33.578	-68.83
		橘子洲	-16.268	-18.220	-23.409	-27.983	-29.675	-82.41
		月湖公园	-15.368	-17.334	-19.548	-13.958	-25.321	-64.77
		牛头村安置小区	-13.635	-15.599	-20.296	-19.465	-24.870	-82.40
	近郊区	湖南省植物园	58.168	75.570	84.089	136.294	106.555	83.18
		岳麓山	70.089	80.108	96.311	185.755	115.617	64.96
		烈士公园	82.039	113.053	123.955	141.244	154.911	88.83
	远郊区	秀峰山公园	41.061	48.162	56.513	53.094	64.481	57.04
可达性	建成区	和馨园社区公园	-16.480	-17.964	-18.852	-19.620	-20.636	-25.22
		橘子洲	-15.384	-17.046	-17.433	-18.553	-20.078	-30.51
		月湖公园	-12.710	-13.384	-14.099	-15.057	-16.168	-27.20
		牛头村安置小区	-10.568	-11.295	-12.464	-13.257	-14.084	-33.27
	近郊区	湖南省植物园	121.839	123.740	139.306	140.670	152.822	25.43
		岳麓山	130.913	139.642	144.642	151.766	167.899	28.25
		烈士公园	128.689	143.786	153.598	159.967	169.157	31.45
	远郊区	秀峰山公园	55.503	59.799	66.328	70.203	73.913	33.17

附表 4　关键特征变化对马尾松林景观质量演变动态的影响

因子	区域梯度		综合质量得分（梯度 1）	综合质量得分（梯度 2）	综合质量得分（梯度 3）	综合质量得分（梯度 4）	综合质量得分（梯度 5）	变化幅度
木本植物多样性	建成区	新月公园	-40.875	-70.883	-99.239	-127.243	-143.119	-250.14
	近郊区	南郊公园	28.769	37.442	50.509	62.599	72.385	151.61
		湖南省植物园	4.256	8.062	9.835	12.959	15.049	253.59
	远郊区	青羊湖国有林场	395.736	634.237	718.991	1057.599	1268.979	220.66
林分特征综合指标	建成区	新月公园	-42.012	-44.141	-44.690	-48.789	-50.115	-19.29
	近郊区	南郊公园	61.889	67.069	67.946	72.485	77.888	25.85
		湖南省植物园	12.620	13.208	13.965	14.697	15.558	23.28
	远郊区	青羊湖国有林场	431.028	456.731	488.364	517.421	544.792	26.39
单木形态综合指标	建成区	新月公园	-47.199	-60.876	-61.641	-83.004	-90.598	-91.95
	近郊区	南郊公园	34.232	48.829	52.938	66.867	75.420	120.32
		湖南省植物园	7.597	9.718	11.492	13.477	15.230	100.47
	远郊区	青羊湖国有林场	246.292	305.214	330.815	394.120	490.928	99.33
群落稳定性	建成区	新月公园	-35.609	-36.445	-39.259	-41.366	-42.961	-20.65
	近郊区	南郊公园	61.552	65.012	71.472	74.578	76.425	24.16
		湖南省植物园	12.302	12.734	13.861	14.288	15.012	22.03
	远郊区	青羊湖国有林场	436.520	467.873	481.168	520.789	540.320	23.78
景观格局综合指标	建成区	新月公园	-35.005	-10.542	7.569	28.532	42.231	220.64
	近郊区	南郊公园	-53.537	-42.869	26.174	73.521	100.173	287.11
		湖南省植物园	83.722	17.190	-11.814	-49.196	-88.668	-205.91
	远郊区	青羊湖国有林场	-199.458	-45.665	82.353	230.552	376.463	288.74

附表 5　关键特征变化对樟树林景观质量演变动态的影响

因子	区域梯度		综合质量得分（梯度 1）	综合质量得分（梯度 2）	综合质量得分（梯度 3）	综合质量得分（梯度 4）	综合质量得分（梯度 5）	变化幅度
木本植物多样性	建成区	江滨家园华庭苑公园	-0.554	-1.065	-1.419	-1.806	-2.229	-302.40
		沙湾公园	-15.807	-21.816	-25.991	-36.282	-38.377	-142.79
		桂花公园	-11.021	-16.798	-25.129	-28.733	-36.368	-229.98
		花侯新市民公园	-21.583	-35.629	-46.770	-63.238	-75.142	-248.16
		麓谷公园	-14.405	-21.430	-30.168	-32.770	-40.897	-183.90
		橘子洲	-9.452	-11.486	-16.076	-18.008	-23.344	-146.97
		九道湾社区公园	-9.709	-14.205	-19.125	-21.310	-26.846	-176.51
		瑞丰家园	-32.228	-45.256	-49.985	-62.779	-76.453	-137.23
		清水湖社区公园	-7.206	-11.308	-14.865	-20.677	-23.665	-228.42
		金科湖湘公园	-5.244	-8.975	-11.520	-13.456	-17.071	-225.54
		圭塘河生态公园	-16.636	-23.161	-35.164	-45.936	-61.140	-267.53
		鸿俊星河城	-23.492	-34.359	-50.150	-69.694	-75.359	-220.79
	近郊区	尖山湖公园	269.315	283.286	490.485	496.626	675.602	150.86
		南郊公园	83.172	116.553	141.934	166.129	223.975	169.29
		洋湖湿地公园	266.044	357.383	474.199	671.089	701.475	163.67
		桃花岭公园	218.298	391.403	514.325	593.109	728.998	233.95
		烈士公园	197.400	236.134	314.440	410.399	520.465	163.66
		湖南省植物园	259.032	369.484	489.984	610.833	640.890	147.42
		岳麓山公园	81.741	157.530	210.666	245.402	286.623	250.65
		梅溪湖公园	100.671	200.291	248.560	263.324	351.188	248.85
		梅岭公园	167.454	204.643	317.152	342.340	433.250	158.73
		湘郡社区公园	208.592	372.161	471.707	536.626	630.625	202.32
	远郊区	秀峰山公园	15.756	25.863	31.642	37.390	48.161	205.67
		松雅湖湿地公园	22.176	35.402	61.569	69.193	86.783	291.33
林分特征综合指标	建成区	江滨家园华庭苑公园	-0.799	-0.957	-1.141	-1.310	-1.388	-73.67
		沙湾公园	-12.379	-15.157	-16.925	-19.256	-21.170	-71.01
		桂花公园	-19.097	-23.135	-25.952	-28.292	-31.564	-65.29
		花侯新市民公园	-20.115	-24.886	-27.970	-28.975	-32.544	-61.79
		麓谷公园	-16.697	-18.317	-20.864	-22.685	-25.581	-53.20
		橘子洲	-13.530	-14.841	-18.382	-20.400	-22.080	-63.19
		九道湾社区公园	-14.045	-17.485	-19.446	-21.677	-23.662	-68.47
		瑞丰家园	-21.217	-23.601	-26.373	-28.459	-33.533	-58.05
		清水湖社区公园	-9.565	-12.304	-13.803	-15.499	-15.834	-65.54
		金科湖湘公园	-14.272	-16.190	-16.603	-19.709	-21.984	-54.04
		圭塘河生态公园	-27.268	-28.136	-34.835	-39.106	-39.251	-43.95
		鸿俊星河城	-21.496	-22.625	-26.483	-28.598	-33.061	-53.80
	近郊区	尖山湖公园	141.769	166.461	181.285	212.263	230.300	62.45
		南郊公园	104.163	128.030	150.642	166.951	174.913	67.92
		洋湖湿地公园	271.149	301.247	359.891	420.885	449.610	65.82
		桃花岭公园	250.663	298.301	326.031	358.437	385.560	53.82
		烈士公园	218.842	265.874	279.573	305.048	342.908	56.69
		湖南省植物园	385.082	408.171	468.982	536.310	587.447	52.55
		岳麓山公园	157.786	181.766	215.484	248.461	274.381	73.89
		梅溪湖公园	191.690	222.020	245.906	293.724	313.590	63.59
		梅岭公园	306.156	342.482	404.694	461.026	509.260	66.34
		湘郡社区公园	233.524	267.875	318.202	344.003	371.301	59.00
	远郊区	秀峰山公园	42.235	48.188	57.279	60.351	68.756	62.79
		松雅湖湿地公园	35.304	42.089	46.828	54.849	63.557	80.03
群落稳定性	建成区	江滨家园华庭苑公园	-0.780	-1.097	-1.286	-1.508	-1.995	-155.84
		沙湾公园	-14.502	-21.576	-26.629	-35.202	-37.713	-160.05
		桂花公园	-17.065	-21.605	-25.955	-30.738	-39.924	-133.96
		花侯新市民公园	-15.756	-20.242	-23.961	-31.409	-37.256	-136.45
		麓谷公园	-10.589	-14.229	-22.096	-25.803	-29.724	-180.69
		橘子洲	-10.600	-13.759	-15.622	-19.266	-24.911	-135.01
		九道湾社区公园	-15.412	-20.053	-24.612	-25.761	-30.583	-98.44
		瑞丰家园	-16.532	-21.566	-27.022	-30.338	-37.272	-125.46
		清水湖社区公园	-8.049	-11.630	-15.092	-17.760	-22.860	-184.02
		金科湖湘公园	-7.161	-8.798	-10.943	-13.878	-16.753	-133.96
		圭塘河生态公园	-22.619	-38.168	-47.970	-51.105	-62.116	-174.61
		鸿俊星河城	-16.015	-20.318	-27.491	-31.184	-36.937	-130.64

（续）

因子	区域梯度		综合质量得分（梯度1）	综合质量得分（梯度2）	综合质量得分（梯度3）	综合质量得分（梯度4）	综合质量得分（梯度5）	变化幅度
群落稳定性	近郊区	尖山湖公园	217.992	288.139	324.715	400.009	521.764	139.35
		南郊公园	131.019	199.423	238.684	287.726	341.285	160.48
		洋湖湿地公园	125.212	190.235	227.941	305.856	323.534	158.39
		桃花岭公园	348.919	522.350	687.369	843.957	852.277	144.26
		烈士公园	183.696	251.718	334.730	384.877	445.109	142.31
		湖南省植物园	182.308	300.601	341.467	374.801	462.560	153.73
		岳麓山公园	90.887	126.801	133.801	186.180	195.630	115.24
		梅溪湖公园	167.533	220.041	276.740	340.084	440.451	162.90
		梅岭公园	274.163	297.126	446.530	483.673	583.087	112.68
		湘郡社区公园	241.162	329.018	399.181	465.939	543.550	125.39
	远郊区	秀峰山公园	33.182	54.612	65.666	77.568	88.267	166.01
		松雅湖湿地公园	32.402	37.441	47.691	64.166	66.163	104.19
单木形态综合指标	建成区	江滨家园华庭苑公园	-1.248	-1.361	-1.734	-2.152	-2.319	-85.85
		沙湾公园	-26.951	-29.705	-37.414	-41.232	-46.357	-72.00
		桂花公园	-19.970	-22.384	-28.322	-34.741	-35.630	-78.42
		花侯新市民公园	-17.678	-20.762	-24.922	-29.058	-32.244	-82.40
		麓谷公园	-19.431	-23.112	-29.712	-35.606	-39.456	-103.05
		橘子洲	-19.099	-20.728	-24.064	-29.828	-32.620	-70.79
		九道湾社区公园	-14.804	-21.061	-24.055	-27.529	-28.363	-91.60
		瑞丰家园	-16.069	-21.961	-22.279	-29.056	-32.869	-104.54
		清水湖社区公园	-8.114	-9.206	-12.080	-13.534	-15.263	-88.11
		金科湖湘公园	-14.872	-19.979	-24.532	-27.901	-31.571	-112.28
		圭塘河生态公园	-18.907	-24.702	-29.857	-33.492	-34.385	-81.86
		鸿俊星河城	-16.419	-21.304	-24.338	-28.942	-33.173	-102.04
	近郊区	尖山湖公园	94.856	98.553	127.602	152.281	159.611	68.27
		南郊公园	85.905	112.716	147.191	158.543	184.332	114.58
		洋湖湿地公园	226.640	336.568	340.473	410.933	503.601	122.20
		桃花岭公园	207.862	230.099	266.313	310.109	385.906	85.65
		烈士公园	166.320	186.160	216.726	277.417	305.142	83.47
		湖南省植物园	228.233	279.946	303.024	353.684	407.703	78.63
		岳麓山公园	109.472	123.837	155.926	182.806	212.297	93.93
		梅溪湖公园	167.194	189.078	236.494	286.515	328.264	96.34
		梅岭公园	274.912	297.665	363.121	431.711	492.482	79.14
		湘郡社区公园	156.932	209.281	233.878	276.419	313.676	99.88
	远郊区	秀峰山公园	35.752	41.105	51.072	55.168	65.471	83.12
		松雅湖湿地公园	36.108	38.715	51.454	53.793	67.855	87.92
景观格局综合指标	建成区	江滨家园华庭苑公园	-2.061	6.070	8.630	12.436	19.054	1024.36
		沙湾公园	-25.511	30.011	96.385	148.930	189.504	842.84
		桂花公园	-3.709	19.245	105.505	110.859	171.296	4718.82
		花侯新市民公园	-25.363	60.548	102.841	110.757	198.996	884.58
		麓谷公园	-19.831	21.912	78.856	128.916	161.936	916.59
		橘子洲	11.574	26.846	61.962	122.103	141.771	1124.87
		九道湾社区公园	-3.429	28.375	77.846	91.410	148.085	4418.41
		瑞丰家园	11.407	24.702	84.146	119.251	163.999	1337.73
		清水湖社区公园	4.656	42.420	81.403	97.214	126.223	2610.90
		金科湖湘公园	-4.722	39.103	66.257	106.646	179.539	3902.45
		圭塘河生态公园	-24.257	65.879	110.285	162.940	210.812	969.07
		鸿俊星河城	-10.239	52.481	107.379	131.971	191.772	1973.04
	近郊区	尖山湖公园	32.064	116.902	215.954	316.464	439.816	1271.67
		南郊公园	16.527	54.066	262.566	300.296	388.089	2248.26
		洋湖湿地公园	-0.651	100.646	194.912	285.810	340.482	52383.68
		桃花岭公园	-39.316	131.290	141.396	245.275	376.316	1057.15
		烈士公园	-41.272	42.077	187.910	302.425	395.271	1057.72
		湖南省植物园	21.830	84.701	173.060	266.204	419.684	1822.53
		岳麓山公园	25.704	79.955	188.486	355.046	392.845	1428.37
		梅溪湖公园	-40.163	139.333	220.699	248.238	433.357	1179.01
		梅岭公园	18.074	70.854	159.455	323.041	415.279	2197.66
		湘郡社区公园	-1.080	94.586	236.363	280.062	360.813	33505.56
	远郊区	秀峰山公园	-61.887	218.432	254.700	400.173	675.283	1191.15
		松雅湖湿地公园	1.105	81.247	227.020	524.605	638.881	57721.23